气象标准汇编

2019

（下）

中国气象局政策法规司 编

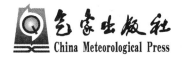
气象出版社
China Meteorological Press

目　录

下 册

ICS 07.060

A 47

备案号：70315—2019

中华人民共和国气象行业标准

QX/T 504—2019

地基多通道微波辐射计

Ground-based multi-channel profiling microwave radiometer

2019-09-30 发布

2020-01-01 实施

中 国 气 象 局 发布

前　言

本标准按照 GB/T 1.1—2009 给出的规则起草。

本标准由全国气象仪器与观测方法标准化技术委员会(SAC/TC 507)提出并归口。

本标准起草单位:西安电子工程研究所、北方天穹信息技术(西安)有限公司、中国气象局气象探测中心、兰州大学大气科学学院、中国电波传播研究所、中国兵器科学研究院、陕西省气象局、吉林省气象局。

本标准主要起草人:卢建平、雷连发、朱磊、茆佳佳、黄建平、张志国、晁坤、王东吉、白水成、崔莲。

地基多通道微波辐射计

1 范围

本标准规定了地基多通道微波辐射计的技术要求,试验方法,检验规则,标志、标签和随行文件,包装、运输、贮存和校准等。

本标准适用于探测大气温度、湿度廓线的地基多通道微波辐射计。

2 规范性引用文件

下列文件对于本文件的应用是必不可少的。凡是注日期的引用文件,仅注日期的版本适用于本文件。凡是不注日期的引用文件,其最新版本(包括所有的修改单)适用于本文件。

GB/T 5080.7—1986　设备可靠性试验　恒定失效率假设下的失效率与平均无故障时间的验证试验方案

GB/T 6587—2012　电子测量仪器通用规范

GJB 150.8A—2009　军用装备试验室环境试验方法　第8部分:淋雨试验

GJB 3310—1998　雷达天线分系统性能测试方法　方向图

GB/T 37467—2019　气象仪器术语

QX/T 1—2000　Ⅱ型自动气象站

QX/T 348—2016　X波段数字化天气雷达

3 术语和定义

GB/T 37467—2019界定的以及下列术语和定义适用于本文件。

3.1

地基多通道微波辐射计　**Ground-based multi-channel profiling microwave radiometer**

工作在微波-毫米波波段,采用完全被动接收的工作方式、探测大气热辐射噪声的气象遥感仪器,主要通过测量敏感频段多个频率通道的辐射强度来反演大气温度、湿度廓线等大气参数,以下简称为辐射计。

3.2

亮温　**brightness temperature**

亮度温度的简称。实际物体在某一波长的辐射能力可等效成一个具有相同亮度的黑体(等效黑体),此等效黑体具有的温度。

注1:亮度为单位立体角、单位面积的辐射功率。

注2:单位为开尔文(K)。

3.3

廓线　**profile**

大气的温度、湿度等参数随高度分布的数据曲线。

3.4

液氮标定　liquid nitrogen calibration

利用液态氮对标定信号源致冷,通过辐射计观测获取输出量与输入量之间的关系,实现系统参数的校准。

4　技术要求

4.1　组成

辐射计的组成应包括:天线组件、接收机、信号处理单元、环境参数监测组件、环境控制组件、内置标定源、终端软件和必要的辅助设备。

4.2　外观及工艺

外观及工艺应满足如下要求:
- ——设备外观整洁,表面无凹痕、划伤、裂痕、变形、毛刺及其他缺陷,表面涂层无起泡、龟裂、脱落,金属件无锈蚀及其他机械损伤;
- ——标识和字符正确、完整、清晰、醒目;
- ——线缆抗老化,满足长时间户外工作要求;
- ——外表涂层、结构件、零部件具有抗盐雾能力;
- ——对环境敏感的部件、元器件采取适当的保护措施,例如安装在防护罩内。

4.3　功能及数据产品

4.3.1　工作模式控制

具有对流层观测、边界层观测及液氮标定等不同工作模式,可由用户指令切换。

4.3.2　廓线探测功能

基于观测得到大气辐射亮温等基础数据,实时运算输出大气温度、湿度廓线等气象产品数据。

4.3.3　终端显示

终端人机界面具有图形化的实时廓线、时空剖面和历史数据显示功能。

4.3.4　环境参数监测

能实时监测设备所处的环境气温、气压、相对湿度等参数。

4.3.5　自检监测

系统的关键组成、功能部件应具有实时的状态自检监测和出错报警功能,并在终端界面直观醒目显示。

4.3.6　数据产品

实时输出设备观测产生的基础数据、气象产品数据和设备主要组成部件的状态数据。

4.4 探测性能

4.4.1 探测高度

探测高度应满足：
——对流层观测模式：≥10000 m；
——边界层观测模式：≥2000 m。

4.4.2 对流层温度廓线性能

对流层温度廓线性能应满足：
——垂直分辨力：≤50 m(0 m～500 m)，≤100 m(500 m～2000 m)，≤250 m(2000 m～10000 m)；
——均方根误差：≤1.8 K。

4.4.3 边界层温度廓线性能

边界层温度廓线性能应满足：
——垂直分辨力：≤25 m(0 m～500 m)，≤50 m(500 m～2000 m)；
——均方根误差：≤1 K。

4.4.4 水汽密度廓线性能

水汽廓线性能应满足：
——垂直分辨力：≤50 m(0 m～500 m)，≤100 m(500 m～2000 m)，≤250 m(2000 m～10000 m)；
——均方根误差：≤0.8 g/m^3。

4.4.5 相对湿度廓线性能

相对湿度廓线性能应满足：
——垂直分辨力：≤50 m(0 m～500 m)，≤100 m(500 m～2000 m)，≤250 m(2000 m～10000 m)；
——均方根误差：≤15％相对湿度。

4.4.6 积分水汽含量性能

均方根误差：≤4 mm。

4.4.7 时间分辨力

廓线数据的时间分辨力应满足：≤2 min。

4.5 环境参数监测性能

4.5.1 气压

气压监测性能应满足：
——测量范围：600 hPa～1100 hPa；
——准确度：±2 hPa。

4.5.2 气温

气温监测性能应满足：
——测量范围：－40 ℃～50 ℃；

——准确度：±0.5 ℃。

4.5.3 相对湿度

相对湿度监测性能应满足：
——测量范围：10％～100％；
——准确度：±5％相对湿度。

4.6 电气性能

4.6.1 工作频率范围

天线和接收机的工作频率范围应包含水汽敏感频带和温度敏感频带，其中水汽频带位于 22 GHz～32 GHz 范围内，温度频带位于 51 GHz～59 GHz 范围内。

4.6.2 天线主瓣宽度

天线的半功率波束宽度应满足：水汽通道≤5°，温度通道≤3°。

4.6.3 天线旁瓣电平

天线的旁瓣电平应满足：偏离 10°以外，水汽通道≤－25 dB，温度通道≤－28 dB。

4.6.4 波束扫描性能

辐射计的天线波束应具有俯仰扫描能力，性能应满足：
——扫描范围：覆盖天顶到地平方向；
——角度分辨力：≤0.2°。

4.6.5 接收通道数量

辐射接收的通道数量应满足：水汽通道、温度通道均≥7。

4.6.6 通道分布宽度

通道分布宽度应满足：水汽通道、温度通道均≥7 GHz。

4.6.7 亮温量程

亮温量程应满足：0 K～400 K。

4.6.8 亮温灵敏度

亮温灵敏度应满足：水汽通道≤0.2 K@1s 积分时间，温度通道≤0.3 K@1s 积分时间。

4.6.9 亮温误差

均方根误差：≤1 K。

4.6.10 电源

适应交流 220 V 供电条件，在电源电压变化±15％、频率变化±5％以内时，辐射计应能正常工作。

4.6.11 功耗

主机功耗：≤800 W（最大值），≤300 W（稳定状态）。

4.7 环境适应性

4.7.1 低温

应满足如下条件：
——极限工作温度：−40 ℃（室外设备），0 ℃（室内设备）；
——极限贮存温度：−50 ℃。

4.7.2 高温

应满足如下条件：
——极限工作温度：50 ℃（室外设备），40 ℃（室内设备）；
——极限贮存温度：55 ℃。

4.7.3 湿度

应满足如下条件：
——工作相对湿度：≤95％（室外设备），≤90％（室内设备）；
——贮存相对湿度：≤95％（无凝水）。

4.7.4 低气压

可正常工作大气压≥650 hPa。

4.7.5 淋雨

应能承受 GJB 150.8A—2009 中程序Ⅰ和Ⅱ规定的淋雨条件。

4.7.6 抗风能力

应在 10 级风条件下能正常工作，在 12 级阵风条件下不被损坏。

4.7.7 运输

辐射计设备装箱承受以下运输条件后，应能保持其性能。其中：
a) 车速：
  1) 土路、碎石路车速：20 km/h～30 km/h；
  2) 柏油路、混凝土路车速：30 km/h～40 km/h。
b) 距离：运输距离不小于 200 km。
c) 路况：通过的土路和碎石路面占总试验里程的比例应不少于 60％。

4.8 可靠性及维修性

4.8.1 连续工作能力

连续工作能力：连续。

4.8.2 可靠性

平均故障间隔时间：≥2500 h。

4.8.3 维修性

平均修复时间：≤1 h。

4.8.4 设计寿命

设计寿命：≥10 a。

5 试验方法

5.1 试验要求

试验应满足如下要求：
- ——辐射计探测性能的试验需有一个可施放探空气球、并可供辐射计持续对空观测的场地；
- ——被测辐射计架设应与探空仪处于同一环境，且两者之间的水平距离不应超过 100 m（宜小于 50 m），高度差不宜超过 4 m；
- ——被测辐射计需采用同场地的历史探空资料完成算法训练，并按设备要求进行标定；
- ——选择大气状态稳定的天气条件开展试验；
- ——辐射计电气性能、环境适应性等的试验需在具备测试条件的实验室内进行。

5.2 组成

手动及目测检查辐射计的系统组成。

5.3 外观及工艺

采用目测、手感检查及查阅产品相关技术文件的方法，还可用放大镜、色卡等辅助工具进行检测。

5.4 功能及数据产品

5.4.1 工作模式控制

对辐射计设备进行实际操作，通过操作运行过程、终端显示情况及生成数据的观察和检查，评定设备对于各种工作模式的实现情况。

5.4.2 廓线探测功能

使辐射计设备运行在观测模式下，通过终端显示情况及生成数据的观察和检查，评定探测功能的实现情况。

5.4.3 终端显示

使辐射计设备运行在对流层观测模式下，终端显示界面应具备规定的数据显示功能。

5.4.4 环境参数监测

使辐射计设备运行在观测模式下，通过终端显示及生成数据的观察和检查，评定辐射计环境参数监测功能的实现情况。

5.4.5 自检监测

模拟典型故障发生时的情形，通过运行过程和终端显示情况的观察和检查，评定设备自检监测功能的实现情况。

5.4.6 数据产品

通过终端显示及生成数据的观察和检查，判定辐射计是否实时输出观测得到基础数据、气象产品数据和设备主要组成部件的状态数据。输出数据产品格式参见附录 A。

5.5 探测性能

5.5.1 探测高度与廓线垂直分辨力

通过检查观测过程生成的数据记录文件,获得辐射计探测高度范围、大气温度、湿度层结数量以及垂直高度具体刻度值,然后对规定范围内的高度值对应的大气温度、湿度数据进行误差性能检验,据此对探测高度和垂直分辨力性能进行评价。

5.5.2 温湿度廓线误差

大气温度、湿度廓线应逐个层结进行计算。任意一个层结的测量误差 $e(Y)$ 采用式(1)计算:

$$e(Y) = \sqrt{\frac{1}{N-1} \sum_{i=1}^{N} (Y_i - X_i)^2} \qquad\qquad\cdots\cdots\cdots\cdots\cdots\cdots(1)$$

式中:

N ——该层结的有效观测次数;

Y_i ——对于该层结大气温度、湿度,辐射计的第 i 次测量值;

X_i ——对于该层结大气温度、湿度,探空仪的第 i 次测量值。

5.5.3 积分水汽含量误差

采用式(1)计算大气积分水汽含量的误差,只需要对式中变量的含义进行更改即可:

N ——大气积分水汽含量的有效观测次数;

Y_i ——对于大气积分水汽含量,辐射计的第 i 次测量值;

X_i ——对于大气积分水汽含量,探空仪的第 i 次测量值。

5.5.4 时间分辨力

检查观测过程生成的记录文件或终端屏幕显示,温湿度廓线数据更新一次所需的时间即为辐射计的时间分辨力。

5.6 环境参数监测性能

5.6.1 气压

采用 QX/T 1—2000 的 6.6.1 的方法进行测试和评定。

5.6.2 气温

采用 QX/T 1—2000 的 6.6.2 的方法进行测试和评定。

5.6.3 相对湿度

采用 QX/T 1—2000 的 6.6.3 的方法进行测试和评定。

5.7 电气性能

5.7.1 天线工作频率

辐射计天线性能的测试应在专业的微波天线测试场所进行,采用如下方法进行测试:

a) 测试条件及测试装置的架设、连接方法见 GJB 3310—1998 的第五章的方法 101;

b) 设置天线测试系统的发射、接收设备的工作频率,在规定的频率范围内测试天线的电气性能。

5.7.2 天线主瓣宽度

按 GJB 3310—1998 的第五章的方法 101 进行测试。

5.7.3 天线旁瓣电平

按 GJB 3310—1998 的第五章的方法 101 进行测试。

5.7.4 波束扫描性能

按产品指标控制辐射计天线指向,检查天线波束扫描性能。

5.7.5 接收工作频率

在规定的工作频率范围内测试辐射计的亮温量程、灵敏度及测量误差等各项电气性能。

5.7.6 接收通道数量和通道分布宽度

按照如下方法进行测试和计算:

a) 逐一测试辐射计各通道的亮温量程、灵敏度及测量误差等各项电气性能,满足指标要求的通道为合格通道,可计入接收通道数量;

b) 检查合格通道的辐射计工作频率,水汽带的通道分布宽度等于水汽频带内的最高频率值减去最低频率值,温度带的通道分布宽度等于温度频带内的最高频率值减去最低频率值。

5.7.7 亮温量程

按照如下方法进行测试和计算:

a) 使用液氮致冷低温标定源作为输入信号源,控制辐射计天线指向低温标定源,记录低温源的辐射亮温以及辐射计对应的输出亮温电压。

b) 使辐射计天线指向高温标定源,记录高温源的辐射亮温以及辐射计对应的输出亮温电压。

c) 按照指标规定的亮温量程下限和上限,采用式(2)进行计算。

$$\begin{cases} U_1 = U_h - \dfrac{T_h - T_1}{T_h - T_c} \times (U_h - U_c) \\ U_2 = U_h - \dfrac{T_h - T_2}{T_h - T_c} \times (U_h - U_c) \end{cases} \quad \cdots\cdots\cdots\cdots\cdots (2)$$

式中:

U_1 ——亮温下限 T_1 对应的辐射计输出电压极值,应不小于设计最小值,单位为毫伏(mV);

U_2 ——亮温上限 T_2 对应的辐射计输出电压极值,应不大于设计最大值,单位为毫伏(mV);

U_h ——辐射计观测高温标定源时的输出亮温电压,单位为毫伏(mV);

U_c ——辐射计观测低温标定源时的输出亮温电压,单位为毫伏(mV);

T_h ——高温源的辐射亮温,单位为开尔文(K);

T_c ——低温源的辐射亮温,单位为开尔文(K);

T_1 ——指标要求的亮温下限,单位为开尔文(K);

T_2 ——指标要求的亮温上限,单位为开尔文(K)。

5.7.8 亮温灵敏度

按照如下方法进行测试和计算:

a) 使用液氮致冷低温标定源作为输入信号源,按照规定条件设置积分时间,并使辐射计天线指向低温标定源,连续执行 N 次观测($N \geqslant 15$),记录低温标定源的辐射亮温以及辐射计对应的输出亮温电压。

b) 使辐射计天线指向高温标定源,同样连续执行 N 次观测,记录高温源的辐射亮温以及辐射计对应的输出亮温电压。

c) 采用式(3)计算辐射计亮温灵敏度:

$$\Delta T_{\min} = \frac{s_c + s_h}{2} \times \frac{\overline{T}_h - \overline{T}_c}{\overline{U}_h - \overline{U}_c} \quad\quad\quad\quad (3)$$

式中:

$\Delta T_{\min}$——辐射计亮温灵敏度,单位为开尔文(K);
s_c ——N 次观测低温源所得亮温电压的标准差,计算方法见式(4);
s_h ——N 次观测高温源所得亮温电压的标准差,计算方法见式(5);
$\overline{T}_h$ ——N 次观测高温源所得辐射亮温的均值,单位为开尔文(K);
$\overline{T}_c$ ——N 次观测低温源所得辐射亮温的均值,单位为开尔文(K);
$\overline{U}_h$ ——N 次观测高温源所得亮温电压的均值,单位为毫伏(mV);
$\overline{U}_c$ ——N 次观测低温源所得亮温电压的均值,单位为毫伏(mV)。

$$s_c = \sqrt{\frac{1}{N-1}\sum_{i=1}^{N}(U_{i,c} - \overline{U}_c)^2} \quad\quad\quad\quad (4)$$

式中:

$U_{i,c}$——辐射计观测低温源时,第 i 次读取的输出亮温电压,单位为毫伏(mV)。

$$s_h = \sqrt{\frac{1}{N-1}\sum_{i=1}^{N}(U_{i,h} - \overline{U}_h)^2} \quad\quad\quad\quad (5)$$

式中:

$U_{i,h}$——辐射计观测高温源时,第 i 次读取的输出亮温电压,单位为毫伏(mV)。

5.7.9 亮温误差

设置辐射计天线指向标准辐射源,连续 N 次($N \geqslant 15$)读取辐射计的亮温观测值和标准辐射源的亮温示值,辐射计任意一个通道的亮温测量误差 $e(Y)$ 采用式(6)计算:

$$e(Y) = \sqrt{\frac{1}{N-1}\sum_{i=1}^{N}(Y_i - X_i)^2} \qu\quad\quad\quad\quad (6)$$

式中:

Y_i——第 i 次读取的辐射计亮温观测值,单位为开尔文(K);
X_i——第 i 次读取的标准辐射源的亮温示值,单位为开尔文(K)。

5.7.10 电源

交流 220 V 电源供电时,将输入辐射计的电源电压和频率分别改变至正负偏差极限值,开机检查辐射计应能正常工作。

5.7.11 功耗

用交流功率测量仪测量辐射计主机工作时的电源功率消耗。

5.8 环境适应性

采用 QX/T 348—2016 的 5.2.2 的方法进行环境适应性的试验及评定。

5.9 可靠性及维修性

5.9.1 连续工作能力

使辐射计不间断工作不少于 24 h,每隔 8 h 检查各项功能和状态信息应保持正常。

5.9.2 可靠性

按照 GB 5080.7—1986 的要求和方法进行设备可靠性的试验及评定。

5.9.3 维修性

用可靠性试验中出现的故障,进行平均修复时间的统计。

6 检验规则

6.1 检验分类

辐射计产品的检验分为定型(鉴定)检验和质量一致性检验,质量一致性检验又分为逐件检验和周期检验。

6.2 检验项目和要求

检验项目和要求见表1。

表 1 检验项目和要求

序号	检验项目 名称	技术要求 条文号	试验方法 条文号	定型(鉴定)检验	质量一致性检验	
					逐件检验	周期检验
1	系统组成	4.1	5.2	●	●	●
2	外观及工艺	4.2	5.3	●	●	●
3	工作模式控制功能	4.3.1	5.4.1	●	○	●
4	廓线探测功能	4.3.2	5.4.2	●	●	●
5	终端显示功能	4.3.3	5.4.3	●	●	●
6	环境参数监测功能	4.3.4	5.4.4	●	●	●
7	自检监测功能	4.3.5	5.4.5	●	○	●
8	数据产品	4.3.6	5.4.6	●	●	●
9	探测高度	4.4.1	5.5.1	●	○	●
10	对流层温度廓线垂直分辨力	4.4.2	5.5.1	●	○	●
11	对流层温度廓线误差	4.4.2	5.5.2	●	○	●
12	边界层温度廓线垂直分辨力	4.4.3	5.5.1	●	○	●
13	边界层温度廓线误差	4.4.3	5.5.2	●	○	●
14	水汽密度廓线垂直分辨力	4.4.4	5.5.1	●	○	●
15	水汽密度廓线误差	4.4.4	5.5.2	●	○	●

表 1 检验项目和要求（续）

序号	检验项目名称	技术要求条文号	试验方法条文号	定型（鉴定）检验	质量一致性检验	
					逐件检验	周期检验
16	相对湿度廓线垂直分辨力	4.4.5	5.5.1	●	○	●
17	相对湿度廓线误差	4.4.5	5.5.2	●	○	●
18	积分水汽含量性能	4.4.6	5.5.3	●	○	●
19	时间分辨力	4.4.7	5.5.4	●	●	●
20	气压环境参数监测性能	4.5.1	5.6.1	●	—	○
21	气温环境参数监测性能	4.5.2	5.6.2	●	—	○
22	相对湿度环境参数监测性能	4.5.3	5.6.3	●	—	○
23	天线工作频率	4.6.1	5.7.1	●	○	●
24	天线主瓣宽度	4.6.2	5.7.2	●	○	●
25	天线旁瓣电平	4.6.3	5.7.3	●	○	●
26	波束扫描性能	4.6.4	5.7.4	●	—	○
27	接收工作频率	4.6.1	5.7.5	●	●	●
28	接收通道数量	4.6.5	5.7.6	●	●	●
29	通道分布宽度	4.6.6	5.7.6	●	●	●
30	亮温量程	4.6.7	5.7.7	●	—	○
31	亮温灵敏度	4.6.8	5.7.8	●	●	●
32	亮温误差	4.6.9	5.7.9	●	●	●
33	电源	4.6.10	5.7.10	●	—	●
34	功耗	4.6.11	5.7.11	●	●	●
35	低温	4.7.1	5.8	●	○	●
36	高温	4.7.2	5.8	●	○	●
37	湿度	4.7.3	5.8	●	—	○
38	低气压	4.7.4	5.8	●	—	—
39	淋雨	4.7.5	5.8	●	—	○
40	抗风能力	4.7.6	5.8	●	—	—
41	运输	4.7.7	5.8	●	—	○
42	连续工作能力	4.8.1	5.9.1	●	●	●
43	可靠性	4.8.2	5.9.2	●	—	●
44	维修性	4.8.3	5.9.3	●	—	—
45	标志	7.1	7.1	●	●	●
46	标签	7.2	7.2	●	●	●
47	随行文件	7.3	7.3	●	●	●

注："●"表示必检项目；"○"表示生产方与订购方协商是否需要检验的项目；"—"表示不检验项目。

6.3 检验条件

包括：
——环境适应性检验应在本标准规定的环境条件下进行；
——其他检验应在本标准的5.1规定的环境条件下进行；
——检验场地应避免对被检验产品造成损害或性能下降的电磁干扰源；
——检验所用的测试仪表、标准装置应经过计量检定并处于有效期内。

6.4 检验中断处理

出现下列情况之一时，应中断检验：
——检验现场出现了不满足检验条件的情况；
——受检产品的任一项主要性能不符合技术指标要求，且在规定的时间内不能恢复；
——发生了意外情况影响继续检验。
在确定影响检验的原因已排除后，检验可继续进行。

6.5 定型(鉴定)检验

定型(鉴定)检验要求如下：
——出现下列情况之一时，需进行定型(鉴定)检验：
• 新研制的产品定型鉴定时；
• 产品转厂生产和结构、工艺有重大改变时。
——定型检验应包括表1列出的所有项目，全部项目都判定为合格，方能通过定型检验。
——新研制的产品至少应有一台进行全部试验，其他性质的试验样本应从不少于三台的批量产品中随机抽取，样本量为两台。
——对定型检验中出现的不合格项目应及时查明原因，提出改进措施，并重新进行该项目及相关项目的检验，若经两次重新检验仍有不合格项目，应终止试验并按整体不合格处理。
——可靠性试验采用现场测量的方法进行统计，给出可靠性的观测值。
——缺陷判定按照GB/T 6587—2012第3章的规定执行。

6.6 质量一致性检验

6.6.1 逐件检验

逐件检验要求如下：
——逐件检验是对生产方交付的所有产品进行的检验，检验项目见表1；
——逐件检验由生产方质量检验部门进行，检验时应通知订购方参加；
——逐件检验的所有产品全部检验项目合格后方可出厂；
——经逐件检验和周期检验合格的产品，若入库贮存超过一年再出厂，应重新进行逐件检验；
——逐件检验若发现不合格项目，生产方可进行修理或调整，经两次修理或调整仍有不合格的项目的产品应予剔除。

6.6.2 周期检验

周期检验要求如下：
——有下列情况之一时，应进行周期检验：
• 当产品主要设计，工艺、材料、零部件有较大改变，可能影响产品性能时；

- 成批生产或连续生产 10 台以上时；
- 产品停产一年后,恢复生产时；
- 上级主管部门提出周期检验要求时。

——周期检验的样本应在逐件检验合格的产品中随机抽取,检验项目见表 1；
——详细的检验方案参照 GB/T 6587—2012 的 6.4 执行。

7 标志、标签和随行文件

7.1 标志

在设备的明显位置应设有产品标志牌,并清晰标明以下内容:
——产品名称、型号；
——制造厂家；
——出厂日期及编号。

7.2 标签

在设备的适当位置,应设置必要的标签,分为以下两种:
——必要的警示标签；
——设备信息二维码标签。

7.3 随行文件

设备应包含以下随行文件:
——产品合格证；
——装箱单；
——随机备附件清单；
——使用维护说明书；
——软件操作说明书；
——技术说明书；
——合同规定的其他文件。

8 包装、运输、贮存和校准

8.1 包装

包括:
a) 设备的附件、配件应配备齐全,易损件要有足够的备件,或按合同要求执行；
b) 若有可动部件,在包装运输前应加锁定装置；
c) 应随设备提供最基本的工具,以便用户完成设备架设、撤收等工作。

8.2 运输

设备在包装完好的条件下,应能适应铁路、公路、航空等运输方式。但在运输过程中,应避免碰撞及机械损伤。

8.3 贮存

8.3.1 一般要求

设备贮存的一般要求如下：

——禁止与腐蚀性或危险性物品同库存储；

——不允许露天储存；

——储存期内应按有关规定定期检查；

——出库时，应以先进先出的原则进行。

8.3.2 长期贮存场所及条件

长期存储（存储 1 个月以上）场所应符合下列条件：

——气温：0 ℃～35 ℃；

——相对湿度：30%～70%；

——通风良好，不含有酸性、碱性或其他化学腐蚀性气体。

8.4 标定与校准

8.4.1 液氮标定

液氮标定是辐射计校准工作的重要内容，操作过程应严格按照生产厂家提供的规定进行。当如下任何一种情况发生，系统在继续开展观测工作之前应进行液氮标定：

——系统首次完成安装或站址迁移；

——距离上次液氮标定超过 6 个月；

——开展重大试验；

——其他需要进行液氮标定的情况。

8.4.2 环境传感器校准

参考 QX/T 1—2000 的方法对辐射计系统配备的环境温度、湿度、气压传感器进行校准。

附 录 A
（资料性附录）
输出数据资料

A.1 探测资料文件及其命名

辐射计系统正常执行探测工作时，每日自动生成一组新的探测资料文件，分为基础数据文件、气象产品数据文件和设备状态数据文件，所有文件的数据均为探测过程中实时生成并存储，从而允许用户随时调阅和转储。探测资料文件命名参照 QX/T 129—2011 规定，采用如下规则：

a) 基础数据文件命名格式：Z_UPAR_I_IIiii_yyyymmdd_O_YTHP_设备型号_CP.CSV。

   示例1：

   Z_UPAR_I_54406_20170628_O_YTHP_PPPPP_CP.CSV。

b) 气象产品数据文件命名格式：Z_UPAR_I_IIiii_yyyymmdd_P_YTHP_设备型号_CP.CSV。

   示例2：

   Z_UPAR_I_54406_20170628_P_YTHP_PPPPP_CP.CSV。

c) 设备状态数据文件命名格式：Z_UPAR_I_IIiii_yyyymmdd_R_YTHP_设备型号_CP.CSV。

   示例3：

   Z_UPAR_I_54406_20170628_R_YTHP_PPPPP_CP.CSV。

上述文件名中的各字符含义详见表 A.1。

表 A.1 文件名编码表

字段	标识	说明
pflag	Z	国内交换文件
productidentifier	UPAR	高空资料
oflag	I	按台站区站号进行编码
originator	IIiii	区站号
yyyyMMddhhmmss	yyyymmdd	文件生成时间（年月日）
ftype	O	资料属性，表示观测数据
	P	资料属性，表示产品数据
	R	资料属性，表示状态文件
deviceidentification	YTHP	设备 ID 号
equipmenttype	设备型号	生产厂家自定义，不超过 5 个字符
datatype	RAW	数据类型，表示基础数据
	FFT	数据类型，表示谱数据
	CP	数据类型，表示气象要素数据
type	BIN:表示二进制文件 CSV:表示文本文件	文件类型

A.2 探测资料文件内容及格式

A.2.1 一般要求

辐射计的探测资料文件内容及格式应符合以下要求:

——文件为直接可读的 ASCII 文本文件,其中符号采用英文半角类型;

——文件可包含多个数据行,每行结束时直接回车换行;

——每个数据行由多个字段组成,采用半角逗号",作为字段之间的分隔符;

——文件可包含一个或多个表头行,用于各个字段的命名;

——探测数据按时间顺序分为多行,内容与表头行相对应;

——一个表头行及其对应的数据行称为一个数据组,一个数据文件可包含一个或多个数据组;

——同一文件中,除表头行以外的所有数据行统一编制记录序号,且记录序号从"1"开始;

——新的数据总是追加到对应的文件末尾。

A.2.2 基础数据文件

基础数据文件应包含亮温数据组,还可包含其他有用的数据。其中,亮温数据组包含一个表头行和多个数据行,内容格式为:

Record,DateTime,Temp,RH,Pa,Tir,Rain,Ch1,Ch2,Ch3,……,Chn。

具体含义及规定详见表 A.2。

表 A.2 亮温数据组含义及规定

字段	含义	表头行内容	数据行内容
Record	记录序号	Record	具体值
DateTime	记录日期及时间	DateTime	具体值,格式为 yyyy-mm-dd hh:mm:ss 规则详见表 A.3
Temp	环境温度	Temp(℃)	具体观测结果,单位为摄氏度(℃)
RH	环境相对湿度	RH(%)	具体观测结果,单位为百分率(%)
Pa	大气压力	Pa(hPa)	具体观测结果,单位为百帕(hPa)
Tir	红外温度	Tir(℃)	具体观测结果,单位为摄氏度(℃)
Rain	是否降水	Rain	具体观测结果,1=有降水,0=未降水
Ch1	频率 1 通道亮温	Ch1	具体观测结果,单位为开尔文(K)
Ch2	频率 2 通道亮温	Ch2	具体观测结果,单位为开尔文(K)
……	……	……	……
Chn	频率 n 通道亮温	Chn	具体观测结果,单位为开尔文(K)

表 A.3 探测资料文件中的记录时间规则

字符	含义
yyyy	记录生成年份,采用四位阿拉伯数字
mm	记录生成月份,采用二位阿拉伯数字
dd	记录生成日,采用二位阿拉伯数字
hh	记录生成时刻小时(24 小时制),采用二位阿拉伯数字
mm	记录生成时刻分钟,采用二位阿拉伯数字
ss	记录生成时刻秒,采用二位阿拉伯数字

A.2.3 气象产品数据文件

气象产品数据文件应包含气象产品数据组,还可包含站址信息等其他有用的数据。其中,气象产品数据组包含一个表头行和多个数据行,内容格式为:

Record,DateTime,DataType,Tamb,Rh,Pres,Tir,Rain,Vint,Lqint,CloudBase,H1,H2,……,Hn。

具体含义及规定详见表 A.4。

表 A.4 气象产品数据组含义及规定

字段	含义	表头行内容	数据行内容
Record	记录序号	Record	具体值
DateTime	记录日期及时间	DateTime	具体值,格式为 yyyy-mm-dd hh:mm:ss 规则详见表 A.3
DataType	廓线类型码	10	具体码值,详见表 A.5
Tamb	环境温度	Tamb(℃)	具体观测结果,单位为摄氏度(℃)
Rh	环境相对湿度	Rh(%)	具体观测结果,单位为百分率(%)
Pres	大气压力	Pres(hPa)	具体观测结果,单位为百帕(hPa)
Tir	红外温度	Tir(℃)	具体观测结果,单位为摄氏度(℃)
Rain	是否降水	Rain	具体观测结果,1=有降水,0=未降水
Vint	积分水汽	Vint(mm)	具体观测结果,单位为毫米(mm)
Lqint	积分云液水	Lqint(mm)	具体观测结果,单位为毫米(mm)
CloudBase	云底高度	CloudBase(km)	具体观测结果,单位为千米(km)
H1	第1层结数据	xxx(km)[a]	具体观测结果,详见表 A.5
H2	第2层结数据	xxx(km)[a]	具体观测结果,详见表 A.5
……	……	……	……
Hn	第 n 层结数据	xxx(km)[a]	具体观测结果,详见表 A.5
注:廓线数据类型有 4 种,对应的层结数据也分为 4 种,因此每一组廓线数据实际包含 4 个数据行,详见表 A.5。			
[a] 该层结的具体高度,且单位为千米(km)。			

表 A.5 气象产品数据组廓线数据规定

类型码	廓线数据类型	廓线数据的单位
11	温度廓线	摄氏度（℃）
12	水汽密度廓线	克每立方米（g/m³）
13	相对湿度廓线	百分率（%）
14	液态水廓线	克每立方米（g/m³）

站址信息数据组包含一个表头行和一个数据行,记录在文件数据开头,内容格式为:

Record,DateTime,DataType,longitude,latitude,attitude

具体含义及规定详见表 A.6。

表 A.6 站址信息数据组含义及规定

字段	含义	表头行内容	数据行内容
Record	记录序号	Record	具体值
DateTime	记录日期及时间	DateTime	具体值,格式为 yyyy-mm-dd hh:mm:ss 规则详见表 A.3
DataType	数据行类型码	20	具体码值（21）
longitude	经度	longitude	具体值,单位为度（°）
latitude	纬度	latitude	具体值,单位为度（°）
attitude	海拔	attitude	具体值,单位为米（m）

A.2.4 设备状态数据文件

设备状态数据文件记录系统各个重要部件及分系统的工作状态,应包含设备状态数据组,还可包含其他有用的数据。其中,设备状态数据组包含一个表头行和多个数据行,内容格式为:

Record,DateTime,Met,Tir,Rain,GNSS,BIB,RCV0,RCV1,EServo,AServo,LO,ECM

具体含义及规定详见表 A.7。

表 A.7 设备状态数据组含义及规定

字段	含义	表头行内容	数据行内容
Record	记录序号	Record	具体值
DateTime	记录日期及时间	DateTime	具体值,格式为 yyyy-mm-dd hh:mm:ss 规则详见表 A.3
Met	温湿度传感器	Met	0:正常,1:异常,−1:无此项
Tir	红外观测设备	Tir	0:正常,1:异常,−1:无此项
Rain	降雨传感器	Rain	0:正常,1:异常,−1:无此项
GNSS	卫星接收机	GNSS	0:正常,1:异常,−1:无此项
BIB	内建标定源	BIB	0:正常,1:异常,−1:无此项

表 A.7 设备状态数据组含义及规定(续)

字段	含义	表头行内容	数据行内容
RCV0	水汽观测接收机	RCV0	0:正常,1:异常,−1:无此项
RCV1	温度观测接收机	RCV1	0:正常,1:异常,−1:无此项
EServo	俯仰转台	EServo	0:正常,1:异常,−1:无此项
AServo	方位转台	AServo	0:正常,1:异常,−1:无此项
LO	接收本振	LO	0:正常,1:异常,−1:无此项
ECM	环境控制组件	ECM	0:正常,1:异常,−1:无此项

参 考 文 献

[1] GJB 6302—2008 军用地面气象自动观测设备通用要求

[2] QX/T 129—2011 气象数据传输文件命名

[3] 中国气象局.地基多通道微波辐射计功能规格需求书(试行)[Z],2013

[4] 中国气象局.常规高空气象观测业务规范[M].北京:气象出版社,2010

————————————

ICS 07.060
A 47
备案号：70316—2019

中华人民共和国气象行业标准

QX/T 505—2019

人工影响天气作业飞机通用技术要求

General technical requirement of aircraft for weather modification operation

2019-09-30 发布 　　　　　　　　　　　　　　　　2019-11-01 实施

中 国 气 象 局 　发布

QX/T 505—2019

前　言

本标准按照 GB/T 1.1—2009 给出的规则起草。

本标准由全国人工影响天气标准化技术委员会(SAC/TC 538)提出并归口。

本标准起草单位:北京市人工影响天气办公室,中国民用航空局第二研究所。

本标准主要起草人:马新成、丁德平、黄梦宇、陈云波、王秉玺、朱小波。

人工影响天气作业飞机通用技术要求

1 范围

本标准规定了人工影响天气作业飞机的分类、基本要求,高性能作业飞机和常规作业飞机的通用技术要求。

本标准适用于人工影响天气作业飞机的选型、改装和使用。

注:本标准人工影响天气作业飞机不包含无人驾驶飞机。

2 规范性引用文件

下列文件对于本文件的应用是必不可少的。凡是注日期的引用文件,仅注日期的版本适用于本文件。凡是不注日期的引用文件,其最新版本(包括所有的修改单)适用于本文件。

QX/T 151—2012 人工影响天气作业术语

3 术语和定义

QX/T 151—2012界定的以及下列术语和定义适用于本文件。

3.1

人工影响天气作业飞机 aircraft for weather modification operation
用于实施人工影响天气作业的固定翼航空器。

3.2

监测设备 detection equipment
加装在人工影响天气作业飞机上,直接和遥感探测空速、高度、经纬度、基本气象要素、气溶胶、云凝结核/冰核、云和降水粒子、云宏观影像等的设备。

3.3

催化设备 seeding equipment
加装在人工影响天气作业飞机上,用于播撒人工影响天气催化剂的设备。

注:包括致冷剂和吸湿剂等。

3.4

通信设备 communication equipment
加装在人工影响天气作业飞机上,用于信息交换、空-地通信和数据传输的设备。

3.5

集成系统 integration system
加装在人工影响天气作业飞机上,用于设备控制、数据处理、决策分析等的综合处理平台。

3.6

机载设备 airborne equipment
加装在人工影响天气作业飞机上,用于人工影响天气作业的设备。

注:主要包括监测设备、催化设备、通信设备和集成系统等。

4 分类

根据人工影响天气飞机作业条件识别、催化、通信、集成系统等能力分为高性能作业飞机和常规作业飞机。

5 基本要求

5.1 应通过中国民用航空主管部门进行的年度适航性检查,处于适航状态。

5.2 加装机载设备后应取得中国民用航空主管部门的适航审定。

5.3 应装备机载气象雷达。

5.4 应具备抗积冰、除冰能力。

5.5 应配备供氧装置、灭火装置、救生衣、急救包等相关应急救生设备。

5.6 应满足机载设备供电需求。

5.7 应能搭载不少于 2 名作业人员。

5.8 应能加装播撒作业设备。

6 高性能作业飞机

6.1 综合性能

综合性能应满足以下要求:

a) 商载小于 5000 kg,飞机升限不低于 10 km;商载大于 5000 kg,飞机升限不低于 7 km;

b) 续航时间不小于 5 h;

c) 作业飞行速度为 360 km/h～720 km/h;

d) 具备密封增压舱和舱内温度调节功能;

e) 具有两台及以上发动机。

6.2 机载设备

6.2.1 监测设备

监测设备应具备:

a) 观测空速、高度、经纬度、温度、气压、湿度和三维风等功能;

b) 监测大气气溶胶粒子谱等功能;

c) 云粒子谱观测分辨率不低于 2 μm,云粒子二维图像分辨率不低于 25 μm,降水粒子图像分辨率不低于 100 μm 等功能;

d) 观测液态水含量功能,灵敏度不小于 0.01 g/m³;

e) 监测大气云凝结核/冰核浓度等功能;

f) 遥感测量大气中水汽、液态水以及云和降水粒子等功能;

g) 对云宏观特征、云降水粒子状态、飞机积冰状况和催化剂作业情况等宏观影像实时监测功能;

h) 能实现对飞机外大气环境进气取样等功能。

6.2.2 催化设备

焰条/焰弹、致冷剂、吸湿剂等播撒作业设备一次装载量连续催化时间应不小于 3 h。

6.2.3 通信设备

通信设备应具备：

a) 飞机内部、飞机和地面之间的文本、语音、图像及视频等信息传输和交互功能；

b) 飞机向地面实时传输飞机定位、云宏微观信息、云和降水粒子谱数据、云和降水粒子图像、积冰情况图像和作业信息等功能；

c) 地面向飞机实时传输卫星、雷达图像以及人工影响天气模式产品等功能。

6.2.4 集成系统

集成系统应满足以下要求：

a) 提供人机交互界面，实现对监测设备、催化设备和通信设备等集中监控，以及对数据信息的采集、显示、存储和回放及分析处理；

b) 数据存储介质连续记录不小于 5 h；

c) 实现地面对飞机平台的监视和指挥；

d) 显示气象卫星、雷达、数值模式等图像产品并能叠加飞机位置等信息；

e) 自动识别人工影响天气作业条件，并生成作业建议。

7 常规作业飞机

7.1 综合性能

综合性能应满足以下要求：

a) 飞行升限不低于 6 km；

b) 续航时间不小于 3 h；

c) 商载不小于 800 kg；

d) 具有两台发动机。

7.2 机载设备

7.2.1 监测设备

监测设备应具备 6.2.1 中的 a)到 d)以及监测大气云凝结核浓度等功能。

7.2.2 催化设备

焰条/焰弹、致冷剂等播撒作业设备一次装载量连续催化时间应不小于 1 h。

7.2.3 通信设备

通信设备应具备：

a) 飞机和地面之间的文本信息传输和交互功能；

b) 飞机向地面实时传输飞机定位、云宏微观信息和作业信息等功能。

7.2.4 集成系统

集成系统应满足以下要求：

a) 提供人机交互界面，实现对监测设备、催化设备和通信设备等集中监控，以及对数据信息的采集、显示、存储和回放；

　　　b)　数据存储介质连续记录不小于 3 h。

参 考 文 献

［1］ GJB 181B—2012 飞机供电特性

［2］ GJBz 20470—97 机载气象雷达通用规范

［3］ HB 5940—86 飞机系统电磁兼容性要求

［4］ 中国气象局科技教育司.飞机人工增雨作业业务规范(试行)［M］,2000

［5］ 曹康泰,许小峰.人工影响天气管理条例释义［M］.北京:气象出版社,2002

［6］ 中国气象局科技发展司.人工影响天气岗位培训教材［M］.北京:气象出版社,2003

ICS 07.060

A 47

备案号：70317—2019

中华人民共和国气象行业标准

QX/T 506—2019

气候可行性论证规范 机构信用评价

Specifications for climatic feasibility demonstration—Institution credit
evaluation

2019-09-30 发布　　　　　　　　　　　　　　　　2020-01-01 实施

中 国 气 象 局 发 布

前　言

本标准按照 GB/T 1.1—2009 给出的规则起草。

本标准由全国气候与气候变化标准化技术委员会(SAC/TC 540)提出并归口。

本标准起草单位:中国气象服务协会、中国国际电子商务中心。

本标准主要起草人:屈雅、夏祎萌、黄思宁、张晓美、陈登立、陈榕、王媛。

引　言

　　本标准是气候可行性论证机构监督管理标准体系的基础标准之一。为统一和规范气候可行性论证机构信用评价工作,制定本标准。

气候可行性论证规范　机构信用评价

1　范围

本标准规定了气候可行性论证机构信用评价的程序、评价内容及评价报告。

本标准适用于对气候可行性论证机构开展信用评价活动。

2　术语和定义

下列术语和定义适用于本文件。

2.1

气候可行性论证机构　climatic feasibility demonstration institution

从事与气候条件密切相关的规划和建设项目进行气候适宜性、风险性以及可能对局地气候产生影响的分析、评估活动的机构。

2.2

信用风险　credit risk

因受信方无能力和/或无意愿履行承诺而导致授信方潜在损失的可能性。

[GB/T 22117—2008,定义2.18]

2.3

信用记录　credit record

完整记录信用主体一项信用行为的信用信息集合。

[GB/T 22117—2018,定义2.23]

2.4

信用等级　credit grade

用既定的符号标识评级对象信用状况的级别结果。

[GB/T 22117—2018,定义5.11]

2.5

信用评价指标　credit rating indicator; credit grading indicator

反映被评估对象信用状况和特征的系列指标。

3　评价程序

3.1　流程

气候可行性论证机构信用评价流程见图1。

3.2　发布通知

评价机构向社会发布信用评价工作开展通知,明确评价时间、适用范围和有关要求。

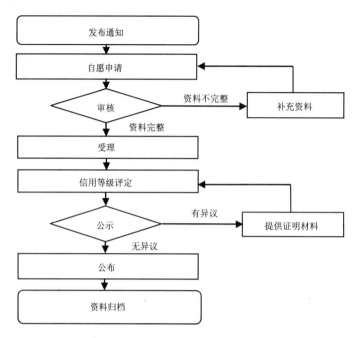

图1 气候可行性论证机构信用评价流程图

3.3 自愿申请

3.3.1 气候可行性论证机构应按照通知要求在规定时间内向评价机构提交申请材料,申请材料应包括以下内容:

——气候可行性论证机构信用评价申请书,申请书内容(主要包括气候可行性论证机构信用评价申请书的封面式样、承诺书式样、提交材料清单和评价申请表)参见附录A;

——营业执照(事业单位法人证书)复印件;

——组织机构代码证复印件(如所在地区已实行"五证合一",则不需提交);

——税务登记证复印件(如所在地区已实行"五证合一",则不需提交);

——经营场所产权证书、租赁合同或其他证明材料复印件;

——技术负责人简历及培训考核证书;

——专业技术人员一览表;

——当前的管理制度清单;

——质量管理体系认证证书、质量管理手册复印件;

——机构简介或宣传手册;

——机构近五年完成的气候可行性论证情况说明;

——机构近五年参与编制的气候可行性论证相关标准清单及标准复印件;

——机构近五年取得的各类获奖证书和荣誉证书清单及证书复印件;

——机构近五年气候可行性论证相关的业务系统全国推广、软件推广情况说明、推广策划案纸质等材料;

——气候可行性论证领域自主知识产权相关证明材料;

——近五年受到相关行政监管部门的处罚通知;

——近三年财务审计报告或决算表;

——近五年内公益活动情况说明;

——近五年的各种信用记录,其中信用负面记录包括金融机构、公共事业单位、行政管理部门记录等;

——气象主管机构出具的机构备案证明材料;

——项目委托方投诉情况及投诉材料(没有可以不提供)。

3.3.2 气候可行性论证机构应对其提供材料的真实性负责。

3.4 材料审核和受理

3.4.1 评价机构接到气候可行性论证机构申请后,应审核其提交材料的完整性,确定是否受理信用评价申请。

3.4.2 评价机构确定受理后,应向气候可行性论证机构提供信用评价受理书。

3.5 信用等级评定

3.5.1 初评

3.5.1.1 评价机构应针对气候可行性论证机构的行业分工和专业背景成立信用评价小组,每个信用评价小组应不少于三人。

3.5.1.2 信用评价小组应根据要求,搜集信用评价所需的信息。对不完整、不明确的信息应及时要求气候可行性论证机构补充、完善相关材料。

3.5.1.3 信用评价小组应根据各类信息,对气候可行性论证机构的基本情况、管理状况、业务能力、竞争力和发展潜力、财务状况、社会责任和信用记录、不规范行为等进行分析,撰写信用评价报告,并提出气候可行性论证机构的信用等级建议。

3.5.2 等级确定

3.5.2.1 评价机构应组织信用评价专家委员会对初评建议进行评审,专家委员会应构成合理,由 5 名(及以上)气候可行性论证、财务、质量管理、信用评价等方面的专家组成。

3.5.2.2 信用评价专家委员会应对信用评价小组提交的信用评价报告及评价等级建议进行审核,并提出评审意见,确定气候可行性论证机构信用等级。

3.5.2.3 信用评价专家委员会无法确定信用等级时,应将信息反馈给信用评价小组并指明原因,由信用评价小组重新整理、核实相关数据,直至信用评价专家委员会能确定信用等级。

3.5.2.4 评价机构应向参评气候可行性论证机构反馈评价结果和评价报告。

3.6 结果公示和公布

3.6.1 评价机构对拟将公布的信用等级进行公示。公示期不少于 15 个工作日,期满无异议的,评价机构向社会公布气候可行性论证机构信用等级,并向省级及以上气象主管机构备案。

3.6.2 公示期内,任何单位或个人对信用评价结果有异议的,应向评价机构书面提出,并提供相关证明材料。评价机构受理书面异议后,应在 15 个工作日内对提出的问题进行调查核实,并给出结论。

3.7 资料归档

评价机构应建立档案管理制度,对用于信用评价和信用评价过程产生的各种资料进行建档保存。归档资料包括:

——气候可行性论证机构提交的申请材料;

——信用评价受理书;

——评价小组搜集的各类信息资料;

——信用评价报告;

　　——评审委员会评审结果和评审意见；

　　——公示期间收到的异议及其处理结果；

　　——其他需要归档的资料。

4 评价内容

4.1 评价指标

评价指标见附录 B。

4.2 评分方法

气候可行性论证机构的信用评价实行综合评分制,满分为 100 分,按附录 B 中规定的评价指标和评分标准进行评分,各项指标分数累加即为最终评分。

4.3 等级

气候可行性论证机构信用等级分为 AAA、AA、A、B、C 五级,对应的含义及分值区间见表 1。

表 1　气候可行性论证机构信用评价等级划分及标识

信用等级	分值	含义
AAA	[90,100]	机构信用非常好
AA	[80,90)	机构信用很好
A	[70,80)	机构信用好
B	[60,70)	机构信用一般
C	[0,60)	机构信用差

4.4 特别规定

当机构出现下列严重违法或严重违规行为,信用等级应直接评为 C 级:

a)　损害国家安全、公共利益和他人合法权益的行为;

b)　因违反行业自律规则,有恶性竞争行为而受到行政主管部门劝诫约谈,情节严重的;

c)　因违反相关法律法规受到吊销执照等严重行政处罚;

d)　机构构成犯罪,其法定代表人(或实际控制人)处以有期徒刑或拘役;

e)　被人民法院纳入失信被执行人名单;

f)　违反《气候可行性论证管理办法》中有关禁止行为的,并受到气象主管机构处罚的;

g)　其他造成社会恶劣影响的。

5 评价报告

5.1　气候可行性论证机构信用评价报告应当采用精炼、准确、通俗的语言,不得有误导性语句,评价结论的标识和符号应有明确解释。

5.2　对气候可行性论证机构的信用风险应尽可能做定量分析,无法进行定量分析的,应当有针对性地做出定性描述。

5.3 信用评价报告内容编排顺序为封面、目录、声明、概述、正文、评价结论及附件。

5.4 信用评价报告封面应包括下列内容：

——报告编号；

——报告名称；

——气候可行性论证机构名称；

——评价机构名称(盖章)；

——出具报告时间；

——其他。

5.5 信用评价报告声明应包括下列内容：

——表明报告内容客观、公正、合规的说明性文字；

——自愿接受主管部门和社会监管的声明；

——其他。

5.6 信用评价报告概述应包括下列内容：

——评价特点，如独立性、可靠性、负责性；

——气候可行性论证机构名称；

——评价机构名称；

——评价小组成员；

——评价时间；

——评价依据；

——评价作用；

——其他。

5.7 信用评价报告正文应包括下列内容：

——气候可行性论证机构的基本能力情况；

——气候可行性论证机构的财务状况；

——气候可行性论证机构的内部管理状况；

——气候可行性论证机构的业务开展情况；

——气候可行性论证机构的市场竞争力和发展潜力；

——气候可行性论证机构的社会责任情况；

——气候可行性论证机构的不良行为和记录；

——其他。

5.8 信用评价报告评价结论应包括下列内容：

——信用等级及其对该等级含义的明确解释；

——评价人员、批准人签名；

——评价机构名称(盖章)。

5.9 信用评价报告附件宜包括下列内容：

——信用等级分类及释义；

——信用评价评分表；

——气候可行性论证机构营业执照、组织机构代码证、税务登记证；

——气候可行性论证机构经过审计的财务报表；

——气候可行性论证机构获奖、荣誉证书；

——其他需要附加的资料。

附 录 A
（资料性附录）
气候可行性论证机构信用评价申请书主要内容

图 A.1 给出了气候可行性论证机构信用评价申请书的封面式样。

气候可行性论证机构信用评价

申 请 书

（   年）

申请单位(盖章)：_____

联系人：_____

联系电话：

填 表 日 期：   年   月   日

中国××××制

图 A.1　气候可行性论证机构信用评价申请书封面

图 A.2 给出了气候可行性论证机构信用评价承诺书的式样。

承 诺 书

　　本单位自愿申请参加××××组织的气候可行性论证机构信用评价。

　　本单位承诺,在申请本信用评价中所提交的资料和数据全部真实、合法、有效,复印件或扫描件和原件内容一致,并对因材料虚假所引发的一切后果负责。

法定代表人签字:

单 位 盖 章:

年　　月　　日

图 A.2　气候可行性论证机构信用评价承诺书

气候可行性论证机构信用评价提交材料清单见表 A.1。

表 A.1 气候可行性论证机构信用评价提交材料清单

序号	资料名称
1	信用评价申报书原件
2	营业执照(事业单位法人证书)复印件
3	组织机构代码证复印件(如所在地区已实行"五证合一",则不需提交)
4	税务登记证复印件(如所在地区已实行"五证合一",则不需提交)
5	经营场所产权证书、租赁合同或其他证明材料复印件
6	技术负责人简历及培训考核证书
7	专业技术人员一览表(包括学历、职称、培训、考核、人员变动情况,附证明材料)
8	当前的管理制度清单
9	质量管理体系认证证书、质量管理手册复印件
10	机构简介或宣传手册(内容包括但不限于参评机构发展历史、组织机构框架图、主营业务、经营优势、荣誉与资质、行业竞争力等)
11	机构近五年完成的气候可行性论证情况说明(包括项目表、论证报告、仪器设备应用报告、工作总结报告或经营情况说明)
12	机构近五年参与编制的气候可行性论证相关标准清单及标准复印件
13	机构近五年取得的各类获奖证书和荣誉证书清单及证书复印件
14	机构近五年气候可行性论证相关的业务系统全国推广、软件推广情况说明、推广策划案纸质等材料
15	气候可行性论证领域自主知识产权相关证明材料(包括专利、著作权证书、科技成果等)
16	近五年受到相关行政监管部门的处罚通知(包括气象、环保、工商、食药监、税务、司法、社保、质检、消防等部门)
17	近三年财务审计报告或决算表
18	近五年内公益活动(包括抢险救灾、公益助学、社会救助等行为)的证明材料
19	近五年的各种信用记录,其中信用负面记录包括金融机构、公共事业单位、行政管理部门记录等
20	气象主管机构出具的机构备案证明材料
21	项目建设方投诉情况及投诉材料(没有可以不提供)
22	其他
	提交的材料应加盖机构公章。

气候可行性论证机构信用评价申请表见表 A.2。

表 A.2　气候可行性论证机构信用评价申请表

一、基本情况	
（一）机构基础信息	
机构名称	机构名称
英文名称	英文名称
成立日期	成立日期
统一社会信用代码	统一社会信用代码
法定代表人	法定代表人
身份证号	身份证号
注册资本	注册资本
注册地址	注册地址
经营范围	经营范围
经营地址	经营地址
邮编	邮编
联系电话	联系电话
传真	传真
网址	网址
邮箱	邮箱
主营业务	主营业务
办公场所	办公场所
（二）备案年审情况	
气象主管机构备案情况	气象主管机构备案情况
财务年审情况	财务年审情况
二、服务保障	
（一）机构简介(简述机构概况、产品、服务、核心竞争力等机构简介情况)	

表 A.2 气候可行性论证机构信用评价申请表(续)

(二)组织架构图(提供组织机构图,并说明组织机构框架)

(三)资产构成情况

序号	股东名称	出资额(万元)	出资比例(%)	出资形式
1				
2				
3				
4				
5				
6				
合计				

注1:出资形式包括:货币、实物、无形资产。

注2:股东较多,自行复制添加行。

(四)人力资源管理

职工总人数		社保缴纳人数	
职工权益情况	□养老保险　　□失业保险　　□医疗保险　　□工伤保险　　□住房公积金　□其他:_____		
研究生及以上学历人数		正研级以上职称人数	
本科学历人数		高级职称人数	
专科学历人数		中级职称人数	
		初级职称人数	

气候可行性论证相关学科人员配备

姓名	入职时间	专业学科领域	学历证书(职称证书)

气候可行性论证相关技术人员

技术人员人数		工龄10年以上人数	
近5年年度入职人数		工龄5年以上人数	
近5年年度离职人数		工龄3年以上人数	

表 A.2 气候可行性论证机构信用评价申请表（续）

考 核 培 训	
员工培训	□每年有员工培训 □无员工培训记录

（五）管理状况

分类	项目	制度建设	执行情况
合同管理制度建设	合同审批制度	□有　□无	□很好　□较好　□一般　□较差
	合同签章管理制度	□有　□无	□很好　□较好　□一般　□较差
	合同档案管理制度	□有　□无	□很好　□较好　□一般　□较差
	失信责任追究制度	□有　□无	□很好　□较好　□一般　□较差
财务管理	制度建设	□财务制度　　□会计制度　　□预算制度 □成本核算制度　□会计信息制度 □资产管理制度　□筹资与投资制度 □审计制度　　□其他制度	

（六）业务规范与质量管理制度

信息化管理	□业务管理系统信息化　　□客户管理系统信息化 □管理操作系统运行有效　□可形成完善的统计数据
业务规范操作	□制定健全业务操作规范制度　□制定部分业务操作规范制度 □未制定业务操作规范制度
档案管理	□制定健全档案管理操作规范制度 □制定部分档案管理操作规范制度 □未制定档案管理操作规范制度
质量管理	□通过质量管理体系认证　□制定质量管理制度

（七）技术保障（简要说明机构技术优势）

气候可行性论证领域发展	□参与国家、行业标准编制数量＿＿＿＿项　　□参与地方标准编制数量＿＿＿＿项 □参与行业协会团体标准编制数量＿＿＿＿项 □制定企业标准编制数量＿＿＿＿项　　□无标准编制 □业务系统、软件全国推广数量＿＿＿＿项　□无业务系统全国推广 □推广策划案数量＿＿＿＿项　　□无推广策划案 合计＿＿＿＿项

表 A.2 气候可行性论证机构信用评价申请表(续)

气候可行性论证领域文章发表情况	□在 SCI(SCIE)、EI 上发表(收录)论文数(以第一作者为准)_____项 □在核心期刊上发表(收录)论文数(以第一作者为准)_____项 □在省级及以上正式出版刊物上发表(收录)论文数(以第一作者为准)_____项			
	合计_____项(需提供书面证明材料)			
气候可行性论证技术实力	软件著作权			共_____项,分别为:_____
	技术专利			共_____项,分别为:_____
	省部级科技成果认定、创新情况	共_____项,分别为:_____		
	其他知识产权	共_____项,分别为:_____		

三、财务状况

项目	前一年	前二年	前三年
流动资产			
固定资产			
资产总额			
流动负债			
负债总额			
净资产			
营业收入			
净利润			

四、业务能力

(一)经营能力

业务开展	近五年参与的规划和建设项目数量:_____项
	承担论证项目的领域: □风能　　　□太阳能　　□总体规划　　□行业专项规划 □公路　　　□铁路　　　□民航机场　　□电力 □公共和基础设施　□公共游乐　□水利水电 □农牧业调整　□能源化工　□冶炼 □港口码头　　□大型建筑　□旅游 □其他:

(二)仪器设备及报告情况

仪器设备应用情况	近五年主要应用的仪器设备:_____
系统情况	□应用气候可行性论证系统或软件 □未应用气候可行性论证系统或软件
报告质量情况	近五年报告质量评价获得的最高等级:□优秀 □良好　□其他
	近五年是否有未通过评审报告:□有　　　　　　□没有

表 A.2　气候可行性论证机构信用评价申请表(续)

五、社会责任		
(一)参与公益活动记录(包括抢险救灾、公益助学、社会救助、科普宣传等行为,需证明材料)		
公益活动名称	时间	内容

(二)荣誉记录		
奖项名称	获奖时间	颁奖单位

(三)诉讼和仲裁记录				
原告 (申请人)	被告 (被申请人)	起诉时间	原因	目前解决情况

(四)信用负面记录				
违规事项	发生时间	处理时间	处理结果	处理单位

附　录　B

（规范性附录）

气候可行性论证机构信用等级评价指标及权重

表 B.1　气候可行性论证机构信用等级评价指标及权重

一级指标	二级指标	三级指标	计分方法
1.基本情况 （15分）	1.1基本状况 （5分）	1.1.1连续经营时间（1分）	连续经营超过5年得1分，1～5年按百分比折算
		1.1.2办公地点情况（1分）	有固定的办公地点，得1分，无固定办公地点的不得分
		1.1.3年审信息（3分）	连续三年按时对财务进行年审或有决算表得满分，如未按时年审不得分
	1.2人力资源 （10分）	1.2.1气候可行性论证相关技术人员稳定性（2分）	技术人员近五年内离职率低于30％得满分，30％～50％得0.6分，高于50％不得分
		1.2.2气候可行性论证相关员工职称/学历构成（2分）	博士（高工）、硕士（中级职称）及以上占60％得满分，0～60％按百分比折算。有正研级以上职称员工的加0.5分，总分不得超过2分
		1.2.3大气科学相关学科人员配备（4分）	有大气科学相关学科人员5人及以上的得4分，1～5人按百分比折算
		1.2.4员工权利保障（1分）	为全体员工缴纳（住房公积金、养老保险、失业保险、工伤保险、医疗保险）四险一金得1分；缴纳4项得0.8的分；缴纳3项0.6的分；其他情况不得分，事业单位人员等同缴纳四险一金
		1.2.5员工培训（1分）	每年对员工均有培训得1分；无培训不得分
2.管理状况 （10分）	2.1合同及财务管理（4分）	2.1.1合同管理制度建设（2分）	制度完善，运行好，4个都有（合同审批、签章管理、档案管理，失信责任追究）得2分，少一项制度减少0.5分
		2.1.2财务管理制度建设（2分）	财务管理制度健全得2分，无相关财务制度不得分
	2.2业务规范和质量管理制度（6分）	2.2.1管理信息化（1.2分）	业务、客户管理均系统化，管理操作系统运行有效，可形成完善的统计数据得1.2分，缺一项减0.3分
		2.2.2业务制度（1.2分）	（信息采集、数据处理、报告编制等）业务制度健全，得1.2分，业务制度不健全得0.6分，无业务制度不得分

表 B.1 气候可行性论证机构信用等级评价指标及权重(续)

一级指标	二级指标	三级指标	计分方法
2.管理状况 (10分)	2.2业务规范和质量管理制度(6分)	2.2.3 档案管理制度化(1.8分)	(接收、存档、调用等)档案管理制度健全,得1.8分,档案管理制度不健全0.9分,无档案管理制度不得分
		2.2.4 质量管理制度/质量管理体系认证(1.8分)	获得质量管理体系认证且在有效期内得1.8分,制定质量管理制度0.9分,未制定质量管理制度的不得分
3.业务能力 (30分)	3.1业务开展情况 (20分)	3.1.1 近五年承担气候可行性论证项目数量(15分)	承担项目的数量10个以上得15分,1～10个按百分比折算
		3.1.2 近五年承担气候可行性论证项目涉及的领域数量(5分)	承担项目涉及领域(风能、太阳能、总体规划、行业专项规划、公路、铁路、民航机场、电力、公共和基础设施、公共游乐、水利水电、农牧业调整、能源化工、冶炼、港口码头、大型建筑、旅游等)5个及以上得5分,5个以下按百分比得分
	3.2仪器设备情况 (4分)	3.2.1 仪器设备应用情况(2分)	观测、校验应用满足工作实际需要,得2分,否则不得分
		3.2.2 系统情况(2分)	应用气候可行性论证系统或软件,得2分,否则不得分
	3.3气候可行性论证报告情况 (6分)	3.3.1 报告质量情况(4分)	近五年气候可行性论证报告质量评价最高获得优秀得4分,获得良好得2分,否则不得分
		3.3.2 报告评审通过情况(2分)	近五年内报告全部通过评审的得2分,有1项报告评审不通过不得分
4.竞争力和发展潜力 (20分)	4.1技术实力 (15分)	4.1.1 与气候可行性相关的著作权、专利或省部级科技成果情况(5分)	5项以上得5分,3～4项得4分,2项得3分,1项得2分,未获得不得分
		4.1.2 参加与气候可行性相关的标准制定情况(4分)	参与国家标准、行业标准制修订的得4分,参与地方标准制修订的得3分,参与行业协会团体标准制修订的得2分,制定了企业标准的得1分,其他不得分
		4.1.3 参加与气候可行性相关业务系统、软件全国推广等数量(3分)	近五年参与数量合计3项及以上得3分,其他按百分比折算
		4.1.4 气候可行性论证领域文章发表情况(3分)	在SCI(SCIE)、EI上每发表(收录)1篇论文(以第一作者为准,下同)得3分,在核心期刊上每发表1篇得2分,在省级及以上正式出版刊物上每发表1篇得1分,其他不得分,总分不超过3分

表 B.1 气候可行性论证机构信用等级评价指标及权重(续)

一级指标	二级指标	三级指标	计分方法
4.竞争力和发展潜力(20分)	4.2 成长能力(5分)	4.2.1 营业收入增长率(2.5分)	营业收入增长率([(上年末营业收入总额/两年前年末营业收入总额)−1]×100%)在 20%(含)以上的,得 2.5 分,增长率在 10%～20%的,得分 1.5 分,增长率在 0～10%的得 1 分,0%以下的不得分
		4.2.2 总资产增长率(2.5分)	总资产增长率([(上年末资产总额/两年前年末资产总额)−1]×100%)在 20%(含)以上的得 2.5 分,增长率在 10%～20%的,得分=(增长率−10%)×10×2.5 分,增长率在 10%以下的不得分
5.财务状况(10分)	5.1 资产状况(6分)	5.1.1 总资产状况(3分)	总资产在 1000 万元(含)以上的得 3 分,1000 万元以下的,1 万元～1000 万元按百分比折算
		5.1.2 资产负债率(3分)	[0%,55%)得 3 分,[55%,65%)得 2.25 分,[65%,75%)得 1.5 分,[75%,85%)得 0.75 分,85%及以上得 0 分
	5.2 偿债能力(4分)	5.2.1 流动比率(4分)	1.8 及以上得 4 分,[1.6,1.8)得 3.2 分,[1.2,1.6)得 2.4 分,[1,1.2)得 1.6 分,[0.8,1)得 0.8 分,0.8 以下不得分
6.社会责任和信用记录(15分)	6.1 信用情况(10分)	6.1.1 政府部门信用负面记录(10分)	无信用负面记录得 10 分,1 条信用负面记录且无失信被执行记录得 5 分,2 条及以上信用负面记录且无失信被执行记录得 0 分
	6.2 社会履约及贡献(5分)	6.2.1 机构获得行政机关或社团组织评定的荣誉记录(3分)	近五年内获得国家级得 3 分,省级奖项得 2 分,得到地级市级、县级奖项得 1 分,其余得 0 分
		6.2.2 机构公益活动记录(2分)	近五年内,3 次(含)以上得 2 分,1～2 次得 1 分,其余不得分
7.不规范行为情况(扣分项,扣至 0 分止)	7.1 违规、备案情况(10分)	7.1.1 气象主管机构认定的违规行为(5分)	无违规记录的不扣分,每 1 条违规记录扣 1 分,最多扣 5 分
		7.1.2 气象主管部门业务备案情况(5分)	在气象主管机构备案的不扣分,无备案的扣 5 分
	7.2 投诉情况(5分)	7.2.1 气候可行性论证机构收到的投诉情况(5分)	无项目建设方投诉记录不扣分,每 1 条投诉记录扣 1 分,最多扣 5 分

参 考 文 献

[1] GB/T 22117—2018 信用 基本术语

[2] QX/T 242—2014 城市总体规划气候可行性论证技术规范

[3] QX/T 318—2016 防雷装置检测机构信用评价规范

[4] QX/T 350—2016 气象信息服务企业信用评价指标及等级划分

[5] 中国气象局.气候可行性论证管理办法:中国气象局令第 18 号[Z],2008 年 12 月

[6] 商务部信用工作办公室,国资委行业协会联系办公室.关于进一步做好行业信用评价工作的意见:商信用字[2015]1 号[Z],2015 年 8 月 5 日

ICS 07.060

A 47

备案号：70318—2019

中华人民共和国气象行业标准

QX/T 507—2019

气候预测检验 厄尔尼诺/拉尼娜

Climate prediction verification—El Niño/La Niña

2019-09-30 发布
2020-01-01 实施

中 国 气 象 局 发布

前　言

本标准按照 GB/T 1.1—2009 给出的规则起草。

本标准由全国气候与气候变化标准化技术委员会(SAC/TC 540)提出并归口。

本标准起草单位：国家气候中心。

本标准主要起草人：陆波、田奔、万江华、任宏利。

气候预测检验 厄尔尼诺/拉尼娜

1 范围

本标准给出了厄尔尼诺/拉尼娜预测的检验方法。
本标准适用于厄尔尼诺/拉尼娜预测的业务与科研。

2 术语和定义

下列术语和定义适用于本文件。

2.1

海表温度 sea surface temperature；SST
海洋表面海水温度的数值。
注：单位为摄氏度（℃）。
[GB/T 33666—2017，定义 2.1]

2.2

气候平均值 climate normals
气象要素的多年平均值，取最近三个整年代的平均值作为气候平均值。

2.3

海表温度距平 SST anomaly；SSTA
海表温度异常
海表温度与多年气候平均值的差。
[GB/T 33666—2017，定义 2.2]

2.4

厄尔尼诺/拉尼娜指数 El Niño/La Niña index
反映厄尔尼诺/拉尼娜现象的海表温度监测指数。
注：通常指 NINO3.4 指数、NINO3 指数、NINO4 指数等，各指数定义参见 GB/T 33666—2017。

3 厄尔尼诺/拉尼娜预测检验

3.1 历史预测检验

3.1.1 检验变量

宜采用 NINO3.4 指数来表征观测的以及历史回报的厄尔尼诺/拉尼娜状态，并对历史回报试验结果或者长时间预测结果的总体预测技巧进行综合检验。

3.1.2 时间距平相关系数指标

利用时间距平相关系数（Temporal Correlation Coefficient；TCC）指标 I_{TCC} 对厄尔尼诺/拉尼娜指数预测技巧进行历史预测检验，I_{TCC} 大于或等于 0.6 则认为总体预测技巧较好。I_{TCC} 的计算见式（1）：

$$I_{\mathrm{TCC},l} = \frac{\sum\limits_{i=1}^{n} Y_{i,l} \times G_i}{\sqrt{\sum\limits_{i=1}^{n} Y_{i,l}^2} \times \sqrt{\sum\limits_{i=1}^{n} G_i^2}} \qquad\qquad\cdots\cdots\cdots\cdots\cdots (1)$$

式中：

$I_{\mathrm{TCC},l}$ ——历史上提前 l 个月厄尔尼诺/拉尼娜指数预测的时间距平相关系数指标；

l ——厄尔尼诺/拉尼娜指数预测的超前月数；

n ——历史回报的总样本数；

$Y_{i,l}$ ——提前 l 个月的 G_i 对应的预报值；

G_i ——厄尔尼诺/拉尼娜指数的第 i 个观测样本的值。

3.2 实时预测检验

3.2.1 检验变量

宜采用 NINO3.4 指数作为检验变量，并根据近期厄尔尼诺/拉尼娜状态，对最近 12 个月预测结果的技巧进行实时预测检验。

3.2.2 相对预测误差指标

利用相对预测误差（Relative Prediction Error；RPE）指标 I_{RPE} 来进行厄尔尼诺/拉尼娜指数预测的实时预测检验，计算见式（2）：

$$I_{\mathrm{RPE},l} = \frac{\sqrt{\sum\limits_{i=1}^{m} (Y_{i,l} - G_i)^2 / m}}{S} \qquad\qquad\cdots\cdots\cdots\cdots\cdots (2)$$

式中：

$I_{RPE,l}$ ——提前 l 个月厄尔尼诺/拉尼娜指数预测的相对预测误差指标；

l ——厄尔尼诺/拉尼娜指数预测的超前月数；

m ——实时预测检验所针对的样本数；

$Y_{i,l}$ ——提前 l 个月的 G_i 对应的预报值；

G_i ——厄尔尼诺/拉尼娜指数的第 i 个观测样本的值；

S ——观测的近期厄尔尼诺/拉尼娜指数均方根值，且需避免取值过小的情况，计算见式（3）：

$$S = \begin{cases} 0.5 & (S < 0.5\,^{\circ}\mathrm{C}) \\ \sqrt{\sum\limits_{i=1}^{m} G_i^2 / m} & (S \geqslant 0.5\,^{\circ}\mathrm{C}) \end{cases} \qquad\cdots\cdots\cdots\cdots\cdots (3)$$

3.2.3 相对预测评分指标

利用相对预测误差指标 I_{RPE} 来计算厄尔尼诺/拉尼娜指数实时预测的相对预测评分（Relative Prediction Score；RPS）指标 I_{RPS}，见式（4）：

$$I_{\mathrm{RPS},l} = \begin{cases} 0 & (I_{\mathrm{RPE},l} > 2) \\ 50 \times (2 - I_{\mathrm{RPE},l}) & (0 \leqslant I_{\mathrm{RPE},l} \leqslant 2) \end{cases} \qquad\cdots\cdots\cdots\cdots\cdots (4)$$

式中：

$I_{\mathrm{RPS},l}$ ——提前 l 个月厄尔尼诺/拉尼娜指数预测的相对预测评分指标；

l ——厄尔尼诺/拉尼娜指数预测的超前月数；

$I_{\mathrm{RPE},l}$ ——提前 l 个月厄尔尼诺/拉尼娜指数预测的相对预测误差指标，计算方法见式（2）。

3.2.4 实时预测检验判定规定

相对预测评分指标 I_{RPS} 在 0 分～100 分之间变动,分值越大代表对近期厄尔尼诺/拉尼娜指数的实时预测技巧越高,如果 I_{RPS} 超过 60 分,则认为有预测技巧。

参 考 文 献

[1]　GB/T 33666—2017　厄尔尼诺/拉尼娜事件判别方法

[2]　任宏利,刘颖,左金清,等.国家气候中心新一代ENSO预测系统及其对2014/2016年超强厄尔尼诺事件的预测[J].气象,2016,42(5):521-531

[3]　Barnston A G,Tippett M K,L'Heureux M L,et al. Skill of real-time seasonal ENSO model predictions during 2002-11:Is our capability increasing? [J]. Bulletin of the American Meteorological Society,2012,93:631-651

[4]　Ren H L,Jin F F,Song L C, et al. Prediction of primary climate variability modes at the Beijing Climate Center[J]. Journal of Meteorological Research, 2017, 31(1):204-223

[5]　Jin E K,Kinter J L,Wang B,et al. Current status of ENSO prediction skill in coupled ocean-atmosphere models[J]. Climate Dynamics,2008,31(6):647-664

[6]　Luo J J,Masson S,Behera S K,et al. Extended ENSO predictions using a fully coupled ocean-atmosphere model[J].Journal of Climate,2008,21(1):84-93

[7]　Latif M,Barnett T P,Cane M A, et al. A review of ENSO prediction studies[J]. Climate Dynamics,1994,9(4):167-179

ICS 07.060
A 47
备案号：70319—2019

中华人民共和国气象行业标准

QX/T 508—2019

大气气溶胶碳组分膜采样分析规范

Specifications for carbon analysis of atmospheric aerosol by filter sampling

2019-09-30 发布

2020-01-01 实施

中 国 气 象 局 发布

前　言

本标准按照 GB/T 1.1—2009 给出的规则起草。

本标准由全国气候与气候变化标准化技术委员会大气成分观测预报预警服务分技术委员会(SAC/TC 540/SC 1)提出并归口。

本标准起草单位:南开大学、天津市气象科学研究所、中国环境科学研究院。

本标准主要起草人:白志鹏、刘爱霞、杨文、王静、耿春梅、韩斌、赵雪艳、吴建会、高凌云、孙峰、张长春、李伟芳、霍静、张灿、吴灿、王婉。

引　言

　　准确测定大气气溶胶中的碳组分,对认识大气气溶胶粒子的理化特性和形成机制、评估大气气溶胶的辐射强迫作用、评价大气气溶胶污染程度及追溯大气气溶胶污染来源具有重要意义。为提高大气气溶胶碳组分监测结果的准确性和可比性,规范大气气溶胶碳组分的膜采样分析方法,特制定本标准。

大气气溶胶碳组分膜采样分析规范

1 范围

本标准规定了大气气溶胶碳组分膜采样分析的试剂和气体、仪器和材料、采样、分析、仪器校准、结果计算、数据质量控制和注意事项。

本标准适用于采用热光分析法对大气气溶胶碳组分的膜采样分析。

2 规范性引用文件

下列文件对于本文件的应用是必不可少的。凡是注日期的引用文件,仅注日期的版本适用于本文件。凡是不注日期的引用文件,其最新版本(包括所有的修改单)适用于本文件。

HJ 93—2013 环境空气颗粒物(PM₁₀和PM₂.₅)采样器技术要求和检测方法

HJ 656—2013 环境空气颗粒物(PM₂.₅)手工监测方法(重量法)技术规范

QX/T 118—2010 地面气象观测资料质量控制

QX/T 305—2015 直径 47 mm 大气气溶胶滤膜称量技术规范

3 术语和定义

下列术语和定义适用于本文件。

3.1

大气气溶胶粒子 atmospheric aerosol particle

大气颗粒物

悬浮在大气中的固体和液体微粒。

[GB/T 31159—2014,定义 2.2]

3.2

有机碳 organic carbon;OC

气溶胶粒子中烃、烃的衍生物、多功能团的烃衍生物和高分子化合物等有机物中的碳组分。

[GB/T 31159—2014,定义 5.2]

3.3

元素碳 elemental carbon;EC

高聚合的、黑色的,在400℃以下很难被氧化,在常温下表现出惰性、憎水性,不溶于任何溶剂的大气含碳组分。

[GB/T 31159—2014,定义 5.3]

3.4

总碳 total carbon;TC

气溶胶粒子中有机碳(3.2)和元素碳(3.3)的总和。

[GB/T 31159—2014,定义 5.4]

3.5

光学裂解碳 optical pyrolyzed carbon；OPC

通过光学方法测定在高温下裂解转化成元素碳的有机碳。

3.6

碳酸盐碳 carbonate carbon；CC

大气气溶胶粒子中以碳酸盐或碳酸氢盐形式存在的碳。

3.7

热光分析法 thermal optical method

基于大气气溶胶粒子中碳组分的物理化学特性的差异和热解过程中光学特性的变化，将升温热解和光学分割结合起来测量滤膜样品中有机碳和元素碳含量的方法。

注：光学分割包括反射法和透射法两种，热光分析法分为热光反射法和热光透射法两种。

4 试剂和气体

4.1 试剂

应使用符合如下要求的试剂：

——邻苯二甲酸氢钾（$C_6H_4(COOK)(COOH)$）：分析纯及以上等级；

——蔗糖（$C_{12}H_{22}O_{11}$）：分析纯及以上等级；

——盐酸（HCl，0.4 mol/L）：分析纯及以上等级；

——超纯水：水温 25 ℃时的电阻率大于或等于 18.2 MΩ·cm。

4.2 气体

应使用符合如下要求的气体：

——氦气（He）：纯度大于或等于 99.999%；

——氢气（H_2）：纯度大于或等于 99.999%；

——氦-氧混合气（$He-O_2$）：由纯度均大于或等于 99.999%的氦气和氧气按 9∶1 比例配制而成；

——氦-甲烷混合标准气（$He-CH_4$）：由纯度均大于或等于 99.999%的氦气和甲烷按 19∶1 比例配制而成；

——干洁空气：大气中除去水汽、液体、固体微粒和有机物以外的混合气体。

5 仪器和材料

5.1 采样仪器

应使用符合 HJ 93—2013 中第 5 章的要求的采样仪器。

5.2 分析仪器

5.2.1 工作原理

热光碳分析仪用于分析大气碳气溶胶的浓度，应用热光反射法和热光透射法。该方法的主要原理是：纯氦气环境中释放出的有机碳（OC_{He}）和含有氧气的氦气环境中释放出的元素碳（EC_{O_2+He}）在催化剂的作用下被氧化为 CO_2，可直接被非色散红外检测器（NDIR）检测，或将 CO_2 还原为 CH_4，在氢气环境下，被火焰离子化检测器（FID）检测。在分析过程中，利用反射激光或者透射激光全程照射样品，以初始光强信号作为参考,当有机碳开始裂解时,光强信号下降,随着氧气的不断通入,光强信号又会回升,把回到初始光强信号的点设定为 OC、EC 分割点,得到光学裂解碳(OPC)。

5.2.2 仪器组成、技术要求及性能指标

热光碳分析仪由主机、氧化炉、检测器和激光探测器等部分组成。根据检测器的不同,可选配还原炉。

TC 的测量范围:$0.05\ \mu g/cm^2 \sim 750\ \mu g/cm^2$;检出限:$0.93\ \mu g/cm^2$;精密度:约 10%;准确度:2%~6%。

5.3 其他仪器设备和材料

5.3.1 取样器

应采用合金钢材质。宜使用直径为 10 mm、5 mm 的圆形取样器或边长为 1 cm×1cm,1.5 cm×1 cm 的矩形取样器,可根据实际需要定制不同尺寸。

5.3.2 注射器

应配备 $10\ \mu L$、$25\ \mu L$ 注射器各一支。

5.3.3 天平

应符合 QX/T 305—2015 中第 4 章的要求。

5.3.4 滤膜

应使用石英纤维滤膜。

5.3.5 辅助仪器设备和材料

滤膜盒、铝箔、封口袋、镊子、玻璃板、无尘纸、容量瓶、烧杯、玻璃棒、马弗炉、室内通风设备等。

6 采样

6.1 滤膜的前处理、称量和保存

6.1.1 前处理

采样前应将石英纤维滤膜置于 550 ℃马弗炉中烘烤 2 h。烘烤后的空白石英纤维滤膜通过抽样检测,TC 应小于 $1\ \mu g/cm^2$。

6.1.2 称量

应按照 QX/T 305—2015 中第 5 章的要求进行操作。

6.1.3 保存

要求如下:
——滤膜称量和采样后应放入滤膜盒,用铝箔包裹滤膜盒,再用封口袋密封保存;
——运输过程中应使用 0 ℃~4 ℃恒温箱储存,防摔防震;
——分析前样品滤膜应在 0 ℃~4 ℃条件下密闭冷藏保存,最长不超过 30 d;

——每张滤膜应附带全程跟踪表,表格样式参见附录 A。用于做碳分析的滤膜应填写碳分析送样单,参见附录 B 中的表 B.1 和表 B.2(彩)。

6.2 现场采样

现场采样应符合 HJ 656—2013 中第 6 章及以下要求:

——采样后的滤膜应拍照保存,照片按日期和类型进行编号并记录,表格样式参见附录 B 中的表 B.2(彩);

——填写样品采集记录表,表格样式参见附录 C。

7 分析

7.1 分析前检查

按照仪器操作说明进行分析前检查,项目如下:

——检查气瓶压力;

——检查仪器气密性;

——检查炉温;

——检查气体流量。

7.2 仪器稳定性检查

可选用三峰检测或者单点检测进行仪器稳定性检查,检查要求如下:

——三峰检测:在无氧阶段、有氧阶段和内标峰阶段分别得到三个峰面积,峰面积的相对标准偏差应小于 5%,否则应检查气瓶压力、气密性、载气流量、更换氧化管或甲烷转化管等;

——单点检测:在烘烤后测得的 TC 小于 $0.5\ \mu g/cm^2$ 的空白石英纤维滤膜上,用注射器滴入 $10\ \mu L$ 邻苯二甲酸氢钾或蔗糖标准溶液进行三次重复分析,TC 的相对标准偏差应小于 5%,否则应检查气瓶压力、气体流量、气密性、更换氧化管或甲烷转化管等,满足要求后计算的三次重复分析的 TC 质量的平均值与标准溶液中碳的质量的相对误差应在 $\pm 5\%$ 之内(TC 质量为 TC 测量值乘以 $1\ cm^2$),否则应重新进行仪器校准;

——每次分析前和连续运行 24 h 后都应做稳定性检查。

7.3 仪器空白分析

滤膜样品开始分析前应对膜托或者空白石英纤维滤膜进行分析,TC 测量值应小于 $0.5\ \mu g/cm^2$,否则应重复进行仪器空白分析,或者检查分析仪器的气密性、膜托清洁程度等。

7.4 样品分析

7.4.1 将滤膜放在洁净的玻璃板上,用取样器在滤膜有效采样区域内截取滤膜样品。可根据需要截取多个滤膜样品,剩余滤膜放回滤膜盒备用。每截取一次滤膜样品,应用无尘纸对玻璃板、镊子和取样器进行清洁。

7.4.2 记录滤膜编号、分析程序、取样器面积(计算方法参见附录 D)、滤膜有效沉积面积等信息,开始分析。

7.4.3 每分析完一个样品,仪器会自动注入定量的氦-甲烷标准气体进行分析,得到校正峰面积,参与有机碳和元素碳的计算。

7.4.4 前一个样品分析结束,待炉温下降到 50℃ 以下,将已分析过的滤膜样品取出,贴在数据分析记录表上,表格样式参见表 B.3。然后放入待分析滤膜样品。

7.4.5　每分析 10 个样品,随机抽取 1 个进行重复性分析,TC、OC、EC 两次分析结果间的相对偏差应分别在±5%、±10%、±20% 之内,否则应重新分析一次,如果三次结果均不达标,应对分析仪器进行检查。

7.4.6　记录滤膜的编号,记录 OC_{He}、EC_{O_2+He} 和 OPC 的测量值,表格样式参见表 B.3。

7.5　分析结果检查

要求如下:
—— 检查样品的谱图:分析结束后如果出现谱线未回到基线,激光信号提前或滞后回到初始值,温度曲线平直无变化等现象,应重新分析一次。若仍不达标,应检查仪器气体流量、激光光源和激光接收器、升温和测温元件,以及检查样品来源等信息;
—— 检查样品的分析数据:如果超出仪器测量范围,应选用小面积的取样器截取滤膜样品重新分析。

8　仪器校准

8.1　采样仪器校准

每年应定期对采样仪器进行校准,方法见 HJ 656—2013 中第 9 章的要求。

8.2　分析仪器校准

8.2.1　一般要求

要求如下:
—— 每半年应对分析仪器进行校准;
—— 标准溶液应现用现配,如果要长期保存,邻苯二甲酸氢钾标准溶液应加入 0.2 mL 浓盐酸,蔗糖标准溶液可直接置于冰箱中小于或等于 4 ℃ 保存,保存期不超过 40 d;
—— 标准曲线的相关系数 R 应大于或等于 0.999,校正斜率与上一次的校正斜率相对偏差应在 ±10% 之内,截距应在 ±0.5 之间,如达不到要求,应对分析仪器进行检查并重新校准;
—— 样品的内标峰面积与上一个的内标峰面积的相对偏差应在 ±10% 之内,否则应重新做标准曲线,更改斜率;
—— 仪器搬动、长期关机后开机、更换氦-甲烷混合标准气、更换氧化管或甲烷转化管后,应重新做标准曲线,对分析仪器进行校准。

8.2.2　绘制标准曲线

分别取 3 μL、5 μL、10 μL、15 μL、20 μL 的邻苯二甲酸氢钾或者蔗糖标准溶液,配制方法参见附录 E,慢慢地将其滴在空白石英纤维滤膜上,在氦气环境下,待膜片上水分完全挥发后进行分析,以有机碳和元素碳的响应峰面积之和与校正峰面积的比值为横坐标,以标准溶液中碳的质量为纵坐标,做线性拟合得到标准曲线,应给出相关系数、斜率和截距。

9 结果计算

9.1 仪器分析结果

样品分析完成后,得到 OC_{He}、EC_{O_2+He}、OPC 的测量值,再进行 OC、EC、TC 的测量值计算,OC 为 OC_{He} 与 OPC 之和,EC 为 EC_{O_2+He} 与 OPC 之差,TC 为 OC 与 EC 之和。结果保留到小数点后两位。

9.2 标准状况下的质量浓度

滤膜样品中碳组分在标准状况(标况)下的质量浓度计算公式见式(1):

$$C = \frac{W \times A_{total}}{V_S} \qquad\qquad\cdots\cdots\cdots\cdots\cdots\cdots(1)$$

式中:

C ——标况下(101.325 kPa,273 K)滤膜样品碳组分(TC、OC、EC)的质量浓度,单位为微克每立方米($\mu g/m^3$);

W ——滤膜样品碳组分(TC、OC、EC)的测量值,单位为微克每平方厘米($\mu g/cm^2$);

A_{total} ——滤膜上颗粒物的有效沉积面积,单位为平方厘米(cm^2);

V_S ——标况采样体积,单位为立方米(m^3)。

9.3 数据汇总

每批次样品完成后,应把采样信息、称量信息和分析结果填写在样品数据分析总表中,表格样式参见附录F。

10 数据质量控制

要求如下:
——系统应处于正常工作状态,各仪器参数应处于正常变化范围;
——采样时实际测得的体积(工况体积)应在理论计算的工况体积的±5%之内,滤膜采样前后的平衡时间应都大于24 h;
——分析仪器三峰检测或者单点检测应满足相应要求,见7.2;
——仪器空白应满足相应要求,见7.3;
——重复性分析的结果应满足相应要求,见7.4.5;
——根据样品信息(污染来源等),应按照7.5检查数据结果和谱图。
——应结合上述信息对数据进行综合分析,按 QX/T 118—2010 中 3.2.9 的规定给出数据质量控制标识码。

11 注意事项

要求如下:
——气体钢瓶应单独放置在气瓶间、增加固定装置、保持通风、远离分析仪器;
——沙尘、扬尘等样品应通过加盐酸的方法去除碳酸盐碳;
——机动车尾气尘、燃煤尘、土壤尘等污染源样品会导致激光信号提前或者滞后回到初始值,应人工核定 OC、EC 分割点。

附　录　A

（资料性附录）

滤膜全程跟踪表

滤膜全程跟踪表见表 A.1。

表 A.1　滤膜全程跟踪表

滤膜批次编号：		滤膜尺寸：	
滤膜前处理、平衡、称量			
前处理负责人：	前处理时间：	平衡负责人：	
平衡时间：	称量负责人：	称量时间：	
滤膜用途：	地点：		
滤膜接收			
接收人：	接收时间：	滤膜完整性：	
地点：			
样品采集			
滤膜安装人：	开始时间：	采样开始数据记录人：	
记录时间：	样品滤膜拆卸人：	结束时间：	
采样结束数据记录人：	记录时间：	地点：	
样品移交			
接收人：	接收时间：	滤膜完整性：	
地点：			
样品平衡、称量、裁剪			
平衡负责人：	平衡时间：	称量负责人：	
称量时间：	裁剪负责人：	裁剪时间：	
地点：			
样品送样分析			
碳分析接收人：	接收时间：	滤膜完整性：	
地点：			
审核人：			
注：滤膜在采样运送等过程中出现其他问题需要登记的，可另附表格备注。			

附　录　B

（资料性附录）

碳分析送样单及数据分析记录表

碳分析送样单包括样品委托交接单见表 B.1,样品清单与表征见表 B.2(彩),分析数据记录表见表 B.3。

表 B.1　样品委托交接单

以下内容由送样人填写	
样品名称：	分析项目：
委托方：	送样人：
送样人联系方式：	送样日期：
样品数量：_____ mm 石英纤维滤膜_____张(含样品滤膜____张,空白滤膜____张)	
样品保存条件:0℃～4℃条件下密闭冷藏保存	
分析要求:每分析完 10 个样品,随机抽取 1 个样品进行重复性分析	
以下内容由收样人填写	
收样日期：	收样人：
样品批次：	预计完成分析时间：
负责人签字：	

表 B.2(彩)　样品清单与表征

滤膜材质_____　滤膜直径____ mm　滤膜有效沉积面积____ cm²　滤膜数量___张

序号	样品编号	样品颜色目视深浅描述	滤膜样品照片编号（另附照片）
1			
2			
3			
4			
5			
6			
7			
8			
9			
10			

表 B.3 数据分析记录表

分析日期：		分析人员：	仪器序号：	审核人员：
样品编号	OC_{He} $\mu g/cm^2$	EC_{O_2+He} $\mu g/cm^2$	OPC_R/OPC_T $\mu g/cm^2$	分析后滤膜 （贴此处）
注：OPC_R 为热光反射法中光学裂解碳的测量值，OPC_T 为热光透射法中光学裂解碳的测量值。				

附　录　C

（资料性附录）

样品采集记录表

样品采集记录表见表C.1。

表 C.1　样品采集记录表

采样日期：			样品类型：			滤膜类型：		
滤膜编号：			采样点位：			仪器编号：		
开机								
开机时间	___时___分		开机温度	_____℃		开机气压	_____hPa	
操作人：			开机相对湿度	_____%		开机风向和风速	风向_____ 风速_____m/s	
关机								
关机时间	___时___分		关机温度	_____℃		关机气压	_____hPa	
操作人：			关机相对湿度	_____%		关机风向和风速	风向_____ 风速_____m/s	
采样记录								
采样时间	___h	平均温度	___℃	工况体积	___m³	标况体积	___m³	
操作人：					审核人：			
备注说明：								

附 录 D
（资料性附录）
取样面积的计算方法

D.1 直接测量法

用游标卡尺在取样器切口内表面不同位置测量直径/长度三次以上，然后取平均值，计算取样面积。

D.2 滤膜称量法

在一张烘烤后称量为 m_1 的空白石英纤维滤膜上切 10 个膜片，剩下滤膜再次称量，记为 m_2，质量差 (m_1-m_2) 为 10 个膜片的质量之和。已知空白石英纤维滤膜面积 A_1，可根据公式(D.1)计算单个膜片的面积即为取样面积，取样面积的测量结果应保留到小数点后两位。

$$A_{punch} = \frac{(m_1-m_2) \times A_1}{10 \times m_1} \qquad \cdots\cdots\cdots\cdots\cdots (D.1)$$

式中：

A_{punch}——取样面积，单位为平方厘米(cm^2)；

m_1　　——空白石英纤维滤膜的质量，单位为毫克(mg)；

m_2　　——空白石英纤维滤膜扣除 10 个膜片后的质量，单位为毫克(mg)；

A_1　　——空白石英纤维滤膜的面积，单位为平方厘米(cm^2)。

附　录　E

（资料性附录）

标准溶液的配制方法

E.1　邻苯二甲酸氢钾标准溶液的配制

按如下步骤进行配制：

a)　将邻苯二甲酸氢钾置于烘箱中，110 ℃烘烤 2 h；

b)　称取一定量的邻苯二甲酸氢钾，在烧杯中用超纯水充分溶解，剩余样品放干燥器保存；

c)　在容量瓶中用 100 mL 的超纯水稀释定容；

d)　计算标准溶液中的碳浓度，计算方法见公式(E.1)；

e)　标准溶液应现用现配，如果要长期保存，应加入 0.2 mL 浓盐酸，贴上标签，置于冰箱中小于或等于 4 ℃保存，保存期不超过 40 d。

$$C_C = \frac{m'}{V} \times \frac{n' \times M_C}{M_1} \qquad\qquad \cdots\cdots\cdots\cdots\cdots (E.1)$$

式中：

C_C ——标准溶液中碳浓度，单位为微克每微升($\mu g/\mu L$)；

m' ——称量的邻苯二甲酸氢钾的质量，单位为微克(μg)；

V ——配制溶液的总体积，单位为微升(μL)；

n' ——邻苯二甲酸氢钾中碳原子的个数为 8；

M_C ——碳的分析量为 12；

M_1 ——邻苯二甲酸氢钾的分子量为 204.23。

E.2　蔗糖标准溶液的配制

按如下步骤进行配制：

a)　将蔗糖置于干燥器保存；

b)　称取一定量的蔗糖，在烧杯中用超纯水充分溶解；

c)　在容量瓶中用 100 mL 超纯水稀释定容；

d)　计算标准溶液中的碳浓度，计算方法见公式(E.2)；

e)　标准溶液应现用现配，如果要长期保存，应贴上标签，置于冰箱中小于或等于 4 ℃保存，保存期不超过 40 d。

$$C_C = \frac{m''}{V} \times \frac{n'' \times M_C}{M_2} \qquad\qquad \cdots\cdots\cdots\cdots\cdots (E.2)$$

式中：

C_C ——标准溶液中碳浓度，单位为微克每微升($\mu g/\mu L$)；

m'' ——称量的蔗糖的质量，单位为微克(μg)；

V ——配制溶液的总体积，单位为微升(μL)；

n'' ——蔗糖中碳原子的个数为 12；

M_C ——碳的分析量为 12；

M_2 ——蔗糖的分子量为 342.31。

附　录　F
（资料性附录）
样品数据分析总表

样品数据分析总表见表 F.1。

表 F.1　样品数据分析总表

样品样品来源：																
采样时间：			采样地点：													
采样仪器：			采样流量：													
采样人：		称量人：					碳分析人：			质量控制人：						
序号	滤膜编号	粒径	采样时长 h	环境温度 ℃	环境相对湿度 %	环境压力 hPa	工况体积 m³	标况体积 m³	尘质量 g	称量时温度 ℃	称量时相对湿度 %	滤膜平衡时间 h	TC µg/cm²	OC µg/cm²	EC µg/cm²	有效面积 cm²	TC标况质量浓度 µg/m³	质量控制标识码

注：质量控制标识码含义为 0：正确；1：可疑；2：错误；3：订正数据；4：修改数据；5~7：预留；8：缺测；9：未做质量控制。

参 考 文 献

［1］ GB/T 31159—2014 大气气溶胶观测术语

［2］ QX/T 8—2002 气象仪器术语

［3］ QX/T 70—2007 大气气溶胶元素碳与有机碳测定——热光分析方法

ICS 07. 060
A 47
备案号：70320—2019

中华人民共和国气象行业标准

QX/T 509—2019

GRIMM 180 颗粒物浓度监测仪标校规范

Specifications for GRIMM 180 particle concentration monitor calibration

2019-09-30 发布 2020-01-01 实施

中 国 气 象 局 发 布

QX/T 509—2019

前　言

本标准按照 GB/T 1.1—2009 给出的规则起草。

本标准由全国气候与气候变化标准化技术委员会大气成分观测预报预警服务分技术委员会(SAC/TC 540/SC 1)提出并归口。

本标准起草单位:中国气象局气象探测中心、北京市气象局、中国气象科学研究院、湖北省气象局、北京华云东方探测技术有限公司、北京迈特高科技术有限公司。

本标准主要起草人:张晓春、赵飞、王垚、欧阳俊、杨素霞、王东华、刘雯、童华、李伟超、荆俊山、赵培涛、赵鹏、仝琳琳、孙俊英、张小曳。

引　言

　　GRIMM 180 颗粒物浓度监测仪用于大气中不同粒径颗粒物的质量浓度和数浓度的测量。为确保观测数据的准确性和可比性,需要对仪器进行标校。为规范 GRIMM 180 颗粒物浓度监测仪的标校,特制定本标准。

GRIMM 180 颗粒物浓度监测仪标校规范

1 范围

本标准规定了 GRIMM 180 颗粒物浓度监测仪标校的仪器原理与构成、技术指标、条件、方法和周期。

本标准适用于 GRIMM 180 颗粒物浓度监测仪的首次标校、后续标校及修理后的标校。

2 规范性引用文件

下列文件对于本文件的应用是必不可少的。凡是注日期的引用文件，仅注日期的版本适用于本文件。凡是不注日期的引用文件，其最新版本（包括所有的修改单）适用于本文件。

QX/T 173—2012 GRIMM 180 测量 PM_{10}、$PM_{2.5}$ 和 PM_1 的方法

3 术语和定义

下列术语和定义适用于本文件。

3.1

可吸入颗粒物 inhalable particle

PM_{10}

空气动力学直径小于或等于 10 μm 的气溶胶粒子。

［GB/T 31159—2014,定义 3.6］

3.2

细颗粒物 fine particle

$PM_{2.5}$

空气动力学直径小于或等于 2.5 μm 的气溶胶粒子。

［GB/T 31159—2014,定义 3.7］

3.3

亚微米颗粒物 submicron particle

$PM_{1.0}$

空气动力学直径小于或等于 1 μm 的气溶胶粒子。

［GB/T 31159—2014,定义 3.8］

3.4

颗粒物质量浓度 particulate mass concentration

单位体积空气中颗粒物的总质量。

注:常用单位为毫克每立方米（mg/m^3）和微克每立方米（$\mu g/m^3$）。

3.5

颗粒物数浓度 particulate number concentration

单位体积空气中颗粒物的个数。

注:常用单位为个每立方米（个/m^3）和个每立方厘米（个/cm^3）。

4 仪器原理及构成

GRIMM 180 颗粒物浓度监测仪器工作原理、构成及技术指标见 QX/T 173—2012 中第 4 章的规定。

5 标校技术指标

GRIMM 180 颗粒物浓度监测仪标校应达到的技术指标要求见表 1。

表 1 GRIMM 180 颗粒物浓度监测仪标校技术指标要求

序号	技术指标	最大允许误差[a]
1	PM_{10}、$PM_{2.5}$、$PM_{1.0}$ 质量浓度	$\pm 3\ \mu g/m^3$($\leqslant 500\ \mu g/m^3$)、$\pm 5\%$($> 500\ \mu g/m^3$)
2	颗粒物数浓度	$\pm 5\%$(> 1 个$/cm^3$)
3	流量	设定流量值的$\pm 5\%$
4	温度	$\pm 0.5\ ℃$
5	相对湿度	$\pm 5\%$
6	大气压力	$\pm 2.0\ hPa$
[a] 指待标校仪器与传递标准仪器间的最大允许误差		

6 标校条件

6.1 标校环境

6.1.1 环境温度范围为 20 ℃±5 ℃,相对湿度范围为 20%～85%。

6.1.2 供电电源应具有良好接地,接地电阻不应大于 4 Ω,宜配备具有稳压、滤波功能的不间断电源。

6.1.3 工作场所应清洁,不应存放易燃、易爆和强腐蚀性物质,无强烈机械振动和电磁干扰。

6.1.4 试验操作环境不应产生颗粒物污染。

6.2 标校设备、设施和材料

6.2.1 传递标准仪器应具有与待标校仪器相同的功能、测量要素和通道数;质量浓度和数浓度与上一级标准仪器间的允许误差不应大于±2.5%。

6.2.2 标校塔应能持续、稳定地提供使颗粒物均匀悬浮的气流,包括标校塔体、空气压缩机及控制单元等;应能控制颗粒物的注入频次,空气压缩机的供气量不应小于 40 L/min,具有储气和过压保护功能;悬浮气流的流量应在(10±0.3)L/min 范围内,相对湿度不应大于 40%。

6.2.3 标准颗粒物应为多分散性颗粒物,粒径分布应能覆盖仪器有效测量粒径范围。

6.2.4 标准流量计的量程不应小于 2.5 L/min,允许误差不应大于±1%。

6.2.5 过滤器对颗粒物的过滤效率不应小于 99%,承受压力不应小于 0.1 MPa。

6.2.6 气路检漏装置应由压力表、橡胶管、充气橡胶球、三通接头和排气阀等构成,压力表的量程不应小于 40 kPa,分辨力不应小于 0.5 kPa。

6.2.7 颗粒物浓度监测仪标校软件应具有仪器参数配置、颗粒物注入时间和次数控制、阈值自动调节、数据采集与输出及图形显示等功能。

6.2.8 应具备气路连接管及接头、温湿度模拟器、干洁空气或干洁压缩空气、去离子水、脱脂棉、无尘擦拭纸、螺丝刀工具等其他辅助设施。

7 标校方法

7.1 一般原则

7.1.1 应符合 QX/T 173—2012 中 7.1 的规定。

7.1.2 应详细、准确记录标校过程的相关信息,包括起始和终止时间、操作内容等。

7.2 标校前准备

7.2.1 外观检查

7.2.1.1 仪器外观良好,外表面应无明显损伤。

7.2.1.2 仪器标识完整,应具有名称、型号、序列号、制造厂名称、生产日期等标识。

7.2.1.3 仪器结构完整,各部件齐全,连接可靠。

7.2.2 仪器内部检查与清洁

7.2.2.1 打开仪器顶盖,检查并使用干洁压缩空气小心清洁仪器内部灰尘。

7.2.2.2 检查仪器内部各组部件及连接情况,确保各部件间的连接紧固可靠。

7.2.2.3 检查仪器内部气路过滤器,变黄发黑或污染较为严重时应进行更换。

7.2.2.4 检查仪器内部气体管路,应无漏气现象,必要时进行清洁。

7.2.2.5 用有一定压力(不应小于 0.1 MPa)的干洁空气清洁激光测量腔室。

7.2.2.6 用去离子水、脱脂棉和无尘擦拭纸小心清洁激光吸收阱和反射镜表面,避免划伤。

7.2.3 气路的气密性检查

7.2.3.1 将气路检漏装置的橡胶管出气口连接到仪器主机的进气口,堵住仪器内部过滤器的出气口。

7.2.3.2 将压力升至约 0.01 MPa,关闭排气阀,等候 20 s,压力不应小于 0.008 MPa。

7.2.4 仪器运行检查

7.2.4.1 正确连接好仪器及相关部件,插上温湿度模拟器,接通仪器电源开关,仪器应能通过自检,无异常报警和错误信息提示。

7.2.4.2 仪器操作面板应能正常操作,显示部分应清晰、正常;采样泵应正常运行且无异常声响;除湿泵在启动时的真空压力显示应在(40~60)psi(磅每平方英寸)范围内。

7.2.4.3 传递标校仪器、空气压缩机、标校塔及配套设施、计算机及标校软件等应能正常工作。

7.2.5 标校前比对

7.2.5.1 检查待标校仪器、传递标准仪器和数据采集计算机的时间并保持同步;将仪器数据输出的时间间隔设为一致。

7.2.5.2 使待标校仪器和传递标准仪器的进气口高度保持一致,误差应小于 1 cm,仪器进气口间的距离应小于 1 m,仪器四周应气流通畅。

7.2.5.3 使待标校仪器、传递标准仪器处于测量状态,同步运行数据采集软件。

7.2.5.4 在实验室环境条件下,使仪器连续运行,时间不小于 6 h。

7.2.5.5 对待标校仪器与传递标准仪器的测量结果进行比对分析,符合第 5 章中规定的技术指标时,待标校仪器可不进行标校;如质量浓度、数浓度和流量超出第 5 章中规定的技术指标,应按本标准规定进行标校,如温度、湿度和大气压力超出第 5 章中规定的技术指标,应对传感器进行检查或更换。

7.2.6 流量检查与调节

7.2.6.1 在仪器进入测量状态后,将标准流量计串接在待标校仪器主机进气口处,稳定时间不小于 2 min,读取标准流量计和待标校仪器流量的数值。

7.2.6.2 调节待标校仪器流量到 1.14 L/min～1.26 L/min 范围内。

7.2.7 激光电压检查与调节

7.2.7.1 记录并检查仪器光源打开和关闭时的电压差、仪器自检时光源打开和关闭时的粒子数以及光源的高、低电流等参数。

7.2.7.2 调节光源的高、低电压,使两个 $PM_{2.5}$ 通道的测量偏差不大于±2.5%。

7.2.8 过滤器检查

7.2.8.1 将过滤器连接在仪器主机进气口,稳定时间不小于 2 min,读取仪器显示的 PM_{10} 质量浓度值。

7.2.8.2 如 PM_{10} 超过 10 $\mu g/m^3$ 或示值不稳定时,应对仪器内部管路、相关部件、气路的气密性等进行检查和处理。

7.3 仪器标校

7.3.1 基本要求

7.3.1.1 待标校仪器应通过 7.2 规定的检查和测试。

7.3.1.2 调节标校塔内悬浮气体流量应在(10±0.3)L/min 范围内。

7.3.1.3 标校塔上标准粒子瓶内添加的标准颗粒物不宜超过粒子瓶体积的 80%。

7.3.1.4 标校塔出气口与传递标准仪器、待标校仪器进气口的连接应长度一致,并保持竖直。

7.3.2 流量标校

7.3.2.1 各仪器稳定运行时间不应小于 10 min。

7.3.2.2 调节传递标准仪器流量到 1.17 L/min～1.23 L/min 范围内。

7.3.2.3 调整待标校仪器流量与传递标准仪器流量一致。

7.3.3 颗粒物质量浓度和数浓度阈值调整

7.3.3.1 调整待标校仪器所有通道的阈值与传递标准仪器的阈值一致。

7.3.3.2 向标校塔内注入标准颗粒物,稳定时间约 1 min。

7.3.3.3 检查传递标准器在 $PM_{2.5}$ 高电压通道、$PM_{2.5}$ 低电压通道的测量信号数值是否接近 40000,如数值小于 32000,则重复 7.3.3.2 和 7.3.3.3。

7.3.3.4 比较待标校仪器和传递标准仪器间对应两个 $PM_{2.5}$ 通道的测量偏差,调整待标校仪器的高、低激光电压使得测量偏差不大于±2.5%。

7.3.3.5 再次检查并确认标校塔上标准粒子瓶内的标准颗粒物是否充足,如不足应及时添加。

7.3.3.6 在标校软件控制下,系统将自动控制标准颗粒物的注入次数和稳定时间,并调整每个通道的阈值,使待标校仪器和传递标准仪器各对应通道的测量偏差不大于±2.5%。

7.3.4 有效性检验

7.3.4.1 向标校塔内注入不小于 5 次的标准颗粒物,等待约 1 min。

7.3.4.2 待标校仪器和传递标准仪器进行 PM_{10}、$PM_{2.5}$、$PM_{1.0}$ 质量浓度以及数浓度同步测量的时间不应小于 20 min,测量结束后应给出二者的对比图表。

7.3.4.3 在 7.3.4.2 的数据中,以第一个通道的颗粒物数浓度接近 1000 个/cm^3 时为起始时间,选取其后 15 min 的数据进行偏差分析,如待标校仪器和传递标准仪器测量结果间的偏差不大于 ±2.5%,则通过标校有效性检验,完成标校;否则,应调整相应通道的阈值,并重复 7.3.4.1 至 7.3.4.3,直至偏差不大于 ±2.5%。

7.3.5 标校后比对

7.3.5.1 待标校仪器完成标校后,应与传递标准仪器或已标校的同型仪器进行比对,如测量结果偏差大于 10%,应重新进行标校。

7.3.5.2 应按 7.2.5 的规定或利用标校塔进行同步比对。利用标校塔进行比对时,应打开标校塔的顶盖,并将标校塔顶部的过滤器移除或更换为大孔径过滤器。

7.3.5.3 仪器比对的连续运行时间不应小于 6 h。

7.4 标校结束

7.4.1 分析标校和比对数据,做好标校记录,标校记录模板参见附录 A,并制作标校证书,证书参见附录 B。

7.4.2 整理所有标校相关资料并归档,包括记录表、各通道阈值、标校前/后比对数据和图形、标校报告等。

7.4.3 按 7.2.2.5 的方法清洁待标校仪器的激光测量腔室。

8 标校周期

传递标准仪器的溯源周期不应超过 3 年;仪器的标校周期不应超过 12 个月,仪器进行维修或对测量结果有怀疑时,应及时进行标校。

附 录 A

（资料性附录）

Grimm 180 颗粒物监测仪标校记录模板

标校记录模板参见表 A.1。

表 A.1 Grimm 180 颗粒物监测仪器标校记录模板

日期			操作人		
传递标准仪器	型号		待标校仪器	型号	
	序列号			序列号	

光室清洁操作		
光学测量池及激光参数	清洁前参数值	清洁后参数值
C0_h(激光发射时的颗粒物零检计数)		
C0_d(激光关闭时的颗粒物计数)		
La_l(低能量激光的电流)		
La_h(高能量激光的电流)		

激光调节		
调节高激光 E 点	增大□	减小□
调节低激光 O 点	增大□	减小□

检修及相关操作：

标校前各通道阈值记录							
0.26 μm	0.285 μm	0.30 μm	0.35 μm	0.40 μm	0.45 μm	0.50 μm	0.58 μm
0.65 μm	0.70 μm	0.80 μm	1.00 μm	1.30 μm	1.60 μm	2.00 μm	2.50 μm
2.50 μm	3.00 μm	3.50 μm	4.00 μm	5.00 μm	6.50 μm	7.50 μm	8.50 μm
10.00 μm	12.50 μm	15.00 μm	17.50 μm	20.00 μm	25.00 μm	30.00 μm	32.00 μm

标校后各通道阈值记录							
0.26 μm	0.285 μm	0.30 μm	0.35 μm	0.40 μm	0.45 μm	0.50 μm	0.58 μm
0.65 μm	0.70 μm	0.80 μm	1.00 μm	1.30 μm	1.60 μm	2.00 μm	2.50 μm
2.50 μm	3.00 μm	3.50 μm	4.00 μm	5.00 μm	6.50 μm	7.50 μm	8.50 μm
10.00 μm	12.50 μm	15.00 μm	17.50 μm	20.00 μm	25.00 μm	30.00 μm	32.00 μm

附　录　B
（资料性附录）
标校证书

标校证书包括以下信息：

a)　标校证书标题；

b)　标校单位名称和地址；

c)　标校地点和日期；

d)　证书的唯一性标识，每页及总页数的标识；

e)　被标校对象所属单位的名称和地址；

f)　被标校对象的描述和明确标识；

g)　标校所依据的技术规范的标识，包括名称和代号等；

h)　本次标校所用测量标准的溯源及有效性说明；

i)　标校环境的描述；

j)　标校结果及其测量不确定度的说明；

k)　标校证书签发人的签名、职务或职称，以及签发日期；

l)　标校结果仅对被标校对象有效的声明；

m)　声明："未经标校单位书面批准，不得部分复制证书"。

参 考 文 献

[1] GB 3102.8—1993 物理化学和分子物理学的量和单位
[2] GB/T 17095—1997 室内空气中可吸入颗粒物卫生标准
[3] GB/T 31159—2014 大气气溶胶观测术语
[4] JJF 1002—2010 国家计量检定规程编写规则
[5] JJF 1071—2010 国家计量校准规范编写规则
[6] JJG 846—2015 粉尘浓度测量仪检定规程
[7] LD/T 98—1996 空气中粉尘浓度光散射式测定法

ICS 07.060

A 47

备案号：70321—2019

中华人民共和国气象行业标准

QX/T 510—2019

大气成分观测数据质量控制方法 反应性气体

Air composition—Quality control for observational data—Reactive gases

2019-09-30 发布

2020-01-01 实施

中 国 气 象 局 发布

前　言

本标准按照 GB/T 1.1—2009 给出的规则起草。

本标准由全国气候与气候变化标准化技术委员会大气成分观测预报预警服务分技术委员会(SAC/TC 540/SC 1)提出并归口。

本标准起草单位:中国气象局气象探测中心、京津冀环境气象预报预警中心、长三角环境气象预报预警中心、上甸子区域大气本底站、临安区域大气本底站、龙凤山区域大气本底站、中央民族大学。

本标准主要起草人:林伟立、马志强、蒲维维、高伟、马千里、于大江。

引　言

　　大气中存在的痕量反应性气体,如 SO_2、NO_X、CO 和 O_3 等,是一类重要的大气成分,它们参与大气化学反应,促进二次气溶胶和酸雨形成,影响大气氧化能力,与人体健康、气候与环境变化等问题紧密关联。

　　为规范反应性气体在线观测数据的质量控制,保证观测数据的准确性、可靠性和可比性,特制定本标准。

大气成分观测数据质量控制方法 反应性气体

1 范围

本标准规定了大气成分观测中反应性气体在线观测数据质量控制方法,包括数据收集、数据检查与标记、观测数据订正、质量控制综合分析与标识。

本标准适用于观测站点反应性气体(SO_2、NO_X、CO、O_3 等)在线观测数据的质量控制,其他反应性气体可参考使用。

2 规范性引用文件

下列文件对于本文件的应用是必不可少的。凡是注日期的引用文件,仅注日期的版本适用于本文件。凡是不注日期的引用文件,其最新版本(包括所有的修改单)适用于本文件。

QX/T 118—2010 地面气象观测资料质量控制

3 术语和定义

下列术语和定义适用于本文件。

3.1

反应性气体 reactive gas
大气中化学反应活性较强的、能发生较快的大气化学反应并转化为其他成分的气体。
[QX/T 124—2011,定义 3.3]

3.2

质量控制 quality control
观测记录达到所要求质量的操作技术和活动。
[QX/T 66—2007,定义 3.1]

3.3

元数据 metadata
关于数据的数据。
[QX/T 39—2005,定义 3.3]

4 数据收集

4.1 基本要求

4.1.1 数据应包括观测数据和元数据。应尽可能全面、完整地收集观测数据和元数据。

4.1.2 观测数据应包括观测时间、观测要素数据、数据单位等。

4.1.3 元数据应包括观测站点信息、现场和实验室记录信息、仪器信息、观测过程质量控制信息等。

4.2 元数据

4.2.1 站点信息

包括站点名称、站号、经度纬度、海拔、站点类型、地形特征、周边污染源情况、站点历史沿革等。

4.2.2 现场和实验室记录信息

包括仪器维护、测试、标定等过程信息。

4.2.3 仪器信息

包括仪器名称、型号、系列号、仪器状态(流量、内部温度、内部压力等)等。

4.2.4 观测过程质量控制信息

4.2.4.1 零/跨检查信息

包括零/跨检查起止时间、跨对应的标准浓度等。

注:零检查信息是指利用零空气获得分析仪器的响应信息;跨检查信息是指在零空气中加入一定量的标准气所获得的分析仪器的响应信息。

4.2.4.2 多点校准信息

包括多点(不少于5个点)校准起止时间、操作者、校准数据及回归结果等。

4.2.4.3 标准气信息

包括标准气瓶号、生产厂家、浓度、压力、不确定度、更换时间、使用情况、标准量值传递(溯源)信息等。

4.2.4.4 标准仪器信息

包括仪器系列号、响应系数、仪器流量、内部温度、内部压力、标准量值传递(溯源)信息等。

5 数据检查与标记

5.1 数据格式与时间序列检查

5.1.1 应对观测数据的结构以及每条数据记录的长度进行检查。

5.1.2 应按照观测频次检查数据缺失情况,补齐缺失时间、剔除重复记录等,缺测值用-999.9替代。

5.2 数据标记

应根据第4章中的信息内容对数据进行标记。标记符号见表1。

表 1　规范性数据标记符号

标记信息	标记符号	备注
停电（Power Fail）	PF	因停电导致数据缺失或失真
预热（Warming Up）	WU	仪器开机预热阶段数据
调试（TEST）	TS	仪器调试或在线维护阶段数据
零检查（Zero Check）	ZC	进行仪器零检查期间的数据
跨检查（Span Check）	SC	进行仪器跨检查期间的数据
多点校准（Multi-points Calibration）	MC	进行多点校准期间的数据
异常数据（Crazy Data）	CD	明显不合理的数据，及已知的非正常采样数据
背景循环（Background Cycle）	BC	某类仪器设定的循环检查或自调整程序
平衡[a]（Stabilization Tag）	ST	不同气路间切换到气路稳定期间数据
可疑数据（Question Data）	QD	数据变化异常，可能是正常的数据也可能是不正常数据，需要进一步综合其他条件进行判断
缺测数据（Lost Data）	LD	补齐缺测时间，缺测数据以−999.9替代
仪器故障数据（Failure Data）	FD	仪器故障或仪器参数出现报警，但仍有记录的数据
受污染数据（Polluted Data）	PD	观测过程出现污染且影响到正常观测的数据

[a] 平衡是指因重启、仪器预热、管路切换等恢复到正常观测前某段特定时间的过程。

6　观测数据订正

6.1　一般要求

6.1.1　应基于多点校准的结果对观测数据进行订正，零/跨检查结果用来辅助观测数据订正。

6.1.2　根据零/跨检查结果随时间的变化情况确定不同数据订正方法所适用的时间区间等。

6.2　基于观测过程校准信息的数据订正

具体订正方法参见附录 A。

6.3　基于标准量值传递结果的数据订正

应根据更高一级标准溯源或量值传递结果对 6.2 中得到的数据进行二次订正。

6.4　数据订正说明文档

应编制数据订正说明文件详细描述数据订正过程，包括订正参数的选择及所应用的时间区间、订正历史版本、量值溯源情况、订正人员信息、备注等。

7　质量控制综合分析与标识

7.1.1　对 5.2 中标记为 CD 和 QD 数据进行综合分析，辨别其正确与否。

7.1.2　按 QX/T 118—2010 中 3.2.9 的规定给出数据质量控制标识。

附　录　A
（资料性附录）
基于观测过程校准信息的数据订正方法

A.1　临近值调整法

对于短期（如小于 1 月）数据的订正,可采用发生时间最接近的一次多点校准方程或采用零/跨检查结果对特定时间段内的数据进行订正。

A.2　算术平均法

对于仪器响应相对稳定（如响应漂移变化量小于 2%）时,可采用此方法。分别对特定时间段内的多次多点校准方程的斜率和截距求算术平均值,重新构造一个新的校准方程进行数据订正。

A.3　内插法

对于仪器响应没有受到人为干扰和改变时,可采用内插法获得不同时间对应的多点校准方程进行数据订正。将不同时间的零检查结果、多点校准方程斜率与时间作图,进行曲线拟合。首先将零检查值与时间拟合,根据拟合方程求得各个时刻的零值,将观测值减去相应零值得到新的时间系列值。其次,将多点校准方程的斜率与时间拟合,根据拟合方程求得各个时刻的斜率订正值,将新的时间系列值乘以相应的斜率订正值,完成数据订正。

A.4　区间区别法

当仪器因客观原因出现停机、重要零部件损坏、零/跨调整等导致仪器响应出现不连续变化时,采用区间区别法进行数据订正。时间区间可参考 4.2.4 结果来划分和确定。在不同的时间区间内根据仪器响应的漂移情况可采用上述方法（临近值调整法、算术平均法、内插法）之一进行数据订正。

参 考 文 献

[1] HJ/T 193—2005 环境空气质量自动监测技术规范

[2] QX/T 39—2005 气象数据集核心元数据

[2] QX/T 66—2007 地面气象观测规范 第22部分：观测记录质量控制

[3] QX/T 71—2007 地面臭氧观测规范

[4] QX/T 124—2011 大气成分观测资料分类与编码

[5] QX/T 272—2015 大气二氧化硫监测方法 紫外荧光法

[6] QX/T 273—2015 大气一氧化碳监测方法 红外气体滤光相关法

[7] 林伟立,徐晓斌,张晓春.反应性气体观测中标准气的误差问题及建议[J],环境化学,2011,30(6):1140-1143

[8] 林伟立,徐晓斌,于大江,等.龙凤山区域大气本底台站反应性气体观测质量控制[J],气象,2009,35(11):93-100

[9] 林伟立,徐晓斌,王力福,等.阿克达拉区域大气本底站反应性气体在线观测[J],气象科技,2010,38(6):661-667

[10] 靳军莉,张晓春,林伟立,等.大气本底站反应性气体观测数据处理系统功能设计及实现[J].气象科技,2012,40(5):738-744

[11] 中国气象局监测网络司.全球大气监测观测指南[M].北京:气象出版社,2003

[12] ISO 4224:2000 Ambient air-Determination of carbon monoxide-Non-dispersive infrared spectrometric method

[13] ISO 10498:2004 Ambient air-Determination of sulfur dioxide-Ultraviolet fluorescence method

[14] ISO 13964:1998 Air quality-Determination of ozone in ambient air-Ultraviolet photometric method

[15] WMO. Global Atmosphere Watch Measurements Guide:WMO TD No. 1073[M], 2001

[16] USEPA. Quality Assurance Handbook for Air Pollution Measurement Systems,Volume II: Part 1 Ambient Air Quality Monitoring Program Quality System Development,Office of Air Quality Planning and Standards Research Triangle Park, NC 27711,EPA-454/R-98-004[M],1998

ICS 07.060

A 47

备案号：71152—2020

中华人民共和国气象行业标准

QX/T 511—2019

气象灾害风险评估技术规范 冰雹

Technical specifications for meteorological disaster risk assessment—Hail

2019-12-26 发布

2020-04-01 实施

中 国 气 象 局 发 布

前　　言

本标准按照 GB/T 1.1—2009 给出的规则起草。

本标准由全国气象防灾减灾标准化技术委员会(SAC/TC 345)提出并归口。

本标准起草单位:安徽省气候中心、国家气候中心。

本标准主要起草人:田红、唐为安、高歌、卢燕宇、谢五三。

气象灾害风险评估技术规范　冰雹

1　范围

本标准规定了冰雹灾害风险评估的资料收集与处理、评估方法。

本标准适用于冰雹灾害风险评估。

2　术语和定义

下列术语和定义适用于本文件。

2.1

冰雹　hail

坚硬的球状、锥形或不规则的固体降水物。

［GB/T 27957—2011,定义2.1］

2.2

最大冰雹直径　diameter of the maximum hail

一次降雹过程中观测到的最大冰雹的最大直径。

2.3

降雹持续时间　duration of hailfall

从降雹开始至终止的持续时间。

2.4

降雹时极大风速　extreme wind speed during hailfall

降雹过程中出现的最大瞬时风速值。

2.5

冰雹致灾因子　hail hazard

造成冰雹灾害的自然异变因素,多指造成冰雹灾害的最大冰雹直径、降雹持续时间、降雹时极大风速等。

2.6

灾损指数　disaster loss index

评估区域内冰雹灾害造成的经济损失与当年该区域国内生产总值(GDP)的比值。

2.7

风险指数　risk index

冰雹灾害预期损失的量化评估指标。

3　资料收集与处理

3.1　资料收集

3.1.1　一般要求

收集评估区域内不少于30个同时具备最大冰雹直径(单位为毫米(mm),取整数)、降雹持续时间

（单位为分钟（min），取整数）、降雹时极大风速（单位为米/秒（m/s），取 1 位小数）和直接经济损失（单位为万元，取 1 位小数）4 个要素的样本。

3.1.2 气象资料

评估区域内气象站建站以来地面气象月报表、气象灾害年鉴、气象志、地方志及相关文献资料中的冰雹发生记录，包括最大冰雹直径、降雹持续时间及降雹时极大风速。

3.1.3 经济发展资料

由政府部门发布的市、县（区）历年 GDP，以万元为单位。

3.1.4 灾情资料

由政府部门发布的有冰雹过程的历次风雹灾害直接经济损失。

3.2 资料处理

3.2.1 冰雹记录的定量化转换

将历史记录中最大冰雹直径的定性描述转换成定量数据，转换依据见表1。

表 1　最大冰雹直径转换表

单位为毫米（mm）

最大冰雹定性描述	转换直径
拳头	60～70
鸡蛋	50
乒乓球	40
鹌鹑蛋	20
花生米	10
绿豆	5

3.2.2 归一化处理

对最大冰雹直径、降雹持续时间、降雹时极大风速进行归一化处理，方法参见附录 A。

3.2.3 灾损指数确定

以评估区域内一次冰雹灾害造成的直接经济损失除以当年该区域的 GDP，得到灾损指数（式(1)）：

$$I = D/E \qquad\qquad \cdots\cdots\cdots\cdots\cdots(1)$$

式中：

I ——灾损指数；

D ——直接经济损失，单位为万元；

E ——当年 GDP，单位为万元。

4 评估方法

4.1.1 冰雹致灾因子识别

使用 Pearson 相关系数计算方法,分别计算灾损指数与归一化处理后的最大冰雹直径、降雹持续时间、降雹时极大风速的相关系数,选取通过显著性检验($\alpha = 0.05$)的因子作为冰雹灾害致灾因子。Pearson 相关系数计算方法参见附录 B。

4.1.2 风险评估模型构建

冰雹灾害风险评估模型按式(2)构建:

$$\hat{I} = \sum_{i=1}^{k} b_i h_i + b_0 \qquad\qquad\text{(2)}$$

式中:

$\hat{I}$ ——风险指数;

k ——识别的致灾因子个数;

h_i ——第 i 个致灾因子的归一化值;

b_i, b_0 ——回归系数,确定方法参见附录 C。

4.1.3 风险指数序列完整构建

对于历史记录中只有冰雹而无灾损的个例,利用式(2)估算出风险指数($\hat{I}$),将已有的灾损指数(I)视同为风险指数($\hat{I}$),两者构成一个完整的风险指数序列。

4.1.4 风险等级划分

基于 4.1.3 完整构建的风险指数序列,采用"百分位数法"(参见附录 D),将冰雹灾害风险划分为轻度、中度、重度及特重 4 个等级(表 2),并按照百分位数区间推算得到相应的风险指数阈值。每过 5 年应把新资料加入序列中,重新推算风险指数阈值。

表 2 冰雹灾害风险等级

风险指数百分位数(R)区间	$R \leqslant 60\%$	$60\% < R \leqslant 80\%$	$80\% < R \leqslant 95\%$	$R > 95\%$
风险等级	轻度	中度	重度	特重

4.1.5 风险评估结果确定

对每次降雹过程进行风险评估,将观测或预报的致灾因子代入式(2),计算得到风险指数($\hat{I}$),然后按照风险指数阈值确定评估结果。

附　录　A
（资料性附录）
归一化处理

归一化是将有量纲的数值经过变换,化为无量纲的数值,进而消除各指标的量纲差异。计算公式为:

$$x' = \frac{x - x_{min}}{x_{max} - x_{min}}$$ ··················(A.1)

式中:

x' ——归一化后的数据;

x ——样本数据;

x_{min} ——样本数据中的最小值;

x_{max} ——样本数据中的最大值。

附　录　B

（资料性附录）

Pearson 相关系数

Pearson 相关系数是描述两个随机变量线性相关的统计量，一般简称为相关系数或点相关系数，用 r 来表示。它也作为两总体相关系数 ρ 的估计。

设有两个变量

$$x_1, x_2, \cdots, x_n \text{ 和 } y_1, y_2, \cdots, y_n \quad \cdots\cdots\cdots\cdots\cdots (B.1)$$

相关系数计算公式为：

$$r = \frac{\sum\limits_{i=1}^{n}(x_i - \overline{x})(y_i - \overline{y})}{\sqrt{\sum\limits_{i=1}^{n}(x_i - \overline{x})^2}\sqrt{\sum\limits_{i=1}^{n}(y_i - \overline{y})^2}} \quad \cdots\cdots\cdots\cdots\cdots (B.2)$$

式中：

r ——变量 x 和 y 的相关系数；

x_i ——变量 x 的第 i 个值；

y_i ——变量 y 的第 i 个值；

$\overline{x}$ ——变量 x 的样本均值；

$\overline{y}$ ——变量 y 的样本均值；

n ——样本容量。

在给定显著性水平下，对计算出的相关系数根据相关系数检验表进行显著性检验。

附　录　C
（资料性附录）
回归系数确定方法

设因变量 y 与自变量 $x_1,x_2,\cdots,x_m$ 有线性关系,那么建立 y 的 m 元线性回归模型:

$$y = \beta_0 + \beta_1 x_1 + \beta_2 x_2 + \cdots + \beta_m x_m + \varepsilon \qquad\qquad \cdots\cdots\cdots\cdots\cdots(C.1)$$

式中:

$\beta_0,\beta_1,\cdots,\beta_m$ ——模型系数;

ε ——遵从正态分布 $N(0,\delta^2)$ 的随机误差。

在实际问题中,对 y 与 $x_1,x_2,\cdots,x_m$ 作 n 次观测,即 $y_t,x_{1t},x_{2t},\cdots,x_{mt}$,即有:

$$y_t = \beta_0 + \beta_1 x_{1t} + \beta_2 x_{2t} + \cdots + \beta_m x_{mt} + \varepsilon_t \qquad\qquad \cdots\cdots\cdots\cdots\cdots(C.2)$$

由观测值确定模型系数 $\beta_0,\beta_1,\cdots,\beta_m$ 的估计 $b_0,b_1,\cdots,b_m$,得到 y_t 对 $x_{1t},x_{2t},\cdots,x_{mt}$ 的线性回归方程:

$$\hat{y}_t = b_0 + b_1 x_{1t} + b_2 x_{2t} + \cdots + b_m x_{mt} + e_t \qquad\qquad \cdots\cdots\cdots\cdots\cdots(C.3)$$

式中:

$\hat{y}_t$ —— y_t 的估计;

$b_0,b_1,\cdots,b_m$ ——回归系数;

e_t ——误差估计或称为残差。

根据最小二乘法,要选择这样的 $b_0,b_1,\cdots,b_m$,使残差平方和(式(C.4))达到极小。

$$Q = \sum_{t=1}^{n} e_t^2 = \sum_{t=1}^{n} (y_t - \hat{y}_t)^2 = \sum_{t=1}^{n} (y_t - b_0 - b_1 x_1 - \cdots - b_m x_m)^2$$

$$\cdots\cdots\cdots\cdots\cdots(C.4)$$

式中:

Q——残差平方和。

为此,将 Q 分别对 $b_0,b_1,\cdots,b_m$ 求偏导数,并使得:

$$\frac{\partial Q}{\partial b_i} = 0 \qquad\qquad \cdots\cdots\cdots\cdots\cdots(C.5)$$

得到关于 $b_0,b_1,\cdots,b_m$ 正规方程组,解方程组即可得到回归系数 $b_0,b_1,\cdots,b_m$。

附　录　D
（资料性附录）
百分位数法

　　百分位数又称为百分位分数,是数据统计中一种常用的方法。具体定义为把一组统计数据按其数值从小到大顺序排列,并按数据个数 100 等分。在第 p 个分界点(称为百分位点)上的数值,称为第 p 个百分位数($p=1,2,\cdots,99$)。在第 p 个分界点到第 $p+1$ 个分界点之间的数据,称为处于第 p 个百分位。百分位数计算公式如下：

$$P_m = L + \frac{(m/100) \times N - F_h}{f} \times i \qquad\qquad (D.1)$$

或

$$P_m = U + \frac{N(1 - m/100) - F_n}{f} \times i \qquad\qquad (D.2)$$

式中：

P_m ——第 m 个百分位数；

N ——总频次；

L —— P_m 所在组的下限；

U —— P_m 所在组的上限；

f —— P_m 所在组的次数；

F_h ——小于 L 的累积次数；

F_n ——大于 U 的累积次数；

i ——组距。

参 考 文 献

[1]　GB/T 27957—2011　冰雹等级
[2]　MZ/T 027—2011　自然灾害风险管理基本术语
[3]　中国气象局.地面气象观测规范[M].北京:气象出版社,2003
[4]　章国材.自然灾害风险评估与区划原理和方法[M].北京:气象出版社,2014

ICS 07.060
A 47
备案号：71153—2020

中华人民共和国气象行业标准

QX/T 512—2019

气象行政执法案卷立卷归档规范

Specifications for filing archives of meteorological administrative
enforcement files

2019-12-26 发布 2020-04-01 实施

中 国 气 象 局 发布

前　言

本标准按照 GB/T 1.1—2009 给出的规则起草。

本标准由全国气象基本信息标准化技术委员会(SAC/TC 346)提出并归口。

本标准起草单位:江苏省气象局、新疆维吾尔自治区气象局、天津市气象局、山西省气象局、吉林省气象局、山东省气象局、重庆市气象局。

本标准主要起草人:陈红兵、顾承华、游志远、张洁茹、李菊、徐文、周金芳、刘敏、尚卫红、赵建伟、李林青、王敏杰、潘兵会、冯萍。

气象行政执法案卷立卷归档规范

1 范围

本标准规定了气象行政执法文书案卷的立卷、归档要求。

本标准适用于对气象行政执法过程中形成的记录文件、材料的立卷、归档工作。

2 规范性引用文件

下列文件对于本文件的应用是必不可少的。凡是注日期的引用文件,仅注日期的版本适用于本文件。凡是不注日期的引用文件,其最新版本(包括所有的修改单)适用于本文件。

GB/T 9705—2008 文书档案案卷格式

3 术语和定义

下列术语和定义适用于本文件。

3.1

气象行政执法文书 meteorological administrative enforcement instruments

在气象行政执法过程中,依照特定的格式,经过规定的程序制作的具有特定法律效力或法律意义的文件材料。

3.2

气象行政执法案卷 meteorological administrative enforcement files

气象行政执法主体在行政执法过程中,按照法律规定所形成的与案件有关的法律文书和证据材料的总和。

3.3

立卷 filing

按照一定的原则和方法,将已处理完毕的有保存价值的文件分门别类的整理成案卷。

注:亦称组卷。

3.4

归档 archive

将处理完毕具有保存价值的文件,经系统整理立卷后,按规定移交本单位档案管理机构集中管理的过程。

4 文书立卷

4.1 一般规定

4.1.1 气象行政执法案件结案后,应及时立卷,立卷归档的原则是"谁办案、谁立卷",将同一案件相关材料按类组合在一起立卷,实行"一案一卷、一卷一号",案结卷成。

4.1.2 气象主管机构应自立案之日起,由案件承办人员系统收集相关文书、证据及其他档案材料。

4.1.3 不能随文书、材料立卷的声像证据,应在备考表上注明录制的数量、内容、时间、地点、责任者、存放地点等。

4.1.4 档案载体为数字存储介质等磁性物质时,应同时附有纸质打印件或案件办理人员填写的纸质说明,并应在备考表中予以说明。

4.1.5 若确无原件或原件丢失,应在备考表中予以说明。

4.2 整理方法

4.2.1 卷内文件排列

4.2.1.1 卷内文件目录主要项目包括顺序号、文书材料原编字号、日期、文件标题、页号、备考等内容。

4.2.1.2 卷内文件应区别不同情况按照执法程序的客观进程和形成文书的时间顺序排列。密不可分的文件材料应依序排列在一起,文件材料在前,附件(附图、附表)在后。其他文件或证据材料可按重要程度或形成时间顺序排列。

4.2.1.3 执法案卷用统一的卷皮、卷目组卷,书写工具一律采用钢笔、签字笔,字迹工整、清晰。卷内不得有金属物,对破损的材料要托裱。卷内文件材料应按排列顺序逐页编码,编码应使用打号机或钢笔工整书写在每页文件的正面右上角和反面的左上角,于右边或左边留2厘米距离,双面或筒子页正反面均应用阿拉伯数字编写。

4.2.1.4 卷内文件目录用纸幅面尺寸、页边与文字区尺寸以及卷内文件目录填写按照GB/T 9705—2008中4.1、4.2、4.4的规定执行。具体格式见附录A。

4.2.2 案卷目录

案卷目录主要项目应包括案卷号、题名、年度、页数、期限、备注等。归档的气象行政执法案卷应按案卷的排列顺序逐份在案卷目录上进行登记。案卷目录一般要求一式两份,其中一份用来制作档案目录。

4.2.3 档案目录

4.2.3.1 档案目录按"立卷说明—案卷目录—卷内文件目录"顺序用档案目录夹装订起来。案卷数量较多时,一个年度内每个保管期限装订一本;案卷数量较少时,一个年度装订一本,按保管期限的长短顺序排列,不同保管期限之间最好用颜色鲜艳的纸隔开,方便手工检索时区分。

4.2.3.2 档案目录封面和背脊均应制作标签,各项目的填写方法按照GB/T 9705—2008中3.1.3的规定执行。档案目录一般要求制作一式两份,一份用于日常检查(用硬皮夹装订),一份用于备份(可用软牛皮纸装订作封面)。

4.2.4 案卷卷皮

气象行政执法文书案卷硬卷皮格式、软卷皮格式、卷盒规格及填写按照GB/T 9705—2008中第3章的规定执行。具体格式分别见附录B、附录C。

4.2.5 卷内备考表

4.2.5.1 卷内备考表格式及填写按照GB/T 9705—2008中第5章的规定执行。具体格式见附录D。

4.2.5.2 卷内备考表项目包括:

a) 本卷情况说明,应填写卷内文件缺损、修改、补充、移出、销毁等情况;

b) 案卷立卷后发生或发现的问题由有关的档案管理人员填写并签名、标注时间;

c) 立卷人和立卷时间,由责任立卷者填写并签名;

d) 检查人和检查时间,由案卷质量审核者填写并签名;

　　　　e) 立卷时间应填写立卷完成的日期。

4.2.6 案卷各部分的排列

4.2.6.1 使用硬卷皮组卷,无论装订与否,其案卷各部分均按:案卷封面—卷内文件目录—文件—备考表—封底的顺序排列。

4.2.6.2 使用软卷皮组卷,其案卷各部分均按:软卷封面(含卷内文件目录)—文件—封底(含备考表)的顺序排列,以案卷号排列次序装入卷盒保存。

5 案卷归档

5.1 一般规定

5.1.1 气象行政执法案件结案后,承办人员应整理案件的全部档案材料,并进行编号装订,按要求归档。跨年度的案卷应在结案年整理完毕并归档。

5.1.2 归档气象行政执法文书的整理,应遵循文件的形成规律,保持文件之间的有机联系,区分不同价值,便于保管和利用,使归档的文件能真实地反映行政执法活动全过程的历史原貌。

5.1.3 已归档的气象行政执法案卷应定期向档案部门移交,实行集中统一管理。

5.1.4 气象行政执法案卷保管的起始时间,一般从归档以后的次年1月1日起计算。

5.1.5 气象行政执法案卷的保管期限定为短期、长期和永久。简易程序类、无行政处罚、不涉及听证等行政执法类案卷采用短期保存,行政处罚类案卷采用长期保存,重大行政处罚类案卷采用永久保存。短期保存期限为10年,长期保存期限为30年,永久保存期限为永久保存。

5.1.6 归档的纸质文件材料应同时做好其电子版文件的归档工作。

5.2 质量要求

5.2.1 归档的文件材料应完结,齐全完整,具有保存价值。

5.2.2 归档的文件应为气象行政执法过程中的原始文件,不得擅自修改或事后补制。

5.2.3 归档文件的附件不能提供原件的,应经经办人核对后复印在A4或A3幅面纸上并加盖原件校对章。

5.2.4 超大纸张应按A4纸张大小进行折叠,文件页数较多时,用单张折叠,以方便归档后的查阅利用。

5.2.5 文件材料装订线或文件(含计算机打印材料)左侧2厘米之内,不得装订文件内容。

5.2.6 归档的文件不得带有不符合档案保护要求的金属装订物。

5.2.7 已破损的文件应予修复,字迹模糊或易褪易变的文件应予以复制。

5.2.8 电传文件不应长期保存,应复印归档,并加以说明。

5.2.9 对文件材料进行必要的技术处理时,应最大限度地保持其原貌,并加以说明。

5.2.10 整理归档文件所使用的书写材料、纸张、装订材料等应符合档案保护要求。

附　录　A
（规范性附录）
卷内文件目录格式

图 A.1 给出了卷内文件目录格式。

单位为毫米

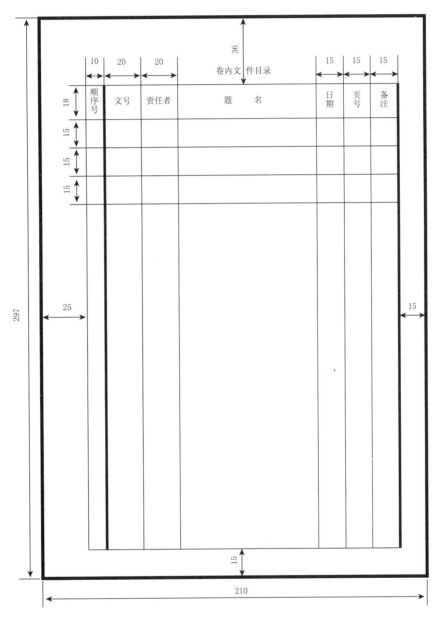

注:比例:1∶2。

图 A.1　卷内文件目录格式

附 录 B

（规范性附录）

硬卷皮外形尺寸、封面项目、卷脊项目，软卷皮封面项目、封二项目

图 B.1 至图 B.5 给出了硬卷皮外形尺寸、封面项目、卷脊项目以及软卷皮封面项目、封二项目。

单位为毫米

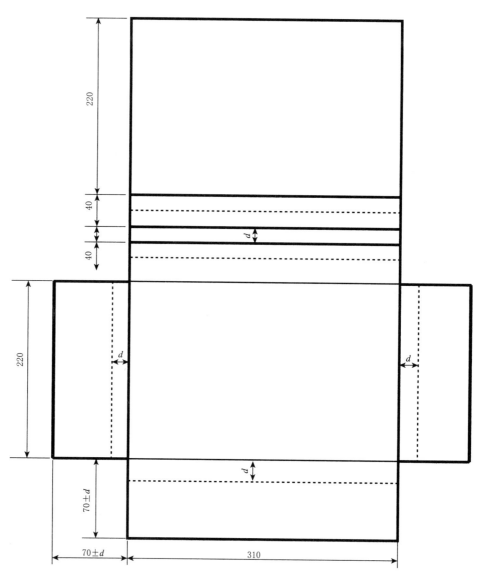

说明：

d——图标尺寸，$d=10,15,20$，即为三种不同尺寸的硬卷皮。

注：本图绘图比例为 1：2。

图 B.1 硬卷皮外形尺寸

单位为毫米

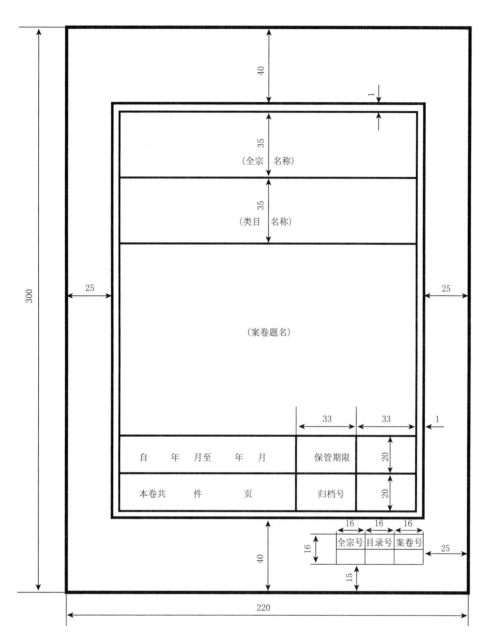

注:本图绘图比例为 1∶2。

图 B.2　硬卷皮封面项目

单位为毫米

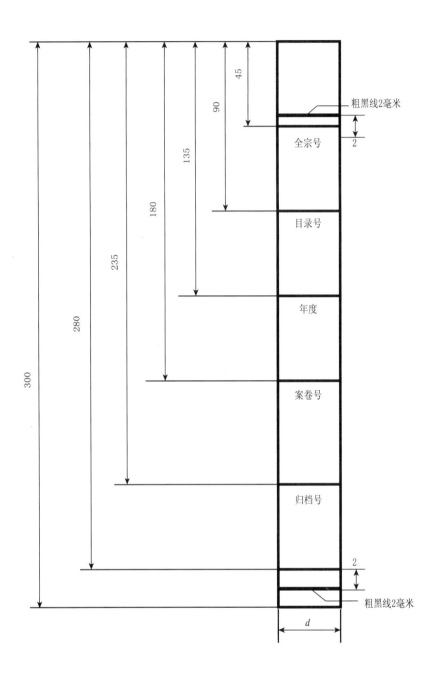

说明:

d——图标尺寸,d=10,15,20,即为三种不同尺寸的硬卷皮。

注:本图绘图比例为1:2。

图 B.3　硬卷皮卷脊项目

单位为毫米

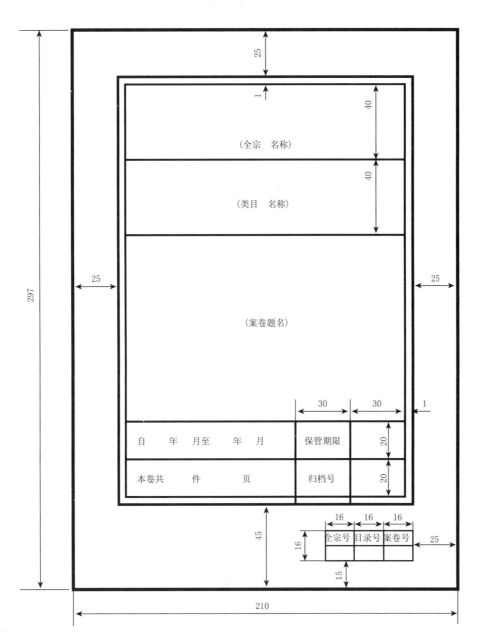

注:本图绘图比例为1:2。

图 B.4 软卷皮封面项目

单位为毫米

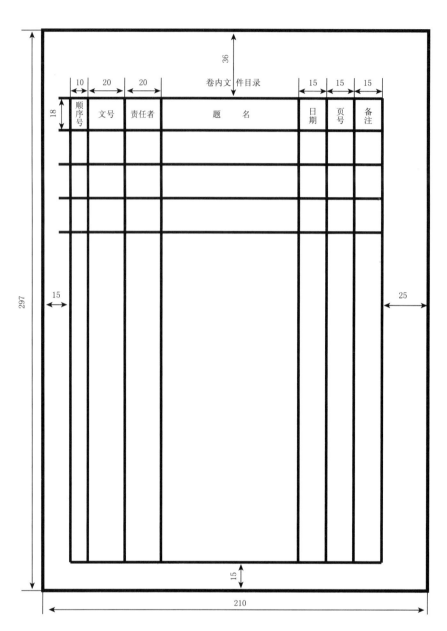

注:本图绘图比例为1:2。

图 B.5　软卷皮封二项目

附　录　C
（规范性附录）
卷盒规格、卷盒卷脊格式

图 C.1 至图 C.4 给出了卷盒外形尺寸、打开形态、关闭形态、卷脊格式。

单位为毫米

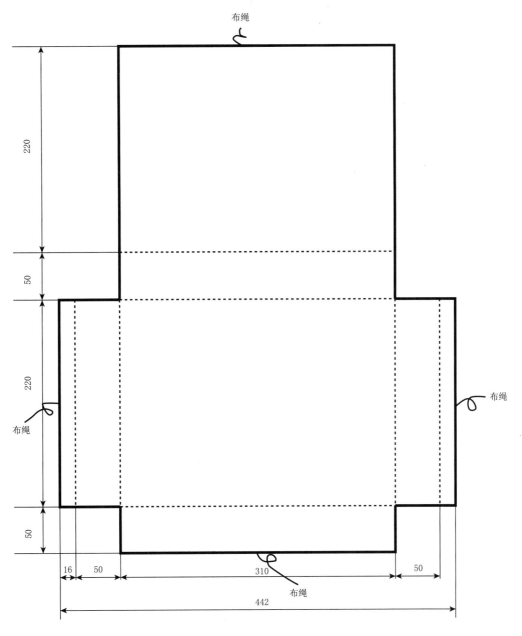

注:本图绘图比例为1∶2。

图 C.1　卷盒外形尺寸

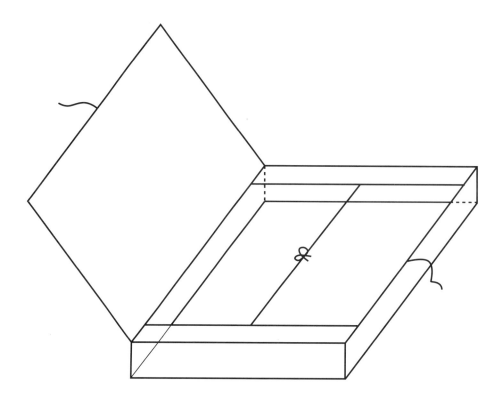

图 C.2 卷盒打开形态

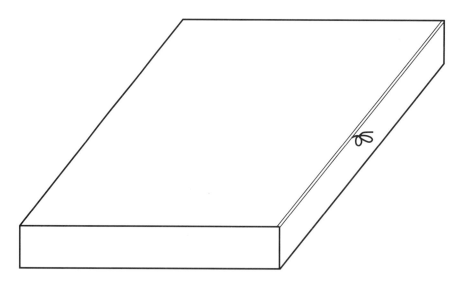

图 C.3 卷盒关闭形态

单位为毫米

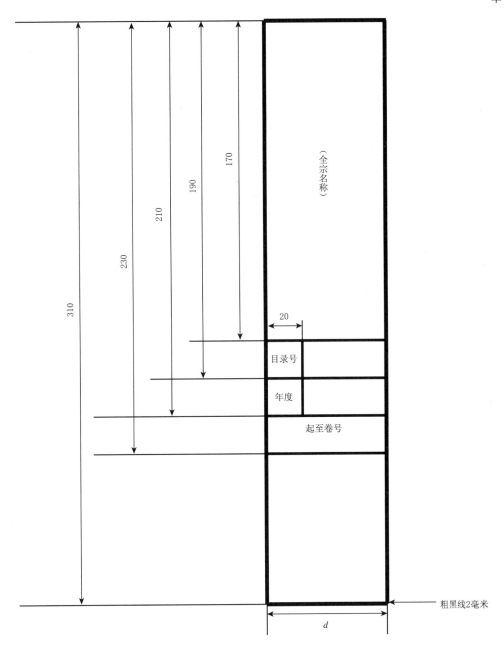

说明：

d——图标尺寸,d＝50,40,30,即为三种不同尺寸的卷盒。

注:本图绘图比例为1∶2。

图 C.4　卷盒卷脊格式

QX/T 512—2019

附　录　D
（规范性附录）
卷内备考表格式

图 D.1 给出了卷内备考表格式。

单位为毫米

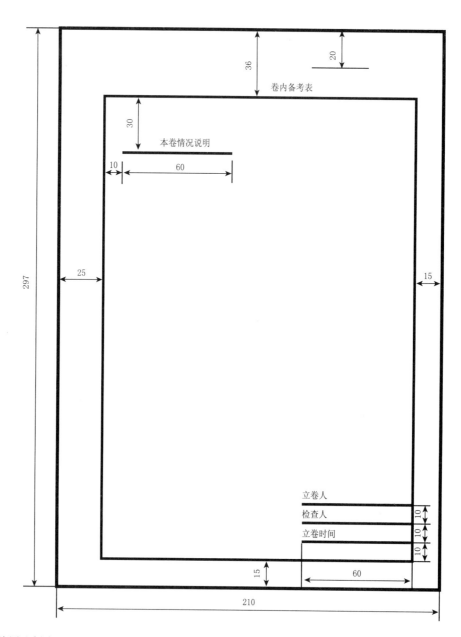

注：本图绘图比例为 1∶2。

图 D.1　卷内备考表格式

646

参 考 文 献

[1] DA/T 22—2015 归档文件整理规则

[2] 陈卫东,刘计划.法律文书写作[M].北京:中国人民大学出版社,2007

[3] 卞光辉,陈红兵.气象依法行政读本[M].北京:气象出版社,2010

[4] 高金波,郎佩娟.中国行政执法文书理论与实践[M].北京:法律出版社,2010

[5] 国家档案局.机关文件材料归档范围和文书档案保管期限规定:国家档案局令(第8号)[Z],2006

[6] 中国气象局.关于印发气象部门机关文书档案保管期限规定和保管期限表的通知:气发〔2008〕498号[Z],2008

ICS 07. 060
A 47
备案号：71154—2020

中华人民共和国气象行业标准

QX/T 513—2019

霾天气过程划分

Classfication for haze weather processes

2019-12-26 发布   2020-04-01 实施

中 国 气 象 局   发 布

前　言

本标准按照 GB/T 1.1—2009 给出的规则起草。

本标准由全国气象防灾减灾标准化技术委员会(SAC/TC 345)提出并归口。

本标准起草单位:国家气象中心、江苏省气象台。

本标准主要起草人:桂海林、张碧辉、王继康、吕梦瑶、张恒德、康志明。

霾天气过程划分

1 范围

本标准规定了霾天气过程的划分方法。

本标准适用于霾天气过程监测、预报及评估服务等领域。

2 术语和定义

下列术语和定义适用于本文件。

2.1

大气气溶胶粒子 **atmospheric aerosol particle**

悬浮在大气中的固体和液体微粒。

[GB/T 31159—2014,定义2.2]

2.2

霾 **haze**

大量粒径为几微米以下的大气气溶胶粒子使水平能见度小于10.0 km、空气普遍混浊的天气现象。

[GB/T 36542—2018,定义2.1]

2.3

霾天气过程 **haze weather process**

霾天气发生、发展、消失(亡)及其演变的全部历程。

3 区域性霾天气过程

3.1 等级划分

根据一次霾天气过程影响的强度、范围和持续时间,分为区域性轻度霾天气过程、区域性中度霾天气过程和区域性重度霾天气过程。

3.2 区域性轻度霾天气过程

同一次霾天气过程中,某设定区域中当有1/2或以上的国家气象观测站一日内持续6 h出现能见度小于10 km的霾天气,且持续3 d或以上时,记为一次区域性轻度霾天气过程。

3.3 区域性中度霾天气过程

同一次霾天气过程中,某设定区域中当有1/3或以上的国家气象观测站一日内持续6 h出现能见度小于3 km的霾天气,且持续3 d或以上时,记为一次区域性中度霾天气过程。

3.4 区域性重度霾天气过程

同一次霾天气过程中,某设定区域中当有1/3或以上的国家气象观测站一日内持续6 h出现能见度小于2 km的霾天气,且持续2 d或以上时,记为一次区域性重度霾天气过程。

4 全国性霾天气过程

当三个或以上相邻省(自治区、直辖市)出现区域性霾天气过程时,记为一次全国性霾天气过程。全国性霾天气过程的等级划分与区域性霾天气过程等级划分一致。

参 考 文 献

［1］ GB/T 20480—2017　沙尘天气等级

［2］ GB/T 31159—2014　大气气溶胶观测术语

［3］ GB/T 36542—2018　霾的观测识别

［4］ 《大气科学辞典》编委会.大气科学辞典[M].北京:气象出版社,1994:677,408

［5］ 中国气象局.地面气象观测规范[M].北京:气象出版社,2003:23

ICS 07. 060
A 47
备案号：71155—2020

中华人民共和国气象行业标准

QX/T 514—2019

气象档案元数据

Metadata of meteorological archives

2019-12-26 发布

2020-04-01 实施

中 国 气 象 局 发 布

前　言

本标准按 GB/T 1.1—2009 给出的规则起草。

本标准由全国气象基本信息标准化技术委员会(SAC/TC 346)提出并归口。

本标准起草单位:山东省气象信息中心、国家气象信息中心。

本标准主要起草人:李长军、陈益玲、王妍、周笑天、崔雅琴、张平。

气象档案元数据

1 范围

本标准规定了气象档案元数据的组成、描述方式和元数据文件格式等。
本标准适用于气象档案的管理与应用。

2 规范性引用文件

下列文件对于本文件的应用是必不可少的。凡是注日期的引用文件,仅注日期的版本适用于本文件。凡是不注日期的引用文件,其最新版本(包括所有的修改单)适用于本文件。
GB/T 2260　中华人民共和国行政区划代码
DA/T 13—1994　档号编制规则
QX/T 102—2009　气象资料分类与编码
QX/T 223—2013　气象档案分类与编码

3 术语和定义

下列术语和定义适用于本文件。

3.1

气象档案　meteorological archives
气象行业在党务、行政管理、气象业务技术和科学研究等活动中形成的,具有保存价值的各种文字、图表、数据、声像等不同形式的记录。
[QX/T 223—2013,定义3.1]

3.2

[气象]档案元数据　metadata of meteorological archives
描述气象档案背景、内容、结构及其整个管理过程的数据。
注:改写DA/T 46—2009,定义3.5。

3.3

案卷　file
由互有联系的若干档案文件(包括纸质、电子等文件)组合而成的档案保管基本单位。
注:改写GB/T 9705—2008,定义2.2。

3.4

档号　archival code
以字符形成赋予档案实体的、用以固定和反映档案排列顺序的一组代码。
[DA/T 1—2000,定义5.12]

3.5

元素　element
气象档案元数据的基本单元,通过标识、定义、约束性、值域等一组属性描述。
注:改写DA/T 46—2009,定义3.6。

4 元数据组成

根据气象档案聚合层次,档案元数据分为类别元数据、案卷元数据、文件元数据 3 个层级,其关联特征如下:

    a)   类别元数据:描述同一类档案的属性、特征、状态等基本情况的数据,其属性和特征可由该类档案的案卷元数据继承;

    b)   案卷元数据:描述每一卷气象档案的属性、特征、状态等的基本情况的数据,由同一时间,或同一地域,或同一形成单位,或同一项目,或内容相关的一个或多个卷内文件组成,其属性和特征可由该案卷的卷内文件元数据继承;

    c)   文件元数据:描述每个文件的属性、特征和状态等情况的数据,文件为档案的最小单元。

5 类别元数据描述方式

5.1 类别元数据由档案馆编码、档案馆名称、类别名称、类别定义、分类号、类别简称、类别别名、起始年份、结束年份、案卷数量、存储容量 11 个元素组成。

5.2 类别元数据属性见附录 A,附录 A 中约束类型分为"M""C""O"3 种。其中"M"为必选项,元素不能为空;"C"为条件选项,当元数符合某条件时,不能为空;"O"为可选项,当元素无内容时,可为空。

6 案卷元数据描述方式

6.1 案卷元数据由档案馆编码、全宗号、名称、规范名称、分类号、地域号、形成单位、起始日期、终止日期、案卷号、案卷档号、关键词、归档单位、立卷日期、组卷方式、件数、页数、存储容量、密级、定密机构、保管期限、在馆状态、存放位置、盒号、内容描述、变动情况、信息化情况、存档介质、更新周期、使用权限 30 个元素组成。

6.2 案卷元数据属性见附录 B,附录 B 中约束类型按 5.2 的规定给出。

7 文件元数据描述方式

7.1 文件元数据由档案馆编码、全宗号、分类号、序号、文件名、形成单位、地域号、形成时间、文件档号、文号、文种、主送单位、抄送单位、密级、定密机构、保管期限、文件类型、创建方式、关键词、文件摘要、文件页数、文件大小、变动情况、存储介质、信息化情况、在馆状态、存放位置、盒号、使用权限 29 个元素组成。

7.2 文件元数据属性见附录 C,附录 C 中约束类型按 5.2 的规定给出。

8 元数据文件格式

8.1 文件类型和命名

8.1.1 元数据以".XML"文件形式存储。

8.1.2 元数据文件名由标识气象行业特征、档案行业特征、元数据种类标识符和档案馆编码、馆藏档案最早年代、元数据文件形成年代、文件类型 7 部分组成。

8.1.3 档案元数据文件名格式:"QX_DA_ZL_BH_$Y_1Y_1Y_1Y_1$-$Y_2Y_2Y_2Y_2$.XML",其含义如下:

——1位—2位:固定字符"QX",气象行业特征标识符;

——4位—5位:固定字符"DA",档案行业特征标识符;

——7位—8位:"ZL"为档案元数据种类标识符。其中,元数据种类为类别元数据时,类别标识符为"LB";元数据种类为案卷元数据时,类别标识符为"AJ";元数据种类为卷内文件元数据时,类别标识符为"WJ";

——10位—11位:"BM"为气象档案馆编码(见附录D);

——13位—16位:馆藏档案最早年代;

——18位—21位:元数据文件形成年代;

——23位—25位:固定字符"XML",文件类型标识符。

8.2 文件结构

8.2.1 档案元数据文件由注释行和正文组成。文件的第一行为注释行,用于说明XML版本号和文件编码方式;正文由一个Metafile根节点和多个element分节点组成,用于描述元数据属性特征。

8.2.2 Metafile根节点属性Type为档案元数据种类标志符,为必填项。类别标识符为"LB"时,为类别元数据文件;类别标识符为"AJ"时,为案卷元数据文件;类别标识符为"WJ"时,为文件元数据文件。

8.2.3 每个element分节点包含各类元数据的所有元素,对应每卷档案(每类档案、每个文件)元数据。

8.2.4 每个元素的编号、元素名称、定义、长度、数据类型、约束条件等属性,根据元数据种类分别按附录A、附录B、附录C的规定给出。

8.2.5 约束条件为必选项的元素,在element分节点中不能省略;约束条件为可选项的元素,在element分节点中可以省略;约束条件为条件选项的元素,满足条件时,在element分节点中不能省略。

示例:

"QX_DA_LB_BH_Y1Y1Y1Y1-Y2Y2Y2Y2. XML"

＜?xml version＝"1.0" encoding＝"UTF-8"? ＞

＜Metafile Type＝"LB"＞

＜ Element A1＝"10" A2＝"河北省气象档案馆" A3＝"气压自记纸" A4＝"记载气压变化迹线的记录纸" A5＝"30503/P" A8＝"1965" A9＝"2009" A10＝"1965" A11＝"851200"/＞

......

＜ Element A1＝"10" A2＝"河北省气象档案馆" A3＝"降水自记纸" A4＝"记载降水量变化迹线的记录纸" A5＝"30503/R" A7＝"雨量自记纸" A8＝"1968" A9＝"2009" A8＝"1965" A11＝"660000"/＞

＜ Element A1＝"10" A2＝"河北省气象档案馆" A3＝"观测簿" A4＝"记载每日气象观测值的记录本" A5＝"30503" A6＝"QB-1" A8＝"1968" A9＝"2009" A10＝"1965" A11＝"660000"/＞

＜/Metafile ＞

附 录 A

（规范性附录）

类别元数据属性

表 A.1 给出了类别元数据属性。

表 A.1 类别元数据属性

编号	元素名	定义	数据长度	数据类型	约束类型
A1	档案馆编码	全国气象档案馆统一分配的一组数字编号,国家级和省级气象档案馆编号见附录 D。	2 位	数字	M
A2	档案馆名称	现行气象档案馆中文名称全称:如,中国气象局气象档案馆,河北省气象档案馆等。	可变	字符	M
A3	类别名称	根据每类档案类别定义和不同时期观测规范、相关技术规定及文件,给出的不同时期、每类档案规范的类别名称。	可变	字符	M
A4	类别定义	根据每类档案的内涵及外延给出的每类档案定义规则。	可变	字符	M
A5	分类号	按 QX/T 223—2013 规定给出的每类档案的一组字符编码,不同介质档案按照 QX/T 223—2013 中第 7 章的规定,通过档案扩充和复分号加以区分;其中:第 1 位为一级分类编码,第 2 位—第 3 位为二级分类编码,第 4 位—第 5 位为三级分类,第 6 位—第 10 位为复分位。记录档案可按 3 级分类编码;党务、综合管理、事业管理、科研管理、基建档案、仪器设备、规范和标准计量 7 类档案可按 2 级分类编码。当档案存储介质为磁带、硬盘等大容量存储介质时,档案分类号可通过减少分类级别涵盖其内容。	可变	字符	M
A6	类别简称	每类档案的简称:如,气表-1、气表-2 等。	可变	字符	O
A7	类别别名	与该类档案规范类别名称不同的其他称谓:封面名称与规范别名不一致时,可将档案封面名称作为类别别名,以保持与档案封面(封皮)名称联系,如:某类档案的规范名称为"雨量自记纸",而档案封皮上的名称为"降水自记纸",可将"降水自记纸"记为类别别名。	可变	字符	O
A8	起始年份	馆藏档案中每类档案的最早年份,按公历纪年。	4 位	数字	M
A9	结束年份	馆藏档案每类档案的最晚年份,按公历纪年。	4 位	数字	M
A10	案卷数量	每类纸质气象档案的案卷总数量:以卷为单位统计。纸质档案为必选项。	可变	字符	C
A11	存储容量	每类电子档案的存储容量:以"M"为单位统计。电子档案为必选项。	可变	字符	C

附 录 B

（规范性附录）

案卷元数据属性

表 B.1 给出了案卷元数据属性。

表 B.1 案卷元数据属性

编号	元素名	定义	数据长度	数据类型	约束类型
B1	档案馆编码	按表 A.1 中 A1 的规定给出。	2 位	数字	M
B2	全宗号	档案馆按照 DA/T 13—1994 中 5.1 的规定给立档单位编制的、唯一一组编号。	可变	字符	M
B3	名称	档案封面给出的每卷档案的名称；档案名称应与档案组卷时给出的名称一致。	可变	字符	M
B4	规范名称	按档案定义以及各类规范及文件规定给出的每卷档案的标准名称。	可变	数字	M
B5	分类号	按表 A.1 中的 A5 的规定给出。	可变	字符	M
B6	地域号	每卷气象记录档案产生的地区编号；地域号有下列情况： ——单站档案：如有区站号，区域代码为该站区站号，为 5 位（区域站含首字母）；如该站为专业台站，如，农场站盐业站、机场站等，没有全国统一编制的区站号，采用本行政区内国家气象台（站）的区站号后加".2"，如，垦利农场站区站号为 54738.2； ——多站档案：区域代码按 GB/T 2260—2007 的规定给出，如，北京"1100"、河北邢台正定"130123"、山西长治农气站"1404"； ——区域性档案：区域代码按 QX/T 102—2009 表 2 的规定给出，如，华北气候"104"，北半球天气图"003"。记录档案为必选项。	4 位 — 7 位	字符	C
B7	形成单位	每卷档案的生产单位；生产单位名称应使用全称，以形成档案时的单位名称为准。如果档案封面已注明，生产单位应与封面一致；如果档案封面中未注明，生产单位应根据档案内容确定，并在封面中注明。	可变	字符	M
B8	起始日期	每卷档案所包含卷内文件的最早日期（按公元纪年）。用 YYYYMMDD 表示，其中 YYYY 表示"年"，MM 表示"月"，DD 表示"日"，年月日位数不足，高位补"0"； 档案封面未注明日期的，根据档案内容确认；如确实无法确认，年份用"8888"表示，月份、日期分别用"88"表示。	8 位	数字	M
B9	终止日期	每卷档案所包含卷内文件的最晚日期（按公元纪年）。用 YYYYMMDD 表示，其中 YYYY 表示"年"，MM 表示"月"，DD 表示"日"，年月日位数不足，高位补"0"； 档案封面未注明日期的，根据档案内容确认；如确实无法确认，年份用"8888"表示，月份、日期分别用"88"表示。	8 位	数字	M

表 B.1 案卷元数据属性(续)

编号	元素名	定义	数据长度	数据类型	约束类型
B10	案卷号	根据档案类别、档案形成单位(地域)、年份、项目等组卷方式,为每卷档案的编排的序号:如档案有副本,副本序号为正本序号的后面加 F,F1,F2。	5 位	数字	M
B11	案卷档号	根据档案类别给每卷档案编制的档号,其中: ——党务、综合管理、科研管理、基建档案、仪器设备、标准计量类档案档号按 DA/T 13—1994 的规定给出; ——气象记录档案、气象业务类档案档号,由档案馆编码、分类号、地域号(或年代)和案卷号 5 个元素组成的一组字符编码,各项之间用下划线"_"连接。	可变	字符	M
B12	关键词	描述档案内容信息的关键词:根据每卷档案内容提取,每卷主题词可由多个关键词组成。提取主题词可参考《中国档案主题词表》。	可变	数字	M
B13	立卷单位	按照文件材料在形成和处理过程中的有机联系,将若干文件材料编立成各个案卷的机关部门,亦称归档单位。			
B14	立卷日期	每卷纸质档案归档、整理、装订、出版的日期或电子档案归档、整理、刻录日期。用数字 YYYYMMDD 方式表示,其中 YYYY 表示年,MM 表示月,DD 表示日,位数不足,高位补 0;日期不明时,年份用"8888"表示,月份、日期分别用"88"表示。	8 位	数字	M
B15	组卷方式	档案在整理、立卷、存储时采用的方式,包括按类别、按时间、按项目、按地域、按文件来源、按文种等方式组卷。	可变	字符	M
B16	件数	每卷档案包含的档案卷内文件数量:纸质档案为每卷包含卷内文件数量,电子档案为每张光盘或硬盘包含电子文件数量。	可变	数字	M
B17	页数	纸质档案包含的页数:当纸质档案一张纸双面都包含有效信息时,按 2 页计算。纸质档案时为必选项。	可变	数字	C
B18	存储容量	每卷档案所占存储空间大小,以兆(M)为单位。电子档案为必选项。	可变	数字	C
B19	密级	每卷档案的保密等级:内部、秘密、机密、绝密。	4 位	字符	M
B20	定密机构	文件的密级鉴定单位名称。秘密、机密、绝密档案为必选项。	可变	字符	C
B21	保管期限	每卷档案的保管期限:永久、长期、短期 3 个级别。	可变	字符	M
B22	在馆状态	每卷档案借出情况:用"是"和"否"表示;"是"表示在馆,"否"表示借出。	1 位	数字	M
B23	存放位置	每卷档案的存放位置编码:由库房编号和密集架的排、面、组、层各编号组成,各项之间用"-"隔开。其中: 库房编号为描述主库房和灾备库房编号,由主库房标识符"K"或灾备库房标识符"Z"加 2 位数字序号组成,数字序号不足 2 位,高位补零。 档案密集架的排、面、组、层示意图参见附录 E。	可变	字符	M

表 B.1 案卷元数据属性(续)

编号	元素名	定义	数据长度	数据类型	约束类型
B24	盒号	档案所在档案盒编号。	可变	数字	O
B25	内容描述	每卷档案记录的信息:如,观测时次、观测要素、观测时制等内容,档案内容应详细。	可变	字符	M
B26	变动情况	档案变更情况:包括档案的变动内容、变动依据、变更人,变更时间等信息,如无变动,描述为"无变更"。	可变	字符	M
B27	信息化情况	每卷纸质档案信息化情况:包括信息化方式(录入、扫描、图像识别等)、信息化成果名称、信息化时间等信息。如无信息化,记为"无信息化",纸质档案为必选项。	可变	字符	C
B28	存档介质	档案的介质类型名称:纸质、光盘、磁带、硬盘等电子档案存储介质。	可变	字符	M
B29	更新周期	档案卷内文件内容更新频率。	可变	字符	O
B30	使用权限	根据用户级别和档案密级确定的档案使用权限。	可变	字符	M

附　录　C

（规范性附录）

文件元数据属性

表 C.1 给出了文件元数据属性。

表 C.1　文件元数据属性

编号	元素名	定义	数据长度	数据类型	约束类型
C1	档案馆编码	按表 A.1 中 A1 的规定给出。未组卷的文件为必选项。	2 位	数字	C
C2	全宗号	档案馆按照 DA/T 13—1994 中 5.1 的规定给立档单位编制的、唯一一组编号。未组卷的文件为必选项。	可变	字符	C
C3	分类号	按表 A.1 中的 A5 的规定给出。未组卷的文件为必选项。	可变	字符	C
C4	序号	按照档案类别、形成时间、责任者等属性形成的文件顺序编号。已组卷的卷内文件为卷内序号。	可变	数字	M
C5	文件名	文件的名称。电子档案时，为计算机文件名称。	可变	数字	M
C6	形成单位	卷内文件产生的单位或个人名称。	可变	字符	M
C7	地域号	按表 B.1 中 B6 的规定给出。未组卷的记录档案、业务档案为必选项。	可变	字符	C
C8	形成时间	文件形成时间，并注明采用时制：用 YYYYMMDD[_hhmm]方式表示，其中 YYYY 表示年，MM 表示月，DD 表示日；hh 表示时，mm 表示分，月日时分位数不足，高位补 0；[_hhmm]为可选内容，形成时间如不需精确到时分，可省略。 如确实无法确认形成日期，年份用"8888"表示，月、日、时、分均用"88"表示。	8 位	字符	M
C9	文件档号	已组卷的卷内文件编制的档号，由案卷档号和卷内序号组成，案卷档号按 B.1 中 B11 的规定给出，案卷档号和卷内序号用下划线"_"连接。 未组卷的党务、综合管理、科研管理、基建档案、仪器设备、标准计量类文件档号按 DA/T 13—1994 的规定给出； 未组卷的气象记录档案、气象业务类文件档号，由档案馆编码、分类号、地域号（或形成时间）和序号 5 个元素组成的一组字符编码，各项之间用下划线"_"连接。	可变	字符	M
C10	文号	发文字号，由发文机关代字、发文年份和文件顺序号 3 个部分组成。	可变	字符	O
C11	文种	文件种类，包括命令、决定、公告、通知、通报、议案、会议纪要、汇报、调查报告等。	可变	字符	O
C12	主送单位	文件行文对象。	可变	字符	O
C13	抄送单位	文件需要告知的对象。	可变	字符	O
C14	密级	文件的保密等级：内部、秘密、机密、绝密。	可变	字符	M

表 C.1 文件元数据属性(续)

编号	元素名	定义	数据长度	数据类型	约束类型
C15	定密机构	文件的密级鉴定单位名称。未组卷的、秘密(机密、绝密)文件为必选项。	可变	字符	O
C16	保管期限	文件的保管期限:永久、长期、短期。	4 位	字符	M
C17	文件类型	文件类型分为纸质文件类型和电子文件类型:纸质文件类型为"纸质";电子文件类型为图像文件(jpg、tif、bmp 等)、文本文件(txt)、视频文件(AVI、wma、rmvb、rm、mp4 等)、音频(MIDI、mp3、WAV、cd 等)等通用文件类型及由专用软件形成的特殊格式文件类型等;电子档案为必选项。	可变	字符	C
C18	创建方式	形成电子文件的需要的操作环境及相应软件。	可变	字符	O
C19	关键词	按表 B.1 的 B12 的规定给出。	可变	字符	M
C20	文件摘要	文件的主要信息。除记录档案外,其他 7 类档案为必选项。	可变	字符	C
C21	文件页数	纸质文件页数:如果一张纸反、正面都有信息,按 2 页统计,纸质档案为必选项。	可变	数字	C
C22	文件大小	电子文件的存储容量,以"KB"为单位,电子档案为必选项。	可变	数字	C
C23	变动情况	文件变动情况:变动时间、变动内容、变动原因、变动依据、更改人或单位等信息。	可变	字符	M
C24	存储介质	文件的介质类型名称:纸质、光盘、磁带、硬盘等电子档案存储介质。未组卷的文件为必选项。	可变	字符	C
C25	信息化情况	文件信息化情况:包括信息化方式(录入、扫描、图像识别等)、信息化成果名称、信息化时间等信息。如无信息化,记为"无信息化"。未组卷的纸质文件为必选项。	可变	字符	C
C26	在馆状态	文件的档案借出情况,按表 B.1 中的 B22 的规定给出。未组卷的纸质文件为必选项。	可变	字符	C
C27	存放位置	文件的存放位置,按表 B.1 中的 B23 的规定给出。未组卷的文件为必选项。	可变	字符	C
C28	盒号	文件所在的档案盒编号。未组卷的纸质文件为必选项。	可变	数字	C
C29	使用权限	文件的使用权限,按表 B.1 中的 B30 的规定给出。未组卷的文件为必选项。	可变	字符	C

附　录　D

（规范性附录）

气象档案馆编码

表 D.1 给出了气象档案馆编码。

表 D.1　气象档案馆编码

国家级/省份	档案馆编号	国家级/省份	档案馆编号	国家级/省份	档案馆编号
国家	00	安徽	14	海南	28
黑龙江	01	浙江	15	北京	29
吉林	02	福建	16	上海	30
辽宁	03	台湾	17	天津	31
内蒙古	04	河南	18	重庆	32
新疆	05	湖北	19	香港	33
甘肃	06	湖南	20	澳门	34
宁夏	07	江西	21	预留	35
青海	08	广西	22	预留	36
陕西	09	广东	23	预留	37
河北	10	四川	24	预留	38
山西	11	云南	25	预留	39
山东	12	贵州	26	预留	40
江苏	13	西藏	27	预留	41

附　录　E

（资料性附录）

档案密集架的排、面、组、层示意图

图 E.1 给出了档案密集架的排、面、组、层示意图。

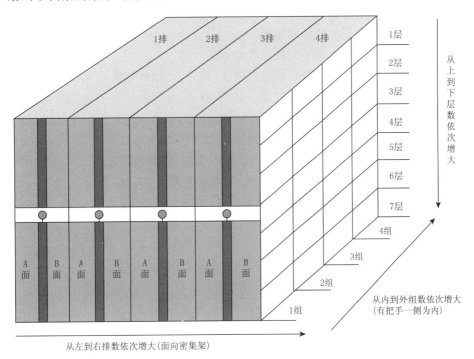

图 E.1　档案密集架的排、面、组、层示意图

参 考 文 献

[1] GB/T 9705—2008 文书档案案卷格式

[2] GB/T 18894—2002 电子文件归档与管理规范

[3] DA/T 1—2000 档案工作基本术语

[4] DA/T 18—1999 档案著录规则

[5] DA/T 22—2015 归档文件整理规则

[6] DA/T 46—2009 文书类电子文件元数据方案

[7] QX/T 62—2007 地面气象观测规范 第18部分:月地面气象记录处理和报表编制

[8] QX/T 63—2007 地面气象观测规范 第19部分:月气象辐射记录处理和报表编制

[9] QX/T 64—2007 地面气象观测规范 第20部分:年地面气象资料处理和报表编制

[10] QX/T 184—2013 纸质气象档案整理规范

[11] 中央气象局.地面气象观测规范[M].北京:气象出版社,1979

[12] 国家档案局.中国档案主题词表[M].北京:档案出版社,1988

[13] 中国气象局.农业气象观测规范[M].北京:气象出版社,1993

[14] 中国气象局.气象辐射观测方法[M].北京:气象出版社,1996

[15] 中国气象局.地面气象观测规范[M].北京:气象出版社,2003

[16] 中国气象局.酸雨观测业务规范[M].北京:气象出版社,2005

[17] 中国气象局.常规高空气象观测业务规范[M].北京:气象出版社,2010

ICS 07.060
A 47
备案号：71156—2020

中华人民共和国气象行业标准

QX/T 515—2019

气象要素特征值

Characteristic value of meteorological element

2019-12-26 发布

2020-04-01 实施

中 国 气 象 局 发 布

前　言

本标准按照 GB/T 1.1—2009 给出的规则起草。

本标准由全国气象基本信息标准化技术委员会(SAC/TC 346)提出并归口。

本标准起草单位:国家气象信息中心。

本标准主要起草人:王颖、刘振。

气象要素特征值

1 范围

本标准规定了气象要素的通用特征值以及地面气象资料、高空气象资料、海洋气象资料、气象辐射资料、农业气象和生态气象资料等的专用特征值。

本标准适用于气象观测和统计数据的处理、存储和应用。

2 术语和定义

下列术语和定义适用于本文件。

2.1

气象要素 meteorological element

表征大气和下垫面状态的物理量。

[QX/T 133—2011,定义 2.1]

2.2

特征值 characteristic value

气象要素在特殊情况下的表示值。

注:特殊情况可包含气象要素缺测、不观测、未观测到、与正常实测值含义不同等。

2.3

通用特征值 common characteristic value

气象要素在缺测、不观测、无数据情况下的特征值。

2.4

专用特征值 special characteristic value

气象要素在除缺测、不观测、无数据以外情况下的特征值。

3 通用特征值

气象要素通用特征值见表1。

表 1 气象要素通用特征值

数据类型	含义	特征值	说明
数值型	缺测	999999	应当观测而实际未观测的数据表示。
	不观测	999998	按照业务规定不进行观测的数据表示。
	无数据	999996	进行观测但未观测到有效结果的数据表示。
字符型	缺测	/	应当观测而实际未观测的数据表示,固定长度字符串,用规定长度的"/"表示;非固定长度的字符串,以1位字符"/"表示。

表 1 气象要素通用特征值(续)

数据类型	含义	特征值	说明
字符型	不观测	♯	按照业务规定不进行观测的数据表示,固定长度字符串,用规定长度的"♯"表示;非固定长度的字符串,以1位字符"♯"表示。
	无数据	—	进行观测但未观测到有效结果的数据表示,固定长度字符串,用规定长度的"-"表示;非固定长度的字符串,以1位字符"-"表示。

4 专用特征值

气象要素专用特征值见表2。

表 2 气象要素专用特征值

分类	名称	特征值	说明
时间	极值出现月	9980xx	对于按"年度"统计项目(以本年7月1日至次年6月30日为本"年度"),当极值出现月在次年某月时,用9980xx表示,其中xx为极值出现月。
	极值出现时间	999xxx	当相同极值出现2日及以上时,用999xxx表示,其中xxx为极值出现次数。
高度	海拔高度	990000+xxxx.x	当海拔高度为估测时,用990000+xxxx.x表示,其中xxxx.x为海拔高度估测值,单位为米(m)。
气压	极端最高气压、极端最低气压	99xxxx.x	当极端最高气压、极端最低气压取自定时观测值时,用99xxxx.x表示,其中xxxx.x为极端最高气压或极端最低气压,单位为百帕(hPa)。
	本站气压	98xxxx.x	当海拔高度为估测时,用98xxxx.x表示,其中xxxx.x为未经气压高度订正的本站气压,单位为百帕(hPa)。
风	风向	999997	风向为可变、不明或未定时的数据表示。
		999xxx	当用16方位或8方位记录时,特征值见附录A的表A.1。
	风速	998xxx.x	当风速超出仪器刻度范围时,用998xxx.x表示,其中xxx.x为仪器最大刻度,单位为米每秒(m/s)。
	极大风速的风向、最大风速的风向	999989	风向出现个数大于或等于9个时的数据表示。
	最多风向	9999xx	当最多风向出现2个及以上时,用9999xx表示,其中xx为最多风向出现个数。
	次多风向	998xxx	当最多风向为静风时,用998xxx表示,其中xxx为次多风向方位代码,特征值见附录A的表A.1。
	风向频率	99xxxx	当风向频率是按照8方位风向统计而得时,用99xxxx表示,其中xxxx为风向频率。

表 2 气象要素专用特征值(续)

分类	名称	特征值	说明
浪向	浪向	999997	当风浪向、涌浪向、浪向方向为可变、不明或未定时的数据表示。
		999xxx	当风浪向、涌浪向、浪向用 16 方位或 8 方位记录时,特征值见附录 A 的表 A.1。
航向	航向	999997	航向为可变、不明或未定时的数据表示。
温度	地温	998000＋xxx.x	当地温超过仪器刻度范围时,用 998000＋xxx.x 表示,其中 xxx.x 为最大刻度或最小刻度,单位为摄氏度(℃)。
	各级日最高、最低气温止日	9999xx	当同一级别日最高气温、日最低气温大于或等于或者小于或等于某界限值年最长连续日数相同时,用 9999xx 表示,其中 xx 为止日个数。
湿度	水汽压	999xxx.x	当水汽压未经气压订正时,用 999xxx.x 表示,其中 xxx.x 为未经气压订正的水汽压,单位为百帕(hPa)。
	最小相对湿度	999xxx	当最小相对湿度取自定时观测值时,用 999xxx 表示,其中 xxx 为最小相对湿度,以百分率(%)表示。
降水	降水量	999990	降水量不足 0.05 mm(微量)的数据表示。
		9998xx.x	当降水量为纯雾、露、霜降水量时,用 9998xx.x 表示,其中 xx.x 为纯雾、露、霜降水量,单位为毫米(mm)。
		9997xx.x	当降水量为雪等固态降水量时,用 9997xx.x 表示,其中 xx.x 为固态降水量,单位为毫米(mm)。
		9996xx.x	当降水量为雨夹雪等降水量时,用 9996xx.x 表示,其中 xx.x 为雨夹雪降水量,单位为毫米(mm)。
	小时降水量	999xxx.x 和 999997	当小时降水量无法取值时,最后一个无法取值的小时值后面的小时降水量用 999xxx.x 表示,其中 xxx.x 为无法取值时段的累计降水量,单位为毫米(mm),无法取值时的小时降水量用 999997 表示。
	最长连续降水日数的止日	9999xx	当最长连续降水日数的止日出现 2 个及以上时,用 9999xx 表示,其中 xx 为止日个数。
蒸发	蒸发量	998xxx.x	当蒸发量超过仪器刻度范围时,用 998xxx.x 表示,其中 xxx.x 为蒸发皿或蒸发器最大刻度,单位为毫米(mm)。
		999xxx.x 和 999997	当因结冰而停止观测时,结冰融化后测出的停止观测以来的蒸发总量,用 999xxx.x 表示,其中 xxx.x 为停止观测期间的蒸发总量,单位为毫米(mm),停止观测期间的蒸发量用 999997 表示。
积雪	雪深	999990	平均雪深不足 0.5 cm(微量)的数据表示。
能见度	水平能见度	9999xx	当水平能见度用等级记录时,用 9999xx 表示,其中 xx 为水平能见度等级,特征值见附录 B 中的表 B.1。

QX/T 515—2019

表 2 气象要素专用特征值(续)

分类	名称	特征值	说明
电线积冰	电线积冰直径、厚度、重量	999990	当出现积冰现象,但未达到测量标准时的数据表示。
冻土	冻结层上限深度、冻结层下限深度、最大冻土深度	998xxx	当冻土深度超过仪器刻度范围时,用 998xxx 表示,其中 xxx 为最大刻度,单位为厘米(cm)。
		999990	当冻土深度不足 0.5 cm 时,冻结层的上、下限深度,最大冻土深度的数据表示。
天气现象	日天气现象记录	.	无天气现象时,日天气现象记录的数据表示。

672

附　录　A

（规范性附录）

方位特征值

表 A.1　方位特征值

单位为度（°）

分类	特征值	方位	符号	记录度数	角度范围
16方位	999001	北	N	360.0	348.76～11.25
	999002	北东北	NNE	22.5	11.26～33.75
	999003	东北	NE	45.0	33.76～56.25
	999004	东东北	ENE	67.5	56.26～78.75
	999005	东	E	90.0	78.76～101.25
	999006	东东南	ESE	112.5	101.26～123.75
	999007	东南	SE	135.0	123.76～146.25
	999008	南东南	SSE	157.5	146.26～168.75
	999009	南	S	180.0	168.76～191.25
	999010	南西南	SSW	202.5	191.26～213.75
	999011	西南	SW	225.0	213.76～236.25
	999012	西西南	WSW	247.5	236.26～258.75
	999013	西	W	270.0	258.76～281.25
	999014	西西北	WNW	292.5	281.26～303.75
	999015	西北	NW	315.0	303.76～326.25
	999016	北西北	NNW	337.5	326.26～348.75
	999017	静风	C	静风时,角度不定,其风速小于或等于0.2 m/s	
8方位	999101	北	N	0	337.6～22.5
	999103	东北	NE	45	22.6～67.5
	999105	东	E	90	67.6～112.5
	999107	东南	SE	135	112.6～157.5
	999109	南	S	180	157.6～202.5
	999111	西南	SW	225	202.6～247.5
	999113	西	W	270	247.6～292.5
	999115	西北	NW	315	292.6～337.5
	999117	静风	C	—	—

附　录　B

（规范性附录）

水平能见度等级特征值

表 B.1　水平能见度等级特征值

特征值	等级	定性描述用语	水平能见度
999901	1	优	$V \geqslant 10 \text{ km}$
999902	2	良	$2 \text{ km} \leqslant V < 10 \text{ km}$
999903	3	一般	$1 \text{ km} \leqslant V < 2 \text{ km}$
999904	4	较差	$500 \text{ m} \leqslant V < 1 \text{ km}$
999905	5	差	$50 \text{ m} \leqslant V < 500 \text{ m}$
999906	6	极差	$V < 50 \text{ m}$
注:V 表示水平能见度。			

［GB/T 33673—2017,第 3 章表 1］

参 考 文 献

［1］ GB/T 33673—2017　水平能见度等级

［2］ GB/T 34412—2017　地面标准气候值统计方法

［3］ GB/T 35227—2017　地面气象观测规范　风向和风速

［4］ GB/T 35228—2017　地面气象观测规范　降水量

［5］ GB/T 35229—2017　地面气象观测规范　雪深与雪压

［6］ GB/T 35230—2017　地面气象观测规范　蒸发

［7］ GB/T 35234—2017　地面气象观测规范　冻土

［8］ GB/T 35235—2017　地面气象观测规范　电线积冰

［9］ QX/T 62—2007　地面气象观测规范　第18部分:月地面气象记录处理和报表编制

［10］ QX/T 64—2007　地面气象观测规范　第20部分:年地面气象资料处理和报表编制

［11］ QX/T 102—2009　气象资料分类与编码

［12］ QX/T 133—2011　气象要素分类与编码

［13］ 高华云,应显勋,高峰,等.气象观测报告的解码规则与算法[M].北京:气象出版社,2006

ICS 07.060
A 47
备案号：71157—2020

中华人民共和国气象行业标准

QX/T 516—2019

气象数据集说明文档格式

Description document format of meteorological dataset

2019-12-26 发布   2020-04-01 实施

中 国 气 象 局 发 布

前　言

本标准按照 GB/T 1.1—2009 给出的规则起草。

本标准由全国气象基本信息标准化技术委员会(SAC/TC 346)提出并归口。

本标准起草单位:国家气象信息中心、内蒙古自治区气象信息中心。

本标准主要起草人:张强、赵煜飞、李永利、刘娜、冯爱霞、刘雨佳、刘一鸣、王妍。

气象数据集说明文档格式

1 范围

本标准规定了气象数据集说明文档的结构和内容。

本标准适用于气象数据集说明文档的制作、更新和管理。

2 规范性引用文件

下列文件对于本文件的应用是必不可少的。凡是注日期的引用文件，仅注日期的版本适用于本文件。凡是不注日期的引用文件，其最新版本（包括所有的修改单）适用于本文件。

GB/T 7714—2015 信息与文献 参考文献著录规则

3 术语和定义

下列术语和定义适用于本文件。

3.1

数据集 dataset

可以标识的数据集合。

[GB/T 33674—2017,定义 3.1]

3.2

气象数据集说明文档 description document of meteorological dataset

气象数据集实体的说明性、标注性文件。

3.3

元数据 metadata

关于数据的数据。

[GB/T 33674—2017,定义 3.2]

3.4

类 class

对拥有相同的属性、操作、方法、关系和语义的一组对象的描述。

[GB/T 33674—2017,定义 3.6]

4 说明文档结构

气象数据集说明文档是由题名和说明文档内容组成的电子文档。其中，题名为"气象数据集说明文档"；说明文档由"数据集信息""数据源信息""数据集实体信息""引用文献""数据集制作及技术支持"及"其他"等内容组成，具体要求见附录 A 的表 A.1。说明文档内容按照章、条的形式分层组织。章是第一层次，章的编号用阿拉伯数字从 1 开始连续编写。条是对章或条的细分，条的编号使用阿拉伯数字加下脚点的形式，如"1.2"或"1.2.1"。章和条的编号后应有标题，标题左顶格，与编号之间空一格，标题与其后的内容分行，末尾不加标点符号。章下的内容不能空缺，如果无相关信息，应注明"无"。说明文档结构示例参见附录 B。

5 说明文档内容

5.1 数据集信息

由数据集中文名称、数据集代码、数据集版本和数据集建立时间等组成,具体要求见附录 A 的表 A.2。

5.2 数据源信息

由数据集实体数据来源、名称、种类、质量状况等基本属性和对数据源可靠性的必要说明等组成。

5.3 数据集实体信息

5.3.1 数据集实体信息主要内容

由实体内容、数据存储与读取信息、数据集时间属性、数据集空间属性、观测仪器(或观测手段)、数据处理方法、数据质量状况等部分组成,具体要求见附录 A 的表 A.3,各部分中的有关说明文字可以使用附加文件的方式进行说明。

5.3.2 实体内容

由文件名称、文件内容、特征值、时效信息和其他等部分组成,具体要求见附录 A 的表 A.4。

5.3.3 数据存储与读取信息

由存储格式和读取、数据集在介质中的放置、数据集归档信息等部分组成,具体要求见附录 A 的表 A.5。

5.3.4 数据集时间属性

由时制、时间范围、时间分辨率、观测或预报时次、更新频次等部分组成,具体要求见附录 A 的表 A.6。

5.3.5 数据集空间属性

由空间分布类型、地理范围、台站信息、空间分辨率、垂直范围等部分组成。具体要求见附录 A 的表 A.7。

5.3.6 观测仪器(或观测手段)

按观测规范进行的观测,指明观测规范的名称即可。当观测仪器(或观测手段)变更且可能对观测资料的均一性产生影响时,应详细列出其变更的情况和应用起止时间。具体要求见附录 A 的表 A.8。

5.3.7 数据处理方法

数据处理方法是描述数据集处理方法和制作过程,包括数据的处理步骤、统计方法、特殊情况处理和其他需要说明的事宜等。具体要求见附录 A 的表 A.9。

5.3.8 数据质量状况

数据质量状况由数据完整性、数据质量控制、数据质量评价等部分组成。具体要求见附录 A 的表

A.10。

5.4 引用文献

引用文献由制作数据集过程中引用的参考文献目录及数据集制作过程中公开发表的与数据集相关的文献目录组成,按照 GB/T 7714—2015 的有关规定书写。

5.5 数据集制作及技术支持

数据集制作及技术支持由数据集制作者、数据集文档编撰者、技术支持等部分组成。具体要求见附录 A 的表 A.11。

5.6 其他

除上述内容之外,在说明文档中应予以说明的其他内容,如:数据集制作的背景、目的,数据集使用注意事项,与数据集相关的其他数据集信息等。

附　录　A

（规范性附录）

说明文档格式与内容

A.1　气象数据集说明文档信息

表 A.1　气象数据集说明文档信息

行号	名称	定义	约束[a]	最大出现次数[b]	数据类型	域[c]
1	数据集信息	数据集的名称、代码、版本、建立时间等基本信息	M	1	类	见表 A.2
2	数据源信息	生产范围确定的数据所用的数据源信息	M	N	字符串	自由文本
3	数据集实体信息	数据集实体文件相关信息	M	1	类	见表 A.3
4	引用文献	数据集制作过程中引用的参考文献	O	N	字符串	自由文本
5	数据集制作及技术支持	数据集制作人以及提供支持的相关信息	M	N	类	见表 A.11
6	其他	数据集其他相关信息	O	N	字符串	自由文本
[a] 是否必须选取的属性。包括必选（M）和可选（O）。
[b] 只出现一次的用"1"表示，重复出现的用"N"表示。
[c] 可以取值的范围。

A.2　数据集信息

表 A.2　数据集信息

行号	名称	定义	约束[a]	最大出现次数[b]	数据类型	域[c]
7	数据集中文名称	标识数据集的唯一中文名称	M	1	字符串	自由文本
8	数据集代码	标识数据集的唯一代码	O	1	字符串	
9	数据集版本	标识数据集版本的顺序号	O	1	字符串	X.X，X 为数字
10	数据集建立时间	数据集建立、修订、追加或更新的时间	M	1	字符串	YYYYMM，YYYY 为年份，MM 为月份
[a] 是否必须选取的属性。包括必选（M）和可选（O）。
[b] 只出现一次的用"1"表示，重复出现的用"N"表示。
[c] 可以取值的范围。

A.3 数据集实体信息

表 A.3 数据集实体

行号	名称	定义	约束ᵃ	最大出现次数ᵇ	数据类型	域ᶜ
11	实体内容	描述数据实体文件名称、内容等信息	M	1	类	见表 A.4
12	数据存储与读取信息	描述数据存储基本信息	M	1	类	见表 A.5
13	数据集时间属性	描述数据集的时间范围和时间分辨率	M	1	类	见表 A.6
14	数据集空间属性	描述数据集的空间属性信息	M	1	类	见表 A.7
15	观测仪器（或观测手段）	描述观测仪器、观测手段等信息	O	N	字符串	见表 A.8
16	数据处理方法	描述数据集实体数据处理方法和制作过程等信息	M	1	字符串	见表 A.9
17	数据质量状况	描述数据集实体的质量控制和数据质量评价信息	M	1	类	见表 A.10

ᵃ 是否必须选取的属性。包括必选（M）和可选（O）。
ᵇ 只出现一次的用"1"表示，重复出现的用"N"表示。
ᶜ 可以取值的范围。

A.4 实体内容

表 A.4 实体内容

行号	名称	定义	约束ᵃ	最大出现次数ᵇ	数据类型	域ᶜ	备注
18	文件名称	数据集实体文件名称及的命名规则	M	1	字符串	自由文本	
19	文件内容	数据集实体文件详细内容信息	M	1	字符串	自由文本	
20	特征值	数据集实体文件涉及的所有特征值及其含义、适用范围信息	M	N	字符串	自由文本	对于数据型文件为必填项，若无特征值，填写"无"。

表 A.4 实体内容（续）

行号	名称	定义	约束ᵃ	最大出现次数ᵇ	数据类型	域ᶜ	备注
21	时效信息	描述预报预测数据产品的预报时效	M	N	字符串	自由文本	对于气象预报预测数据为必填项，若无时效信息，填写"无"。
22	其他	对于不同性质和内容的数据集，可有其他一些说明数据特征的内容	O	N	字符串	自由文本	其他内容的标题编号顺序排列在文件名称、文件内容、特征值、时效信息之后。

ᵃ 是否必须选取的属性。包括必选（M）、条件必选（C）和可选（O）。
ᵇ 只出现一次的用"1"表示，重复出现的用"N"表示。
ᶜ 可以取值的范围。

表 A.5 数据存储与读取信息

行号	名称	定义	约束ᵃ	最大出现次数ᵇ	数据类型	域ᶜ	备注
23	存储格式和读取	描述数据集实体文件的存储格式、读取方式	M	1	类	24 行～25 行	
24	存储格式	数据集实体文件存储格式	M	N	类		
25	读取方式	数据集实体文件读取方式	M	N	字符串	自由文本	对于复杂或特殊格式的数据文件，应附有数据读取的程序，并说明程序执行或调用方式以及程序读取数据后数据的格式，要解释软件需通过特定的软件读取，设备的运行环境、设备、安装和使用方法等。
26	数据集在介质中的放置	包括存储介质数量、存储目录结构、数据总量	M	1	类	27 行～30 行	

683

表 A.5　数据存储与读取信息（续）

行号	名称	定义	约束[a]	最大出现次数[b]	数据类型	域[c]	备注
27	存储介质	数据集存储所采用的介质	O	N	类	参照 GB/T 33674—2017 表 B.6	
28	介质数量	存储介质的数量	O	N	字符串	自由文本	
29	存储目录结构	说明数据集存储目录结构名称及每个目录下存放的文件内容	M	1	字符串	自由文本	通常采用列项的方式对各级目录及内容逐一说明。
30	数据总量	数据集实体的数据总量	M	1	字符串	自由文本	单位为 KB、MB、GB、TB 等。
31	数据集归档信息	描述数据集归档方式、归档时间	O	1	类	32 行～33 行	
32	归档方式	数据集归档的方式	O	1	类	自由文本	
33	归档时间	数据集归档的时间	O	1	整型	YYYYMM，YYYY 为年份，MM 为月份	

[a] 是否必须选取的属性。包括必选（M）和可选（O）。
[b] 只出现一次的用"1"表示、重复出现的用"N"表示。
[c] 可以取值的范围。

表 A.6　数据集时间属性

行号	名称	定义	约束[a]	最大出现次数[b]	数据类型	域[c]	备注
34	时制	数据集实体数据的时制	M	1	字符串	自由文本	包括世界时、北京时、地方时等。

表 A.6 数据集时间属性(续)

行号	名称	定义	约束[a]	最大出现次数[b]	数据类型	域[c]	备注
35	时间范围	数据集实体数据的起始和终止时间	M	1	字符串	自由文本	按年、月或数据文件的时间单位为单位表示,例如:以月为单位时,时间范围用表示为 YYYYMM—YYYYMM,式中 YYYY 为年份,MM 为月份。对处于实时或追加数据的数据集,其时间范围的终止时间用相应位数的"9"表示。
36	时间分辨率	数据所代表的时间点或时间段	M	1	字符串	参见 QX/T 102—2009 的表 3	
37	观测或预报时次	观测或预报数据的具体时次信息	O	N	字符串	自由文本	可以用单位时间观测或预报次数表示,如"4 次/日""1 次/6 分钟",也可用具体观测或预报时间表示,如"北京时 02 点,08 点,14 点,20 点"。
38	更新频率	在数据集初次完成后,对其进行修改和补充的频率	M	1	字符串	自由文本	包括实时、逐日、逐月、逐年、逐 10 年、定期等。

[a] 是否必须选取的属性。包括必选(M)和可选(O)。
[b] 只出现一次的用"1"表示,重复出现的用"N"表示。
[c] 可以取值的范围。

表 A.7 数据集空间属性

行号	名称	定义	约束 ª	最大出现次数 ᵇ	数据类型	域 ᶜ	备注
39	空间分布类型	描述数据集实体数据是站点资料还是格点资料类型	M	1	字符串	自由文本	包括站点资料、格点资料、图形图像等类型。
40	地理范围	数据集实体数据覆盖的地理区域和经纬度范围	M	N	类	41行~45行	
41	地理区域名称	有关地理区域名称和属性的描述	M	N	字符串	参见 QX/T 102—2009 的表 2	
42	最西经度	数据集覆盖范围最西边坐标,用十进制(东半球为正)	O	1	字符串		经纬度数据用十进制,保留 2 位小数。在其数据值后用"W""E"分别表示西经和东经,用"S""N"分别表示南纬和北纬。
43	最东经度	数据集覆盖范围最东边坐标,用十进制(东半球为正)	O	1	字符串		
44	最南纬度	数据集覆盖范围最南边坐标,用十进制(北半球为正)	O	1	字符串	自由文本	
45	最北纬度	数据集覆盖范围最北边坐标,用十进制(北半球为正)	O	1	字符串		
46	台站信息	数据集实体数据涉及的台站基本信息	M	N	类	47行~51行	由台站观测整理得到的数据需列出数据集中涉及的所有台站信息,包括台站名称、经纬度、海拔高度、起止时间和缺测情况等。
47	区站号	台站区站号	O	N	字符串	XXXXX	
48	台站名称	台站全称	O	N	字符串	自由文本	

686

表 A.7 数据集空间属性（续）

行号	名称	定义	约束a	最大出现次数b	数据类型	域c	备注
49	经度	台站观测场经度	O	N	字符串	自由文本	若台站经纬度、海拔高度有变化，每一段时期都应列出。可以用表格方式表示，也可以使用附加文件方式说明。
50	纬度	台站观测场纬度	O	N	字符串	自由文本	
51	海拔高度	台站观测场海拔高度	O	N	字符串	自由文本	
52	空间分辨率	数据集实体数据覆盖的站点个数、经纬网格等信息	M	1	类	53 行～55 行	对于站点资料，用站点数表示。对于格点资料，用经纬度网格或距离网格表示，并说明网格点的类型。密度及网格、同时有几种网格点类型或同一网格点类型有几种不同的密度，则并列表示，中间用"，"分隔。
53	站点数	站点资料的站点总数	O	1	字符串	自由文本	站点资料，为必填项。
54	经纬度网格	格点资料的经纬网格信息	O	1	字符串	自由文本	格点资料，为必填项。包括格点分辨率、格点数等内容，如果有几种不同的格点资料，则并列表示，以"，"间隔。
55	采样距离	雷达基数据和产品的空间采样距离	O	1	字符串	自由文本	雷达资料，为必填项。以距离、方位和仰角间隔表示。
56	垂直范围	数据集实体数据达到的垂直位置	M	N	类	57 行～59 行	当为雷达资料时，以最大仰角或高度表示。
57	高度	以"km""hPa"等为单位的高度信息	O	1	字符串	自由文本	对高空观测资料等涉及高空垂直位置的资料，为必填项。
58	层次	垂直层次	O	N	字符串	参见 QX/T 102—2009 的表 7	对高空观测资料等涉及高空垂直位置的资料，为必填项。
59	最大仰角	雷达资料最大仰角	O	1	字符串	自由文本	当为雷达资料时，为必填项。

QX/T 516—2019

表 A.7 数据集空间属性（续）

行号	名称	定义	约束[a]	最大出现次数[b]	数据类型	域[c]	备注
60	投影方式	气象数据中涉及投影方式的资料（如气象卫星，数值预报模式等资料）应说明数据的投影方式	M	1	字符串	自由文本	当为卫星遥感、数值预报模式等涉及投影方式的资料，为必填项。
61	其他	对于不同性质和内容的数据集，还可能有其他一些说明数据空间属性的内容	O		字符串	自由文本	其他内容的标题编号顺序排列在"投影方式"之后。

[a] 是否必须选取的属性。包括必选（M）、条件必选（C）和可选（O）。
[b] 只出现一次的用"1"表示，重复出现的用"N"表示。
[c] 可以取值的范围。

表 A.8 观测仪器（或观测手段）

行号	名称	定义	约束[a]	最大出现次数[b]	数据类型	域[c]	备注
62	观测仪器（或观测手段）	描述数据观测仪器（或观测手段）等内容	M	1	字符串	自由文本	若为观测资料，为必填项。其中观测仪器（或观测手段）有变化时，每一段都应列出，雷达资料的标称定参数等需要详细列出。

[a] 是否必须选取的属性。包括必选（M）、条件必选（C）和可选（O）。
[b] 只出现一次的用"1"表示，重复出现的用"N"表示。
[c] 可以取值的范围。

表 A.9 数据处理方法

行号	名称	定义	约束[a]	最大出现次数[b]	数据类型	域[c]	备注
63	数据处理方法	描述数据集数据处理方法和制作过程，包括数据的处理步骤、统计方法、特殊情况处理和其他需要说明的事宜等	M	1	字符串	自由文本	气象卫星资料应说明数据处理模式，并标明参数的物理意义。也可以用数据集附加文件的方式说明。
[a] 是否必须选取的属性。包括必选（M）、条件必选（C）和可选（O）。							
[b] 只出现一次的用"1"表示，重复出现的用"N"表示。							
[c] 可以取值的范围。							

表 A.10 数据质量状况

行号	名称	定义	约束[a]	最大出现次数[b]	数据类型	域[c]
64	数据完整性	描述数据集实体文件缺失和实体文件内部数据缺测情况	M	1	字符串	自由文本
65	数据质量控制	对原始数据和统计结果是否经过质量控制以及对质量控制方法的一般性描述或详细描述	M	1	字符串	自由文本
66	数据质量评价	对数据集质量的自我基本评价，对比方法、采用算法、误差情况和存在的主要问题	M	1	字符串	自由文本
[a] 是否必须选取的属性。包括必选（M）和可选（O）。						
[b] 只出现一次的用"1"表示，重复出现的用"N"表示。						
[c] 可以取值的范围。						

A.4 数据集制作及技术支持

表 A.11 数据集制作及技术支持

行号	名称	定义	约束[a]	最大出现次数[b]	数据类型	域[c]
67	数据集制作者	数据集实体文件的制作人员信息	M	N	类	68行~70行
68	姓名	数据集实体文件制作者的姓名	M	N	字符串	自由文本
69	单位	数据集实体文件制作者的单位	M	N	字符串	自由文本
70	电话	数据集实体文件制作者的电话	M	N	字符串	自由文本
71	数据集文档编撰者	数据集元数据文档、数据集说明文档等数据集实体文件以外的文档编撰者信息	M	N	类	72行~74行
72	姓名	数据集文档编撰者的姓名	M	N	字符串	自由文本
73	单位	数据集文档编撰者的单位	M	1	字符串	自由文本
74	电话	数据集文档编撰者的电话	M	N	字符串	自由文本
75	技术支持	能够获得数据集更进一步信息的联系方式	M	N	类	76行~81行
76	单位	技术支持的单位	M	1	字符串	自由文本
77	电话	技术支持的电话	M	N	字符串	自由文本
78	传真	技术支持的传真	O	N	字符串	自由文本
79	E-mail	技术支持的 E-mail	O	N	字符串	自由文本
80	邮政编码	技术支持的邮政编码	O	1	字符串	自由文本
81	单位地址	技术支持的单位地址	O	1	字符串	自由文本

[a] 是否必须选取的属性。包括必选（M）和可选（O）。

[b] 只出现一次的用"1"表示，重复出现的用"N"表示。

[c] 可以取值的范围。

附　录　B

（资料性附录）

说明文档结构示例

气象数据集说明文档

1　数据集信息

　　数据集中文名称：×××××××

　　数据集代码：×××××××××

　　数据集版本：×.×

　　数据集建立时间：YYYYMM

2　数据源信息

　　×××。

3　数据集实体信息

3.1　数据集实体内容

3.1.1　文件名称

　　×××。

3.1.2　文件内容

　　×××。

3.1.3　特征值

　　×××××：××××××××××××××××××××××××××××××××。

　　×××××：××××××××××××××××××××××××××××××××。

3.1.4　时效信息

　　×××。

3.1.5　其他

　　×××。

3.2　数据存储与读取信息

3.2.1　存储格式和读取

　　存储格式：××××

　　读取方式：×××××××××××××××××××××××××××××

3.2.2　数据集在介质中的放置

　　存储介质：××××

　　介质数量：××××

　　存储目录结构：

　　　a）　××；

　　　b）　××××××××××××××××××××××××××××××××××××××：

　　　　　1）　×××××××××××××××××××××××××××××××××××××；

---

　　　2)　××××××××××××××××。

　　　………………

　　………………

　数据总量：××××

3.2.3　数据集归档信息

　归档方式：××××

　归档时间：YYYYMM

3.3　时间属性

　时制：××××

　时间范围：YYYYMM－YYYYMM

　时间分辨率：××××

　观测或预报时次：××××

　更新频次：××××

3.4　空间属性

3.4.1　空间分布类型

　××××

3.4.2　地理范围

　地理区域名称：××××××××××

　最西经度：××××××

　最东经度：××××××

　最南纬度：××××××

　最北纬度：××××××

　　　⋮

3.4.×　台站信息

　××××××××××××××××××××××××××××××××××××

×××××××××。

3.4.×　空间分辨率

　站点数：××××××（针对站点资料）

　经纬度网格：××××××，…………，××××××（针对格点资料）

　采样距离：××××××（针对雷达资料）

3.4.×　垂直范围

　高度：××××××××××××××××（涉及高空垂直位置的高空等观测资料）

　层次：××××××××××××××××（涉及高空垂直位置的高空等观测资料）

　最大仰角：×××××××××××××××××（针对雷达资料）

　　　………………

3.4.×　投影方式

　×××××××××××××××××××。

3.5　观测仪器（或观测手段）

　×××××××××××××××××××××××××××××××××××

××××××××××。

3.6　数据处理方法

　×××

××××××××××××××××××××××××××。

3.7 数据质量状况

数据完整性:

××××××××××××××××××××××××××××××××××××
×××××××××××××××××××××。

数据质量控制:

××××××××××××××××××××××××××××××××××××
×××××××××××××××××××××。

数据质量评价:

××××××××××××××××××××××××××××××××××××
×××××××××××××××××××××。

4 引用文献

××××××××××××××××××××××××××××××××

…………

5 数据集制作及技术支持

5.1 数据集制作者

姓名:×××××××

单位:×××××××

电话:×××××××

5.2 数据集文档编撰者

姓名:×××××××

单位:×××××××

电话:×××××××

5.3 技术支持

单位:×××××××

电话:×××××××

传真:×××××××

E-mail:×××××××

邮政编码:×××××××

单位地址:×××××××

……

6 其他

××××××××××××××××××××××××××××××××××××
××××××××××××××。

……

参 考 文 献

[1] GB/T 33674—2017 气象数据集核心元数据

[2] QX/T 102—2009 气象资料分类与编码

[3] 中国标准研究中心.信息分类与编码国家标准汇编——通用与基础标准卷[M].北京:中国标准出版社,2000

[4] 白殿一.标准编写指南[M].北京:中国标准出版社,2002

ICS 07.060
A 47
备案号：71158—2020

中华人民共和国气象行业标准

QX/T 517—2019

酸雨气象观测数据格式　BUFR

Data format for acid rain observations—BUFR

2019-12-26 发布　　　　　　　　　　　　　　2020-04-01 实施

中 国 气 象 局　发 布

前　言

本标准按照 GB/T 1.1—2009 给出的规则起草。

本标准由全国气象基本信息标准化技术委员会(SAC/TC 346)提出并归口。

本标准起草单位:国家气象信息中心、中国气象局气象探测中心。

本标准主要起草人:刘乖乖、王颖、薛蕾、贾小芳。

酸雨气象观测数据格式 BUFR

1 范围

本标准规定了酸雨观测日数据的 BUFR 编码构成和规则。

本标准适用于酸雨观测日数据的表示和交换。

2 规范性引用文件

下列文件对于本文件的应用是必不可少的。凡是注日期的引用文件,仅注日期的版本适用于本文件。凡是不注日期的引用文件,其最新版本(包括所有的修改单)适用于本文件。

GB/T 19117—2017 酸雨观测规范

QX/T 129—2011 气象数据传输文件命名

3 术语和定义

下列术语和定义适用于本文件。

3.1

酸雨 acid rain

pH 值小于 5.60 的大气降水。

注:大气降水的形式包括液态降水、固态降水和混合降水。

[GB/T 19117—2017,定义 3.1]

3.2

八位组 octet

计算机领域里 8 个比特位作为一组的单位制。

[QX/T 427—2018,定义 2.1]

4 缩略语

下列缩略语适用于本文件。

BUFR:气象数据的二进制通用表示格式(Binary Universal Form for Representation of meteorological data)

CCITT IA5:国际电报电话咨询委员会国际字母 5 号码(Consultative Committee on International Telephone and Telegraph International Alphabet No.5)

UTC:世界协调时(Universal Time Coordinated)

[QX/T 427—2018,第 3 章]

5 编码构成

编码数据由指示段、标识段、选编段、数据描述段、数据段和结束段构成,见图 1。

图 1 BUFR 编码数据结构

[QX/T 427—2018,第 4 章]

6 编码规则

6.1 指示段

由 8 个八位组组成,包括编码数据的起始标志、编码数据总长度和 BUFR 版本号。具体编码及说明见表 1。

表 1 指示段编码及说明

八位组序号	含义	值	说明
1	编码数据的起始标志	B	按 CCITT IA5 编码
2		U	
3		F	
4		R	
5—7	编码数据总长度	实际取值	以八位组为单位
8	BUFR 版本号	4	WMO 发布的 BUFR 版本 4

[QX/T 427—2018,5.1]

6.2 标识段

由 23 个八位组组成,包括标识段段长、主表号、数据加工中心、数据加工子中心、更新序列号、选编段指示、观测数据类型、观测数据子类型、本地数据子类型、主表版本号、本地表版本号、数据编码时间等信息。具体编码及说明见表 2。

表 2 标识段编码及说明

八位组序号	含义	值	说明
1—3	标识段段长	23	标识段段长为 23 个八位组
4	主表号	0	主表是 WMO 定义的用于表格驱动编码的科学学科分类表。主表号 0 表示 BUFR 编码使用气象学科的码表
5—6	数据加工中心	38	根据 WMO 规定,38 表示数据加工中心是北京
7—8	数据加工子中心	0	表示未经数据加工子中心加工
9	更新序列号	实际取值	取值为非负整数,初始编号为 0。随资料每次更新,该序列号逐次加 1

表 2　标识段编码及说明(续)

八位组序号	含义	值	说明
10	选编段指示	0 或 1	0 表示本数据格式不包含选编段,1 表示本数据格式包含选编段
11	观测数据类型	8	表示观测数据类型是物理/化学成分
12	观测数据子类型	3	表示观测数据子类型是酸雨
13	本地数据子类型	0	表示没有定义本地数据子类型
14	主表版本号	29	表示 BUFR 编码使用的气象学科码表的版本号为 29
15	本地表版本号	1	表示本地表版本号为 1
16—17	年	实际取值	实际数据编码时间(UTC):年,四位
18	月	实际取值	实际数据编码时间(UTC):月
19	日	实际取值	实际数据编码时间(UTC):日
20	时	实际取值	实际数据编码时间(UTC):时
21	分	实际取值	实际数据编码时间(UTC):分
22	秒	实际取值	实际数据编码时间(UTC):秒
23	自定义	0	保留

6.3　选编段

由选编段段长、保留字段、国内编报中心以及数据加工中心或子中心自定义的内容组成。具体编码及说明见表 3。

表 3　选编段编码及说明

八位组序号	含义	值	说明
1—3	选编段段长	实际取值	以八位组为单位
4	保留字段	0	
5—8	国内编报中心代码		应符合 QX/T 129—2011 附录 A 中表 A.13 国内编报中心代码(CCCC)的规定
8—	数据加工中心或子中心自定义		表示从第 8 个八位组开始,长度可根据需要进行扩展

6.4　数据描述段

由 9 个八位组组成,包括数据描述段段长、保留字段、观测记录数、数据性质和压缩方式以及描述符序列。具体编码及说明见表 4。

表 4　数据描述段编码及说明

八位组序号	含义	值	说明
1—3	数据描述段段长	9	数据描述段段长为 9 个八位组
4	保留字段	0	
5—6	观测记录数	实际取值	取值为非负整数,表示数据描述段包含的观测记录条数
7	数据性质和压缩方式	128	表示本数据是观测数据,采用 BUFR 非压缩方式编码
8—9	描述符序列	3 22 192	3:表示该描述符为序列描述符 22:表示降水化学报告序列 192:表示"化学和气溶胶序列"中定义的第 192 个类目,即"酸雨观测数据的要素序列"

6.5　数据段

由数据段段长、保留字段和数据描述段中描述符 3 22 192 包含的气象要素序列对应的编码值组成,具体编码及说明见表 5。其中数据段段长根据编码时实际包含的气象要素确定。气象要素序列包括测站信息、时间要素信息、观测数据、酸雨观测备注信息等。

表 5　数据段编码及说明

内容		含义	单位	比例因子[a]	基准值[b]	数据宽度[c] bit	说明
数据段段长		数据段长度	—	—	—	24	数字
保留字段		置 0	—	—	—	8	数字
1. 测站信息							
0 01 001		WMO 区号	—	0	0	7	数字
0 01 002		WMO 站号	—	0	0	10	数字
0 02 001		测站类型	—	0	0	2	数字。数字含义见附录 A 中表 A.1
0 01 101		国家和地区标识符	—	0	0	10	数字。含义见附录 A 中表 A.2
0 01 192		本地测站标识	—		0	72	字符,非 WMO 区站号的测站使用本描述符表示站号
3 01 021	0 05 001	纬度	°	5	—9000000	25	数字,保留小数点后 5 位
	0 06 001	经度	°	5	—18000000	26	数字,保留小数点后 5 位
0 07 030		平均海平面以上测站地面高度	m	1	—4000	17	数字

表 5 数据段编码及说明(续)

内容		含义	单位	比例因子[a]	基准值[b]	数据宽度[c] bit	说明
2. 时间要素信息							
3 01 011	0 04 001	年(UTC)	—	0	0	12	数字
	0 04 002	月(UTC)	—	0	0	4	数字
	0 04 003	日(UTC)	—	0	0	6	数字
0 04 004		时(UTC)	—	0	0	5	数字
1 33 000		33 个描述符延迟重复	—	—	—	—	无编码值
0 31 000		重复次数	—	0	0	1	数字。如当日无降水,延迟重复因子置 0;有降水,延迟重复因子置 1
1 31 000		31 个描述符延迟重复	—	—	—	—	无编码值
0 31 000		重复次数	—	0	0	1	数字,如当日有降水但漏采样了,延迟重复因子置 0;否则延迟重复因子置 1
1 05 002		1 05 002 之后的 5 个描述符的编码值重复 2 次	—	—	—	—	无编码值。描述符本身表示对以下 5 个描述符重复 2 次:按照 GB/T 19117—2017 中的附录 G,第 1 次重复表示一次降水过程开始时间,第 2 次重复表示一次降水过程结束时间
0 04 001		年(UTC)	—	0	0	12	数字
0 04 002		月(UTC)	—	0	0	4	数字
0 04 003		日(UTC)	—	0	0	6	数字
0 04 004		时(UTC)	—	0	0	5	数字
0 04 005		分(UTC)	—	0	0	6	数字
3. 观测数据							
1 18 000		18 个描述符延迟重复	—	—	—	—	无编码值
0 31 001		0 31 001 后 18 个描述符重复 2 次	—	0	0	8	第 1 次重复表示初测时的降水样品的温度、pH 值和电导率,第 2 次重复表示复测时的降水样品的温度、pH 值和电导率

表 5　数据段编码及说明(续)

内容	含义	单位	比例因子[a]	基准值[b]	数据宽度[c] bit	说明
2 04 008	对描述符 0 31 021 和 2 04 000 之间的所有要素描述符之前增加 8 比特位的附加字段,用来表示质量控制信息	—		—	—	无编码值。在降水样品温度、pH 值、pH 平均值、电导率、电导率平均值之前分别增加 8 比特位的质量控制信息字段
0 31 021	描述关联字段的含义	—	0	0	6	数字,数字含义见附录 A 中表 A.3
0 12 001	降水样品温度	K	1	0	12	数字
2 02 129	将 0 13 080 要素描述符的比例因子 1 修改为 2	—	—	—	—	无编码值
1 01 003	0 13 080 的编码值重复 3 次		—	—	—	无编码值。分别表示第 1、2、3 次测量降水样品的 pH 值
0 13 080	pH 值	—	1	0	10	数字
0 08 023	一级统计,编码值为 4,表示平均值	—	0	0	6	数字,数字含义见附录 A 中表 A.4
0 13 080	pH 值	—	1	0	10	数字
0 08 023	一级统计,编码值为 63,结束 0 08 023 的作用域	—	0	0	6	数字,数字含义见附录 A 中表 A.4
2 02 000	结束对比例因子的改变操作	—	—	—	—	无编码值
2 02 130	将 0 13 081 要素描述符的比例因子 3 修改为 5	—	—	—	—	无编码值
1 01 003	0 13 081 的编码值重复 3 次	—	—	—	—	无编码值。分别表示第 1、2、3 次测量降水样品的电导率
0 13 081	电导率(K 值)	S·m^{-1}	3	0	14	数字
0 08 023	一级统计,编码值为 4,表示平均值	—	0	0	6	数字,数字含义见附录 A 中表 A.4
0 13 081	电导率(K 值)	S·m^{-1}	3	0	14	数字

表 5　数据段编码及说明(续)

内容	含义	单位	比例因子[a]	基准值[b]	数据宽度[c] bit	说明
0 08 023	一级统计,编码值为63,结束 0 08 023 的作用域	—	0	0	6	数字,数字含义见附录 A 中表 A.4
2 02 000	结束对比例因子的改变操作	—	—	—	—	无编码值
2 04 000	结束 2 04 008 的作用域	—	—	—	—	无编码值
4. 酸雨观测备注信息						
0 02 203	酸雨复测指示码	—	0	0	4	数字,数字含义见附录 A 中表 A.5
0 02 204	酸雨测量电导率的手动温度补偿功能指示码	—	0	0	2	数字,数字含义见附录 A 中表 A.6
0 02 205	酸雨样品延迟测量指示码	—	0	0	4	数字,数字含义见附录 A 中表 A.7
1 01 002	后面一个描述符重复 2 次	—	—	—	—	无编码值
0 02 206	降水样品异常现象指示码	—	0	0	3	数字,数字含义见附录 A 中表 A.8

注 1:数据段每个要素的编码值等于原始观测值乘以 10 的比例因子次方再减去基准值。

注 2:要素编码值转换为二进制,并按照数据宽度所定义的比特位数顺序写入数据段,位数不足高位补 0。

注 3:当某要素缺测时,将该要素数据宽度内每个比特位置 1,即为缺测值。

[a] 比例因子用于规定要素观测值的数据精度。要求数据精度等于 10 的负比例因子次方。例如,比例因子为 2,数据精度等于 10^{-2},即 0.01。

[b] 基准值用于保证要素编码值非负,即要求:要素观测值乘以 10 的比例因子次方大于或等于基准值。

[c] 数据宽度用于规定二进制的要素编码值在数据段所占用的比特位数,编码值位数不足数据宽度时在高(左)位补 0。

6.6　结束段

由 4 个八位组组成,分别编码为 4 个字符"7"。具体编码及说明见表 6。

表 6 结束段编码及说明

八位组序号	含义	值	说明
1	结束段	7	固定取值。按照 CCITT IA5 编码
2		7	
3		7	
4		7	

附　录　A
（规范性附录）
代码表

表 A.1　0 02 001 测站类型

代码值	含义
0	自动站
1	人工站
2	混合站（人工和自动）
3	缺测值

表 A.2　0 01 101 国家和地区标识符

代码值	含义
0～99	保留
205	中国
207	中国香港
216	中国澳门
235～299	区协Ⅱ保留

表 A.3　0 31 021 关联字段含义

代码值	含义
62	8 bit 质量控制指示码： 由高至低（从左到右）1 位—4 位,表示省级质控码;5 位—8 位,表示台站质控码。 省级质控码和台站质控码的值含义如下： 0　正确 1　可疑 2　错误 3　订正数据 4　修改数据 5　预留 6　预留 7　预留 8　缺测 9　未做质量控制
63	缺测值

表 A.4 0 08 023 一级统计

代码值	含义
4	平均值
63	缺测值

表 A.5 0 02 203 酸雨复测指示码

代码值	复测内容	复测结果与初测结果的差别	
		pH 值	电导率
0	无	无	无
1	pH 值	不大于 0.05 pH 值单位	无
2	pH 值	大于 0.05 pH 值单位	无
3	电导率	无	不大于两者平均值的 15%
4	电导率	无	大于两者平均值的 15%
5	电导率和 pH 值	不大于 0.05 pH 值单位	不大于两者平均值的 15%
6	电导率和 pH 值	不大于 0.05 pH 值单位	大于两者平均值的 15%
7	电导率和 pH 值	大于 0.05 pH 值单位	不大于两者平均值的 15%
8	电导率和 pH 值	大于 0.05 pH 值单位	大于两者平均值的 15%
9	漏复测(如样品不足等原因)		

表 A.6 0 02 204 酸雨测量电导率的手动温度补偿功能指示码

代码值	含义	代码值	含义
0	测量电导率的时候没有使用手动温度补充功能	1	测量电导率的时候使用了手动温度补充功能
2	保留	3	缺测

表 A.7 0 02 205 酸雨样品延迟测量指示码

代码值	含义	代码值	含义
0	样品延迟测量时间小于或等于 6 h	1	样品延迟测量时间大于 6 h,小于或等于 7 h
2	样品延迟测量时间大于 7 h,小于或等于 8 h	3	样品延迟测量时间大于 8 h,小于或等于 9 h
4	样品延迟测量时间大于 9 h,小于或等于 10 h	5	样品延迟测量时间大于 10 h,小于或等于 11 h
6	样品延迟测量时间大于 11 h,小于或等于 12 h	7	样品延迟测量时间大于 12 h,小于或等于 13 h
8	样品延迟测量时间大于 13 h,小于或等于 14 h	9	样品延迟测量时间大于 14 h

表 A.8　0 02 206 降水样品异常现象指示码

代码值	含义	代码值	含义
0	无污染	1	轻微浑浊,无沉淀
2	浑浊或有絮状物,无沉淀	3	有土壤、沙砾等沉淀
4	有树叶等植物性杂物混入	5	有虫子、鸟粪等生物性杂物混入
6	其他污染物	7	保留
8	保留		

QX/T 517—2019

参 考 文 献

[1] QX/T 418—2018 高空气象观测数据格式 BUFR 编码

[2] QX/T 427—2018 地面气象观测数据格式 BUFR 编码

[3] 国家气象信息中心通信台编写组.表格驱动码编码手册[Z],2010

[4] WMO. Manual on Codes:WMO-No. 306. Volume I. 2[M]. Geneva,Switzerland:WMO, 2011UP2013

ICS 07.060
A 47
备案号：71159—2020

中华人民共和国气象行业标准

QX/T 518—2019

气象卫星数据交换规范 XML 格式

Specifications for data exchange of meteorological satellite—XML format

2019-12-26 发布

2020-04-01 实施

中 国 气 象 局 发 布

前　言

本标准按照 GB/T 1.1—2009 给出的规则起草。

本标准由全国卫星气象与空间天气标准化技术委员会(SAC/TC 347)提出并归口。

本标准起草单位:国家卫星气象中心。

本标准主要起草人:咸迪、李雪、刘立葳、徐喆、亓永刚。

气象卫星数据交换规范　XML 格式

1　范围

　　本标准规定了基于 XML 格式的气象卫星数据交换流程、XML 交换格式编码规则和基于 XML 格式的气象卫星数据交换模式。

　　本标准适用于气象卫星数据网络交换与应用。

2　规范性引用文件

　　下列文件对于本文件的应用是必不可少的。凡是注日期的引用文件,仅注日期的版本适用于本文件。凡是不注日期的引用文件,其最新版本(包括所有的修改单)适用于本文件。

　　QX/T 327—2016　气象卫星数据分类与编码规范

　　GB/T 19710—2005　地理信息　元数据(ISO 19115:2003,MOD)

　　GB/T 19710.2—2016　地理信息　元数据　第 2 部分:影像和格网数据扩展(ISO 19115-2:2009,IDT)

3　术语和定义

　　下列术语和定义适用于本文件。

3.1

可扩展标记语言　extensible markup language;XML

标准通用标记语言的子集,是一种用于标记电子文件使其具有结构性的标记语言。

3.2

数据元　data element

通过定义、标识、表示、允许值等一系列属性描述的一个数据单元。

3.3

聚合数据元　aggregate data element

由两个或两个以上的具有相互关联的数据元组成的数据单元,用来表达特定语境中的一个清晰的业务含义。

4　基于 XML 格式的气象卫星数据交换流程

　　基于 XML 格式的气象卫星数据交换流程见图 1。

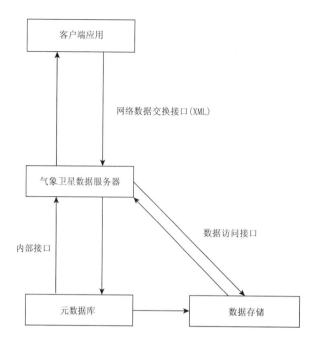

图 1　基于 XML 格式的气象卫星数据交换流程

5　XML 交换格式编码规则

5.1　XML 命名空间统一资源标识符

气象卫星网络数据交换 XML 格式的命名空间统一资源标识符由标准归口单位的网址＋MSDE(即气象卫星数据交换,Meteorological Satellite Data Exchange)组成,定义为"http://www.sac347.org.cn/msde"。

5.2　XML 格式的功能结构

气象卫星数据交换 XML 格式应符合 XML 模式(XML Schema)的规定,共分为三个部分,即文档头、文档体和文档尾,应分别符合以下要求:

——文档头:气象卫星网络数据交换的 XML Schema 格式的前导部分必须包含命名空间的定义;

——文档体:数据交换格式的具体信息,按照 XML Schema 进行编码,不可省略;

——文档尾:说明性信息,可省略。

6　基于 XML 格式的气象卫星数据交换模式

6.1　概述

气象卫星数据共享平台通过建立基于 XML 格式的信息交换为客户端提供用户所需信息,编码应采用 QX/T 327—2016、GB/T 19710—2005 和 GB/T 19710.2—2016 的规定,客户端可以匿名访问,也可以通过注册获得访问数据中心的更高权限,初次访问数据中心时需要进行初始化。初始化模式完成后,客户端可通过 6.2—6.6 规定的 XML 格式访问数据共享平台,检索相应的卫星数据,获取气象卫星的元数据信息访问模式,见图 2。

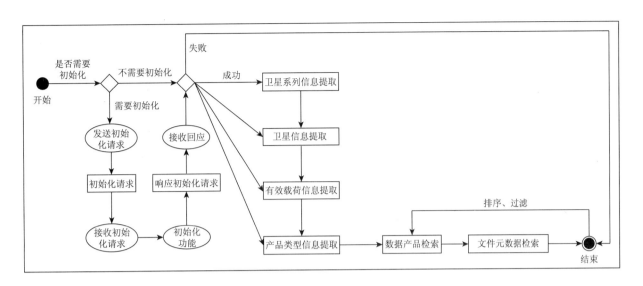

图 2 气象卫星数据交换模式

6.2 初始化

6.2.1 描述

客户端向服务器发送认证信息、用户自定义信息获取本次数据交换请求标识,认证信息是数据中心统一管理,用户自定义信息可以由客户端自定义。

6.2.2 请求

初始化的请求参数见表 1,请求信息的 XML Schema 定义片段参见附录 A 中的 A.1。

表 1 初始化的请求参数

参数名称	可选/必选	参数含义
idAutentication	必选	认证信息,客户端在请求中包含用户身份标识,用于数据中心对用户身份进行验证。
userInformationField	可选	用户自定义信息,用于客户端和数据中心传递自定义信息。

6.2.3 响应

初始化的响应参数见表 2,响应信息的 XML Schema 定义片段参见附录 A 中的 A.2。

表 2 初始化的响应参数

参数名称	可选/必选	参数含义
idAutentication	必选	同表 1。
requestClientId	必选	本次初始化生成客户端标识。
datacenter	必选	数据中心标识。

6.3 卫星系列信息提取

6.3.1 描述

卫星系列信息提取实现按照客户端权限控制卫星系列的访问,并支持对匿名客户端的访问支持,匿名客户端只能访问对所有公众用户公开的卫星系列。所有客户端访问必须填写客户端标识,匿名用户使用 GUEST,注册用户使用注册用户标识。提取响应一次性返回所有该用户能够访问的卫星系列信息,包括卫星系列名称、编码等信息。

6.3.2 请求

卫星系列信息提取的请求参数见表3,请求信息的 XML Schema 定义片段参见附录 B 中的 B.1。

表 3　卫星系列信息提取的请求参数

参数名称	可选/必选	参数含义
requestClientId	必选	请求客户端标识。
language	必选	返回语言版本 simple Chinese/English/all。

6.3.3 响应

卫星系列信息提取的响应参数见表4,响应信息的 XML Schema 定义片段参见附录 B 中的 B.2。

表 4　卫星系列信息提取的响应参数

参数名称	可选/必选	参数含义
resultCount	必选	返回结果记录数量。
requestId	必选	本次返回结果标识。
datacenter	必选	数据中心标识。
language	必选	返回结果语言版本。
satelliteSeriesRecords	必选	卫星系列编码聚合数据元,见表5。

表 5　卫星系列编码聚合数据元

卫星系列编码聚合数据元	可选/必选	参数含义
satelliteSeriesCode	必选	卫星系列编码。
satelliteSeriesName	可选	卫星系列名。
description	可选	描述信息。
comments	可选	备注。

6.4 卫星信息提取

6.4.1 描述

客户端通过卫星编码获取卫星系列包括的卫星信息,并支持通过 language 参数选择返回信息的语言版本。参数中 requestClientId 在初始化时获得。

6.4.2 请求

卫星信息提取的请求参数见表6,请求信息的 XML Schema 定义片段参见附录C中的C.1。

表 6 卫星信息提取的请求参数

参数名称	可选/必选	参数含义
requestClientId	必选	请求客户端标识。
language	必选	返回语言版本。
satelliteSeriesCode	必选	卫星系列标识。

6.4.3 响应

卫星信息提取的响应参数见表7,响应信息的 XML Schema 定义片段参见附录C中的C.2。

表 7 卫星信息提取的响应参数

参数名称	可选/必选	参数含义
resultCount	必选	返回结果记录数量。
requestId	必选	本次返回结果标识。
datacenter	必选	数据中心标识。
language	必选	返回结果语言版本。
satelliteRecords	必选	卫星信息聚合数据元,见表8。

表 8 卫星信息聚合数据元

卫星信息聚合数据元	可选/必选	参数含义
satelliteCode	必选	卫星编码。
satelliteName	必选	卫星名称。
satelliteBeginDate	必选	卫星开始运行日期。
satelliteEndDate	可选	卫星结束运行日期。
dataBeginDatetime	可选	数据开始时间。
dataEndDatetime	可选	数据结束时间。
instrumentTotal	必选	有效载荷数。
satelliteType	必选	卫星类别。
status	必选	卫星状态。
satelliteOperator	可选	卫星运行国家/组织。
description	可选	描述信息。
comments	可选	备注。

6.5 有效载荷信息提取

6.5.1 描述

有效载荷信息提取实现卫星搭载的仪器信息提取,客户端通过卫星标识查询该卫星所搭载的仪器信息,并可通过 language 参数选择返回信息的语言版本。requestClientId 在初始化时获得。

6.5.2 请求

有效载荷信息提取请求参数见表 9,请求信息的 XML Schema 定义片段参见附录 D 中的 D.1。

表 9　有效载荷信息提取请求参数

参数名称	可选/必选	参数含义
requestClientId	必选	请求客户端标识。
language	必选	返回语言版本。
satelliteCode	必选	卫星编码。

6.5.3 响应

有效载荷信息提取响应参数见表 10,响应信息的 XML Schema 定义片段参见附录 D 中的 D.2。

表 10　有效载荷信息提取响应参数

参数名称	可选/必选	参数含义
resultCount	必选	返回结果记录数量。
requestId	必选	本次返回结果标识。
datacenter	必选	数据中心标识。
language	必选	返回结果语言版本。
instrumentRecords	必选	有效载荷聚合数据元,见表 11。

表 11　有效载荷聚合数据元

有效载荷聚合数据元	可选/必选	参数含义
instrumentCode	必选	有效载荷编码。
satelliteCode	必选	卫星编码。
instrumentTypeCode	必选	有效载荷类别编码。
instrumentName	必选	有效载荷名称。
description	可选	描述信息。
comments	可选	备注。

6.6 产品类型信息提取

6.6.1 描述

产品类型信息提取实现对目前所有支持的产品类型提取,并可通过 language 参数选择返回信息的语言版本。requestClientId 在初始化时获得。

6.6.2 请求

产品类型信息提取请求参数见表12,请求信息的 XML Schema 定义片段参见附录 E 中的 E.1。

表 12　产品类型信息提取请求参数

参数名称	可选/必选	参数含义
requestClientId	必选	请求客户端标识。
language	必选	返回语言版本。
instrumentCode	必选	仪器编码。

6.6.3 响应

产品类型信息提取响应参数见表13,响应信息的 XML Schema 定义片段参见附录 E 中的 E.2。

表 13　产品类型信息提取响应参数

参数名称	可选/必选	参数含义
resultCount	必选	返回结果记录数量。
requestId	必选	本次返回结果标识。
datacenter	必选	数据中心标识。
language	必选	返回结果语言版本。
dataTypeRecords	必选	数据类型聚合数据元,见表14。

表 14　数据类型聚合数据元

数据类型聚合数据元	可选/必选	参数含义
dataTypeCode	必选	产品类型编码。
dataTypeName	必选	产品类型。
dataTypeInformation	必选	产品类型描述。
description	可选	描述。
comments	可选	备注。

6.7 数据产品检索

6.7.1 描述

数据产品检索实现对指定时空特性以及数据产品类型的搜索,返回符合以上条件的文件基本信息。

6.7.2 请求

数据产品检索请求参数见表 15,请求信息的 XML Schema 定义片段参见附录 F 中的 F.1。

表 15　数据产品检索请求参数

参数名称	可选/必选	参数含义
satelliteCode	可选	卫星平台编码,如 FY3A、FY2D、FY2E 等。
instrumentCode	可选	有效载荷编码,如 MERSI、VIRR 等。
dataTypeCode	必选	产品类型编码,如 NOM。
tempExtent_begin	必选	要查询的数据的开始时间,要求日期格式的字符串,如 2013-08-23 12:38:23。
tempExtent_end	必选	要查询的数据的结束时间,要求日期格式的字符串,如 2013-08-23 23:59:59。
west	必选	要检索的数据空间范围的最西经度。
east	必选	要检索的数据空间范围的最东经度。
north	必选	要检索的数据空间范围的最北纬度。
south	必选	要检索的数据空间范围的最南纬度。
sortByPropertyName	必选	数据排序字段,如 platform、instrument、creationdate 等。
sortOrder	必选	数据排序方式,如 ASC、DESC。
queryId	必选	记录查询标识,由用户自行填写,如 queryid001。

6.7.3 响应

数据产品检索响应参数见表 16,响应信息的 XML Schema 定义片段参见附录 F 中的 F.2。

表 16　数据产品检索响应参数

参数名称	可选/必选	参数含义
queryiId	必选	用户输入的查询记录 id。
datacenter	必选	提供数据服务的中心。
fileid	必选	数据的文件名。
orderby	必选	数据开始时间。
url	可选	下载地址。

6.8 文件元数据检索

6.8.1 描述

文件元数据检索实现对指定文件的元数据详细信息的提取,并可通过 language 参数选择返回信息的语言版本。

6.8.2 请求

文件元数据检索请求参数见表 17,请求信息的 XML Schema 定义片段参见附录 G 中的 G.1。

表 17 文件元数据检索请求参数表

参数名称	可选/必选	参数含义
queryId	必选	用户输入的查询记录 id。
fileid	必选	指定文件名。
language	必选	使用语言。

6.8.3 响应

响应信息为该文件的元数据信息,其数据元参见 QX/T 327—2016 的规定,其 XML Schaema 定义片段参见附录 G 中的 G.2。

附　录　A
（资料性附录）
初始化 XML Schema

A.1　初始化功能的请求 XML Schema 定义片段

```
<xs:element name="iniRequest">
    <xs:annotation>
        <xs:documentation>初始化请求。</xs:documentation>
    </xs:annotation>
</xs:element>
<xs:complexType>
    <xs:sequence>
        <xs:element name="idAutentication" type="xs:string" />
        <xs:element name="userInformationField" type="xs:string" />
    </xs:sequence>
</xs:complexType>
```

A.2　初始化功能的响应 XML Schema 定义片段

```
<xs:element name="iniResponse">
    <xs:annotation>
        <xs:documentation>初始化响应。</xs:documentation>
    </xs:annotation>
</xs:element>
<xs:complexType>
    <xs:sequence>
        <xs:element name="idAutentication" type="xs:string" />
        <xs:element name="requestClientId" type="xs:string" />
        <xs:element name="datacenter" type="xs:integer" />
    </xs:element>
    </xs:sequence>
</xs:complexType>
```

附 录 B
（资料性附录）
卫星系列信息提取 XML Schema

B.1 卫星系列信息提取功能的请求 XML Schaema 定义片段

```
<xs:element name="satelliteSeriesRequest">
    <xs:annotation>
        <xs:documentation>卫星系列信息提取请求。</xs:documentation>
    </xs:annotation>
</xs:element>
<xs:complexType>
    <xs:sequence>
        <xs:element name="requestClientId" type="xs:string" />
        <xs:element name="language" type="xs:string" />
    </xs:sequence>
</xs:complexType>
```

B.2 卫星系列信息提取功能的响应 XML Schaema 定义片段

```
<xs:element name="satelliteSeriesResponse">
    <xs:annotation>
        <xs:documentation>卫星系列提取响应。</xs:documentation>
    </xs:annotation>
</xs:element>
<xs:complexType>
    <xs:sequence>
        <xs:element name="resultCount" type="xs:integer" />
        <xs:element name="requestId" type="xs:string" />
        <xs:element name="datacenter" type="xs:integer" />
        <xs:element name="lauguage" type="xs:string" />
        <xs:element name="satelliteSeriesRecords">
            <xs:complexType>
                <xs:sequence>
                    <xs:element name="satelliteSeriesCode" type="xs:string"/>
                    <xs:element name="satelliteSeriesName" minOccurs="0"
                    type="xs:string" />
                    <xs:element name="description" minOccurs="0" type="xs:
                    string" />
                    <xs:element name="comments" minOccurs="0" type="xs:
                    string" />
```

```
                    </xs:sequence>
                </xs:complexType>
            </xs:element>
        </xs:sequence>
    </xs:complexType>
```

附　录　C
（资料性附录）
卫星信息提取 XML Schema

C.1　卫星信息提取的请求 XML Schaema 定义片段

```
<xs:element name="satelliteRequest">
    <xs:annotation>
        <xs:documentation>卫星信息提取请求。</xs:documentation>
    </xs:annotation>
</xs:element>
<xs:complexType>
    <xs:sequence>
        <xs:element name="requestClientId" type="xs:string" />
        <xs:element name="language" type="xs:string" />
        <xs:element name="satelliteSeriesCode" type="xs:string" />
    </xs:sequence>
</xs:complexType>
```

C.2　卫星信息提取的响应 XML Schaema 定义片段

```
<xs:element name="satelliteResponse">
    <xs:annotation>
        <xs:documentation>卫星信息提取响应。</xs:documentation>
    </xs:annotation>
</xs:element>
<xs:complexType>
    <xs:sequence>
        <xs:element name="resultCount" type="xs:integer" />
        <xs:element name="requestId" type="xs:string" />
        <xs:element name="datacenter" type="xs:integer" />
        <xs:element name="lauguage" type="xs:string" />
        <xs:element name="satelliteRecords">
        <xs:complexType>
            <xs:sequence>
                <xs:element name="id" type="xs:integer" />
                <xs:element name="satelliteCode" type="xs:string" />
                <xs:element name="satelliteName" type="xs:string" minOccurs="0" />
                <xs:element name="satelliteBeginDate" type="xs:dateTime" />
                <xs:element name="satelliteEndDate" type="xs:dateTime" />
```

```
                    <xs:element name="dataBeginDatetime" type="xs:dateTime" mi-
                    nOccurs="0" />
                    <xs:element name="dataEndDatetime" type="xs:dateTime" mi-
                    nOccurs="0" />
                    <xs:element name="InstrumentTotal" type="xs:int" />
                    <xs:element name="satelliteType" type="xs:string" />
                    <xs:element name="status" type="xs:integer " />
                    <xs:element name="satelliteOperator" type="xs:string" minOc-
                    curs="0" />
                    <xs:element name="description" type="xs:string" minOccurs="
                    0" />
                    <xs:element name="comments" type="xs:string" minOccurs="0" />
                </xs:sequence>
            </xs:complexType>
            </xs:element>
        </xs:sequence>
    </xs:complexType>
```

附　录　D

（资料性附录）

有效载荷信息提取 XML Schema

D.1　有效载荷信息提取的请求 XML Schaema 定义片段

```
<xs:element name="instrumentRequest">
    <xs:annotation>
        <xs:documentation>卫星仪器信息提取请求。</xs:documentation>
    </xs:annotation>
</xs:element>
<xs:complexType>
    <xs:sequence>
        <xs:element name="requestClientId" type="xs:string" />
        <xs:element name="language" type="xs:string" />
        <xs:element name="satelliteCode" type="xs:string" />
    </xs:sequence>
</xs:complexType>
```

D.2　有效载荷信息提取的响应 XML Schaema 定义片段

```
<xs:element name="instrumentResponse">
    <xs:annotation>
        <xs:documentation>仪器信息提取响应</xs:documentation>
    </xs:annotation>
</xs:element>
<xs:complexType>
    <xs:sequence>
        <xs:element name="resultCount" type="xs:integer" />
        <xs:element name="requestId" type="xs:string" />
        <xs:element name="datacenter" type="xs:integer" />
        <xs:element name="lauguage" type="xs:string" />
        <xs:element name="instrumentRecords">
            <xs:complexType>
                <xs:sequence>
                    <xs:element name="id" type="xs:int" />
                    <xs:element name="instrumentCode" type="xs:string" />
                    <xs:element name="satelliteCode" type="xs:string" />
                    <xs:element name="instrumentTypeCode" type="xs:string" />
                    <xs:element name="instrumentName" type="xs:string" />
                    <xs:element name="description" type="xs:string"    minOc-
```

```
                                    curs="0" />
                                    <xs:element name="comments" type="xs:string"   minOc-
                                    curs="0" />
                        </xs:sequence>
                    </xs:complexType>
                </xs:element>
            </xs:sequence>
        </xs:complexType>
```

附 录 E
（资料性附录）
产品类型信息提取 XML Schema

E.1 产品类型信息提取的请求 XML Schaema 定义片段

```
<xs:element name="dataTypeRequest">
    <xs:annotation>
        <xs:documentation>产品类型信息提取请求</xs:documentation>
    </xs:annotation>
</xs:element>
<xs:complexType>
    <xs:sequence>
        <xs:element name="requestClientId" type="xs:string" />
        <xs:element name="language" type="xs:string" />
        <xs:element name=" instrumentCode " type="xs:string" />
    </xs:sequence>
</xs:complexType>
```

E.2 产品类型信息提取的响应 XML Schaema 定义片段

```
<xs:element name="dataTypeResponse">
    <xs:annotation>
        <xs:documentation>产品类型提取响应</xs:documentation>
    </xs:annotation>
</xs:element>
<xs:complexType>
    <xs:sequence>
        <xs:element name="resultCount" type="xs:integer" />
        <xs:element name="requestId" type="xs:string" />
        <xs:element name="datacenter " type="xs:string" />
        <xs:element name="lauguage" type="xs:string" />
        <xs:element name="dataTypeRecord">
            <xs:complexType>
                <xs:sequence>
                    <xs:element name="id" type="xs:int" />
                    <xs:element name="dataTypeCode" type="xs:string" />
                    <xs:element name="dataTypeName" type="xs:string" />
                    <xs:element name=" description " type="xs:string" />
                    <xs:element name="comments" type="xs:string" />
                </xs:sequence>
```

```
                    </xs:complexType>
                </xs:element>
            </xs:sequence>
        </xs:complexType>
```

```
                    </xs:complexType>
                </xs:element>
            </xs:sequence>
        </xs:complexType>
```

附　录　F
（资料性附录）
数据产品检索 XML Schema

F.1　数据产品检索的请求 XML Schaema 定义片段

```
<xs:element name="recordsRequest">
    <xs:annotation>
        <xs:documentation>数据产品检索请求</xs:documentation>
    </xs:annotation>
</xs:element>
<xs:complexType>
    <xs:sequence>
        <xs:element name=" satelliteCode " type="xs:string" />
        <xs:element name=" instrumentCode " type="xs:string" />
        <xs:element name=" dataTypeCode " type="xs:string" />
        <xs:element name=" tempExtent_begin " type="xs:string" />
        <xs:element name=" tempExtent_end" type="xs:string" />
        <xs:element name=" west" type="xs:string" />
        <xs:element name=" east" type="xs:string" />
        <xs:element name=" north" type="xs:string" />
        <xs:element name=" south" type="xs:string" />
        <xs:element name=" sortByPropertyName" type="xs:string" />
        <xs:element name=" sortOrder" type="xs:string" />
        <xs:element name=" queryId" type="xs:string" />
    </xs:sequence>
</xs:complexType>
```

F.2　数据产品检索的响应 XML Schaema 定义片段

```
<xs:element name="recordsResponse">
    <xs:annotation>
        <xs:documentation>数据产品检索响应</xs:documentation>
    </xs:annotation>
</xs:element>
<xs:complexType>
    <xs:sequence>
        <xs:element name="queryid " type="xs: string " />
        <xs:element name="datacenter" type="xs:string" />
        <xs:element name=" fileid" type="xs: string" />
        <xs:element name="orderby" type="xs:string" />
```

```
            </xs:sequence>
        </xs:complexType>
```

附　录　G
（资料性附录）
文件元数据检索 XML Schema

G.1　文件元数据检索的请求 XML Schaema 定义片段

```
<xs:element name="metadataRequest">
    <xs:annotation>
        <xs:documentation>文件元数据请求</xs:documentation>
    </xs:annotation>
</xs:element>
<xs:complexType>
    <xs:sequence>
        <xs:element name=" queryid " type="xs:string" />
        <xs:element name=" fileid " type="xs:string" />
        <xs:element name="language" type="xs:string" />
    </xs:sequence>
</xs:complexType>
```

G.2　文件元数据检索的响应 XML Schaema 定义片段

```
<xs:element name="metadataResponse">
    <xs:annotation>
        <xs:documentation>文件元数据检索响应</xs:documentation>
    </xs:annotation>
</xs:element>
<xs:complexType>
    <xs:sequence>
        <xs:element name="dsTopic" type="xs:string" />
        <xs:element name="dsCrosshead" type="xs:string" />
        <xs:element name="idAbs" type="xs:string" />
        <xs:element name="idStatus" type="xs:string" />
        <xs:element name="idTitleName" type="xs:string" />
        <xs:element name="satName" type="xs:string" />
        <xs:element name="satDesc" type="xs:string" />
        <xs:element name="sensor" type="xs:string" />
        <xs:element name="channel" type="xs:string" />
        <xs:complexType name=" Extent">
            <xs:sequence>
                <xs:element name="exDesc" type="xs:string" />
                <xs:element name="geoEle" type="xs:string" />
```

```
                    <xs:element name="tempEle" type="xs:string" />
                    <xs:element name="vertEle" type="xs:string" />
                    <xs:element name="geoExtent" type="xs:string" />
                    <xs:element name="GeoBnd-Box" type="xs:string" />
                    <xs:element name="westBL" type="xs:string" />
                    <xs:element name="eastBL" type="xs:string" />
                    <xs:element name="southBL" type="xs:string" />
                    <xs:element name="northBL" type="xs:string" />
            </xs:sequence>
    </xs:complexType>
    <xs:complexType name="TempExtent">
            <xs:sequence>
                    <xs:element name="Instant" type="xs:string" />
                    <xs:element name="Position" type="xs:string" />
                    <xs:element name="Period" type="xs:string" />
                    <xs:element name="begin" type="xs:dateTime" />
                    <xs:element name="end" type="xs:dateTime" />
            </xs:sequence>
    </xs:complexType>
    <xs:complexType name=" VertExtent">
            <xs:sequence>
                    <xs:element name="vertMaxVal" type="xs:string" />
                    <xs:element name="vertMinVal" type="xs:string" />
                    <xs:element name="vertUoM" type="xs:string" />
                    <xs:element name="vertDatum" type="xs:string" />
            </xs:sequence>
    </xs:complexType>
    <xs:element name="orbParm" type="xs:string" />
    <xs:element name="spatRp-Type" type="xs:string" />
    <xs:element name="dataScal" type="xs:double" />
    <xs:element name="proMethod" type="xs:string" />
    <xs:element name="dataCreTime" type="xs:dateTime" />
    <xs:element name=" ourceDesc" type="xs:string" />
    <xs:element name="dataSize" type="xs:integer" />
    <xs:element name="dataLang" type="xs:string" />
    <xs:element name="dataChar" type="xs:string" />
    <xs:element name="Desc-Keys" type="xs:string" />
    <xs:element name="resConst" type="xs:string" />
    <xs:element name="resFormat" type="xs:string" />
    <xs:complexType name="mdContact">
            <xs:sequence>
                    <xs:element name="rpIndName" type="xs:string" />
                    <xs:element name="rpOrgName" type="xs:string" />
```

```xml
            <xs:element name="rpPosName" type="xs:string" />
            <xs:element name="role" type="xs:string" />
            <xs:element name="RpCntInfo" type="xs:string" />
            <xs:element name="cntPhone" type="xs:string" />
            <xs:element name="faxPhone" type="xs:string" />
            <xs:element name="Address" type="xs:string" />
            <xs:element name="postadd" type="xs:string" />
            <xs:element name="city" type="xs:string" />
            <xs:element name="adminArea" type="xs:string" />
            <xs:element name="postCode" type="xs:string" />
            <xs:element name="country" type="xs:string" />
            <xs:element name="eMailAdd" type="xs:string" />
            <xs:element name="cntOnlineRes" type="xs:string" />
        </xs:sequence>
</xs:complexType>
<xs:complexType name="orbParm" />
        <xs:sequence>
            <xs:element name="epoch" type="xs:double" />
            <xs:element name="semiAxis" type="xs:double" />
            <xs:element name="Eccentricity" type="xs:double" />
            <xs:element name=" nclination" type="xs:double" />
            <xs:element name="mean-Anomaly" type="xs:double" />
            <xs:element name="ascension" type="xs:double" />
            <xs:element name="perigee" type="xs:double" />
            <xs:element name="period" type="xs:double" />
        </xs:sequence>
</xs:complexType>
<xs:element name="northLatitude" type="xs:double" />
<xs:element name="eastLongitude" type="xs:double" />
<xs:element name="satelliteHeight" type="xs:double" />
<xs:element name="orbNum" type="xs:integer" />
<xs:complexType name="Keywords" />
        <xs:sequence>
            <xs:element name="keyword" type="xs:string" />
            <xs:element name="type" type="xs:string" />
            <xs:element name="tresName" type="xs:string" />
        </xs:sequence>
</xs:complexType>
<xs:complexType name="Consts" />
        <xs:sequence>
            <xs:element name="useLimit" type="xs:string" />
        </xs:sequence>
</xs:complexType>
```

```xml
<xs:complexType name="LegConsts"/>
    <xs:sequence>
        <xs:element name="accessConsts" type="xs:string" />
        <xs:element name="useConsts" type="xs:string" />
        <xs:element name="SecConsts" type="xs:string" />
    </xs:sequence>
</xs:complexType>
<xs:complexType name="class"/>
    <xs:sequence>
        <xs:element name="userNote" type="xs:string" />
        <xs:element name="classSys" type="xs:string" />
        <xs:element name="handDesc" type="xs:string" />
    </xs:sequence>
</xs:complexType>
<xs:complexType name="Format" type="xs:string" />
    <xs:sequence>
        <xs:element name="formatNam" type="xs:string" />
        <xs:element name="formatVer" type="xs:string" />
    </xs:sequence>
</xs:complexType>
    </xs:sequence>
</xs:complexType>
<xs:element name="mdLang" type="xs:string" />
<xs:element name="mdChar" type="xs:string" />
<xs:element name="mdDateSt" type="xs:string" />
<xs:element name="mdStanName" type="xs:string" />
<xs:element name="mdStanVer" type="xs:string" />
    <xs:complexType name="DataQual">
        <xs:sequence>
            <xs:element name="dqStatement" type="xs:string" />
            <xs:element name="dqGrade" type="xs:string" />
            <xs:element name="dqLineage" type="xs:string" />
            <xs:element name="dqSource" type="xs:string" />
        </xs:sequence>
    </xs:complexType>
  </xs:sequence>
</xs:complexType>
```

参 考 文 献

［1］ QX/T 237—2014 风云极轨系列气象卫星核心元数据

［2］ ISO 10303 Standard for the Exchange of Product model data

［3］ ISO/TS 19139:2007 Geographic Information-Metadata-XML Schema that definesimplementation

［4］ W3C. Document content description for XML［Z］,1998. http://www.w3.org/TR/NOTE-dcd

［5］ W3C. XML Schema Part 0:Primer Second Edition［Z］,2000. https://www.w3.org/TR/xmlschema-0/

［6］ W3C. W3C XML Schema Part 1:Structures［Z］,2004. https://www.w3.org/TR/2004/REC-xmlschema-1-20041028/structures.html

［7］ W3C. W3C XML Schema Part 2:DataTypes Second Edition［Z］,2004. https://www.w3.org/TR/2004/REC-xmlschema-2-20041028/datatypes.html

ICS 07. 060
A 47
备案号：71160—2020

中华人民共和国气象行业标准

QX/T 519—2019

静止气象卫星热带气旋定强技术方法

The technical method of tropical cyclone intensity analysis using geostationary
meteorological satellite data

2019-12-26 发布   2020-04-01 实施

中 国 气 象 局 发布

前　　言

本标准按照 GB/T 1.1—2009 给出的规则起草。

本标准由全国卫星气象与空间天气标准化技术委员会(SAC/TC 347)提出并归口。

本标准起草单位:国家卫星气象中心、国家气象中心。

本标准主要起草人:王新、方翔、许映龙、向纯怡、廖蜜、曹治强。

引　言

　　热带气旋是影响我国的重要灾害性天气系统之一,在常规观测资料稀少的热带洋面上,气象卫星是监测热带气旋的主要手段。目前世界各大热带气旋业务中心采用的德沃夏克(Dvorak)卫星定强技术,是将气象卫星可见光或红外云型特征及特定的参数与热带气旋强度联系起来,通过一系列经验规则和约束条件,估计热带气旋强度指数,作为业务中确定海上热带气旋强度的依据。

　　本标准的制定,依据国际上通用的 Dvorak 卫星定强技术,旨在规范静止气象卫星热带气旋强度估计的方法和流程,提升我国热带气旋定强分析的科学性、客观性和可操作性。

静止气象卫星热带气旋定强技术方法

1 范围

本标准规定了利用静止气象卫星进行热带气旋定强的方法和流程。

本标准适用于热带气旋定强业务和科研。

2 术语和定义

下列术语和定义适用于本文件。

2.1

热带气旋云系中心 tropical cyclone cloud system center；CSC

描述热带气旋云系或涡旋的环流中心。

2.2

热带气旋资料 T 指数 data T number；DT

根据第 4 章中云型分类进行云特征测量得到的估计值来描述热带气旋强度的指数。

注：其值介于 1.0 至 8.0 之间。

2.3

眼指数 eye number；E-no

测量台风眼嵌入在热带气旋云系中的距离及周围环绕温度得到的估算值来描述眼型热带气旋（见第 4 章 c)）强度的指数。

注：其值介于 3.0 至 7.5 之间。

2.4

眼调整指数 eye adjustment number；E-adj

描述眼型热带气旋眼清晰度、大小、结构等特征的指数，是在 E-no 基础上进行的增减计算。

注：其值介于 −1.0 至 1.0 之间。

2.5

中心特征指数 central feature number；CF

由 E-no 与 E-adj 相加获得的结果来描述眼型热带气旋眼区结构的强度，或根据 CSC 附近密蔽云区的清晰度和大小等特征来描述中心密蔽云区型热带气旋强度的指数。

注：其值介于 2.0 至 7.5 之间。

2.6

云带特征指数 banding feature number；BF

以环绕热带气旋云系中心云带宽度和螺旋度的特征来描述热带气旋外围云系强度的指数。

注：其值介于 0 至 2.0 之间。

2.7

热带气旋模式期望 T 指数 model expected T number；MET

根据当时和 24 小时前卫星云图上热带气旋中心特征变化以及环绕中心密蔽云区或云带的变化特征对比确定的热带气旋发展趋势，在 24 小时前的最终 T 指数的基础上加上 24 小时的变化趋势，分为快速加强或减弱（D＋/W＋）、正常发展或减弱（D/W）和缓慢发展或减弱（D−/W−）来估计当前热带气旋强度的指数。

注:其值介于1.0至8.0之间。

2.8

云型 *T* 指数   pattern *T* number;PT

描述热带气旋强度的指数,根据第4章中云型分类并对照查找表(见表9和表16),在当前MET对应指数相邻左(右)栏中选出与当时热带气旋云型吻合度最高的图像,查找表中对应的指数即为估算结果。

注:其值介于1.0与7.0之间。

2.9

最终 *T* 指数   final *T* number;FT

根据云系特征的清晰程度,在DT、MET和PT之间进行选择,并遵循一定的约束条件最终确定的描述热带气旋强度的指数。

注:其值介于1.0至8.0之间。

2.10

现时强度指数   current intensity number;CI

在FT确定的基础上,以根据热带气旋所处的生命史阶段进行增减计算或者与FT取相同值获得的估算值来描述热带气旋强度的指数,是Dvorak技术热带气旋定强的最终产品。

注:其值介于1.0至8.0之间。

2.11

热带气旋等级   grade of tropical cyclone

我国预报责任区内热带气旋强度的等级。

注:分为六个等级:热带低压、热带风暴、强热带风暴、台风、强台风、超强台风。

3   数据源要求

应来自于装载有可见光-红外扫描辐射计的静止气象卫星,例如我国第一代风云二号气象卫星(FY-2)、第二代风云四号气象卫星(FY-4),日本第一代多功能气象观测和飞行控制卫星(MTSAT-2)和第二代葵花(Himawari)卫星等。这些卫星搭载的仪器为FY-2卫星可见光—红外自旋扫描辐射计(FY-2/VISSR))、FY-4A卫星多通道扫描成像辐射计(FY-4A/AGRI)、日本MTSAT-2卫星卫星成像仪(MTSAT-2/JAMI)、日本Himawari卫星成像仪(Himawari/AHI)(通道参数分别参见附录A—附录D)。各卫星资料均应经过准确的定位、定标、投影等预处理,形成可见光反射率和红外亮度温度资料。通常利用中心波长为0.6 μm的可见光通道反射率资料,以及利用中心波长为11 μm的红外窗区通道亮度温度资料,并利用红外波段灰度增强曲线(BD)的增强方法,进行热带气旋强度分析。

4   热带气旋云型分类

热带气旋云型分类是基于三方面考虑,第一,根据热带气旋云系在卫星云图上表现的不同几何和辐射特征;第二,根据热带气旋所处的不同发展阶段;第三,根据云型在各通道云图上的适用范围。热带气旋云型分为以下六类:

a)   弯曲云带型(curved band pattern;CB pattern)。表现为由碎云或对流云形成的有组织的弯曲带状云型。通常出现在热带气旋处于热带低压至台风等级阶段。

b)   切变型(shear pattern;S pattern)。表现为低层云线部分暴露与高层对流云分离,环绕热带气旋中心的低亮温区一侧有陡直的边界,另外一侧为卷云砧。通常出现在热带气旋处于热带低压至强热带风暴等级阶段。

c) 眼型(eye pattern;E pattern)。表现为环绕 CSC 的白亮对流云闭合成环,环内为晴空或少云的眼区,闭合的环状云区亮温较环内眼区亮温低。通常出现在热带气旋处于台风至超强台风等级阶段。

d) 中心密蔽云区型(central dense overcast pattern;CDO pattern)。仅用于可见光云图分析,表现为较大范围的密实白亮云系,四周均无明显陡峭边界,CSC 被密实云系完全覆盖。通常出现在热带气旋处于热带风暴至台风等级阶段。

e) 嵌入中心型(embedded center pattern;EC pattern)。仅用于增强的红外云图分析,表现为 CSC 完全落入中心密蔽云区(CDO)内,中心外围有相对低亮温云区环绕。通常出现在热带气旋强度处于强热带风暴以上等级阶段。

f) 中心冷云盖型(central cold cover pattern;CCC pattern)。表现为孤立的白亮强对流云团,边缘清晰,亮度温度小于 203 K 的区域范围大于 60%且分布不均匀,无明显的外螺旋云带伴随。通常出现在热带气旋云型向 CDO pattern 或 EC pattern 过渡阶段,热带气旋处于热带风暴至强热带风暴等级阶段。

5 可见光图像热带气旋定强技术方法

5.1 可见光图像热带气旋定强技术流程图

利用可见光图像进行热带气旋定强,技术流程见图 1。本标准仅规定该技术流程中的第 2 至第 9 步骤。

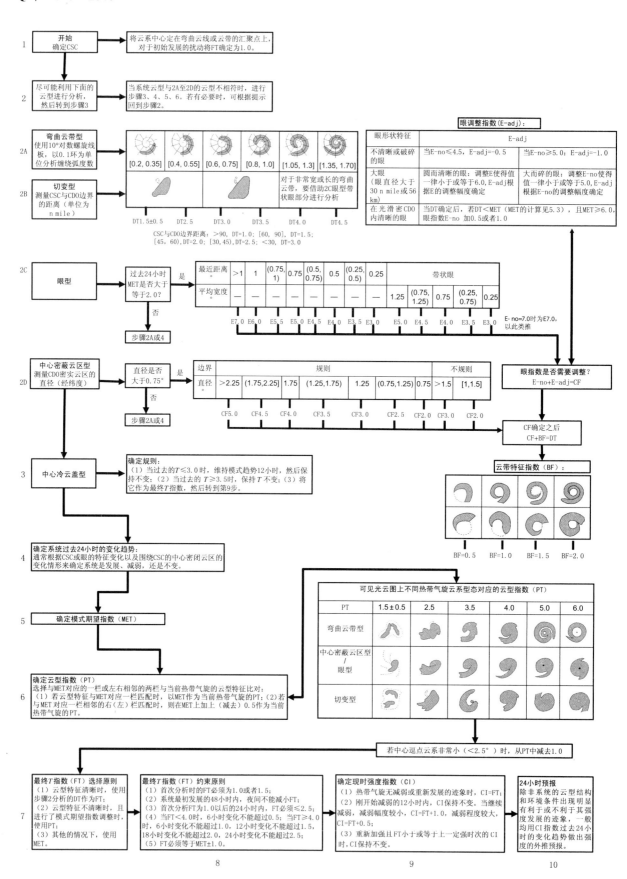

图 1 基于静止气象卫星可见光图像的热带气旋定强技术流程图

5.2 热带气旋资料 *T* 指数(DT)

5.2.1 弯曲云带型 DT

估算围绕 CSC 的弯曲云带的弧状范围,以弧度数确定 DT。分为两步:

第一步:画出弯曲云带轴线,轴线与云带的内边界平行。

第二步:将 10°对数螺旋线板(见附录 E 中图 E.1)套在弯曲云带轴线上,将以 0.1 环为单位的螺旋缠绕弧度数,对照表 1 转换成 DT。

表 1　基于静止气象卫星可见光图像的弯曲云带型热带气旋 DT 查找表

缠绕弧度数	[0.2,0.35]	[0.4,0.55]	[0.6,0.75]	[0.8,1.0]	[1.05,1.3]	[1.35,1.70]
DT	1.5±0.5	2.5	3.0	3.5	4.0	4.5

5.2.2 切变型 DT

测量 CSC 与 CDO 边界的最短距离,对照表 2 转换成 DT。

表 2　基于静止气象卫星可见光图像的切变型热带气旋 DT 查找表

CSC 与 CDO 边界的最短距离 n mile	>90	[60,90]	[45,60)	[30,45)	<30
DT	1.0	1.5	2.0	2.5	3.0

5.2.3 眼型 DT

应确认当前定强时次前 24 小时的 MET 大于或等于 2.0(MET 计算方法见 5.3)。DT 分为如下五个步骤获得:

第一步:若为近似圆形眼区,测量从眼区中心穿过 CDO 到最近的弯曲云带、阴影或断裂之间的最近距离;若为带状眼,测量眼区云带的平均宽度,对照表 3 换算成 E-no。

第二步:对照表 4 计算 E-adj。

第三步:计算 E-no 与 E-adj 之和,其结果为 CF。

第四步:根据云图中环绕 CSC 的云带的特征与表 5 做比对,选择相似度最大的为 BF。

第五步:计算 CF 与 BF 之和,其结果为 DT。

表 3　基于静止气象卫星可见光图像的 E-no 查找表

最近距离（经纬度）°	>1	1	(0.75,1)	0.75	(0.5,0.75)	0.5	(0.25,0.5)	0.25	带状眼				
平均宽度（经纬度）°	—	—	—	—	—	—	—	—	1.25	(0.75,1.25)	0.75	(0.25,0.75)	0.25
E-no	7.0	6.0	5.5	5.0	4.5	4.0	3.5	3.0	5.0	4.5	4.0	3.5	3.0

表 4　基于静止气象卫星可见光图像的 E-adj 查找表

眼形状特征	E-adj	
不清晰或破碎的眼	当 E-no≤4.5;E-adj＝−0.5	当 E-no≥5.0;E-adj＝−1.0
大眼（眼直径大于 30 n mile 或 56 km）	圆而清晰的眼：调整 E-no 使得值一律小于或等于 6.0，E-adj 根据 E-no 的调整幅度确定	大而碎的眼：调整 E-no 使得值一律小于或等于 5.0，E-adj 根据 E-no 的调整幅度确定
位于光滑 CDO 内清晰的眼	当 DT 确定后，若 DT<MET(MET 的计算见 5.3)，且 MET≥6.0，眼指数 E-no 加 0.5 或者 1.0	

表 5　基于静止气象卫星可见光图像的 BF 查找表

	宽度要求：0.5 经纬度			
	宽度要求：1.0 经纬度			
BF	+0.5	+1.0	+1.5	+2.0

5.2.4　中心密蔽云区型 DT

分为如下三个步骤获得：

第一步：判断 CDO 直径是否大于 0.75°，是则继续测量 CDO 密实云区的直径，对照表 6 计算中心特征指数 CF。

表 6　基于静止气象卫星可见光图像的 CF 查找表

CDO 边界	规则							不规则	
CDO 直径（经纬度）。	>2.25	(1.75,2.25]	1.75	(1.25,1.75)	1.25	(0.75,1.25)	0.75	>1.5	[1,1.5]
CF	5.0	4.5	4.0	3.5	3.0	2.5	2.0	3.0	2.0

第二步:计算云带特征指数 BF。方法同 5.2.3 中的第四步。

第三步:计算 CF 与 BF 之和,其结果为 DT。

5.2.5　中心冷云盖型 DT

参考上一个定强时次的 DT,在云系没有出现发展或者减弱特征之前(变化趋势判断见 5.3),维持上一定强时次的 DT,之后直接利用 5.5 中选择和约束原则按以下步骤确定最终 T 指数:

a)　当过去的台风强度指数(T)小于或等于 3.0 时,维持模式趋势 12 小时,然后保持不变;

b)　当过去的 $T \geqslant 3.5$ 时,保持 T 不变;

c)　将它作为最终 T 指数,然后转到第 9 步。

5.3　模式期望 T 指数(MET)

MET 的计算,是将当前定强时次与 24 小时前时次的卫星云图进行对比,确定热带气旋变化趋势,并对照表 7,在 24 小时前的 MET 基础上进行增加或者减少或者不变。增强(D)、减弱(W)和稳定(S)的趋势确定规则见表 8。快速和缓慢增强及减弱(D+/W+ 或 D-/W-),在上述 D/W 的趋势基础上,根据增强或减弱的程度确定。

表 7　MET 查找表

24 小时变化趋势	快速增强/减弱	正常增强/减弱	缓慢增强/减弱	稳定
标识符号	D+/W+	D/W	D-/W-	S
当前 MET 在过去 MET 基础上	+1.5/-1.5	+1.0/-1.0	+0.5/-0.5	0

表 8　MET 增强、减弱和稳定的趋势确定规则

增强(D:Developing)	减弱(W:Weakening)	稳定(S:Steady)
CSC 附近对流增强 CDO 变大或变冷	CSC 附近对流减弱 CDO 变小或变暖	CSC 附近对流无明显变化
主云带或环绕 CDO 云带增大或增多	主云带或环绕 CDO 云带减小或减少	发展和减弱特征同时出现
眼形成、眼区变暖、眼区变清晰	眼消失、眼区变冷、眼区清晰度减小	$T \geqslant 3.5$ 的 TC 出现冷云盖 较弱 TC 出现中心冷云盖,且持续 12 小时以上
外露的 CSC 靠近对流云区	外露的 CSC 远离对流云区 云区覆盖的 CSC 变成外露	—
CSC 附近低云卷曲度增大	CSC 附近低云卷曲度减小	—

5.4 云型 *T* 指数(PT)

将云图与表9比对,同时考虑最接近的云型分类和几何形状,经查找换算成 PT。通常 PT 作为 MET 的订正值,其取值范围或与 MET 相等或在 MET 基础上±0.5。

表9 基于静止气象卫星可见光图像的 PT 查找表

5.5 最终 *T* 指数(FT)

5.5.1 选择原则

选择原则如下:
 a) 当云型特征清晰,FT＝DT;
 b) 当云型特征不清晰,但云型用 PT 查找表比对可识别,FT＝PT;
 c) 当云型特征不清晰,且云型用 PT 查找表仍难识别,FT＝MET。

5.5.2 约束原则

约束原则如下:
 a) 热带气旋初生阶段,FT 的取值范围为 1.0 或 1.5;
 b) 热带气旋初始 48 小时内,夜间(北京时间 20 时至次日凌晨 05 时:即没有可见光的时段内)不能减小 FT;
 c) 在 FT＝1.0 之后的 24 小时内,FT 必须≤2.5;
 d) 当 FT<4.0 时,6 小时的变化量不能超过 0.5;
  当 FT≥4.0 时,6 小时的变化量不能超过 1.0,
    12 小时的变化量不能超过 1.5,
    18 小时的变化量不能超过 2.0,
    24 小时变化量不能超过 2.5(若出现快速增强,经过研判可打破该约束);
 e) FT 应在 MET±1.0 范围内。

5.6 现时强度指数(CI)

在 FT 的基础上,根据以下限定规则得到:

a) 当热带气旋没有出现减弱或重新发展的趋势时,CI＝FT;

b) 当热带气旋刚开始减弱的 12 小时内,CI 保持不变,当热带气旋继续减弱,根据减弱程度大小,减弱幅度较小,CI＝FT＋1.0,减弱程度较大,CI＝FT＋0.5;

c) 当热带气旋重新出现增强趋势时,在 FT 小于或等于上一定强时次 CI 的阶段,CI 保持不变。

6 增强红外图像热带气旋定强技术方法

6.1 增强红外图像热带气旋定强技术流程图

利用增强红外图像进行热带气旋定强,技术流程如图 2 所示。本标准仅规定了该技术流程中的第 2 至第 9 步骤。

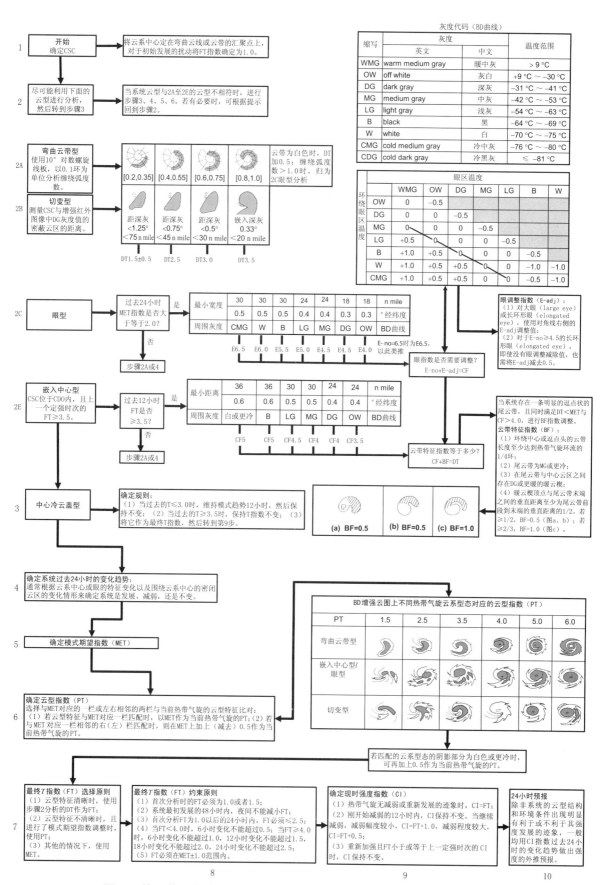

图 2　基于静止气象卫星增强红外图像的热带气旋定强技术流程图

6.2 热带气旋资料 *T* 指数(DT)

6.2.1 弯曲云带型 DT

测量选定灰度值(见附录 F 的表 F.1)围绕 CSC 的弯曲云带的弧状范围,以缠绕弧度数计算 DT。分为两步:

第一步:画出弯曲云带轴线,轴线与云带的内边界平行。

第二步:将10°对数螺旋线板(见附录 E 中图 E.1)套在弯曲云带轴线上,将以 1/10 环为单位的螺旋云带弧距,根据表10转换成 DT。

表 10 基于静止气象卫星增强红外图像的弯曲云带型热带气旋 DT 查找表

					备　　注
缠绕弧度数	[0.2,0.4)	[0.4,0.55]	[0.6,0.75]	[0.8,1.0]	缠绕弧度数＞1.0 时,归为眼型分析,见6.2.3
DT	1.5±0.5	2.5	3.0	3.5	当用于分析的弯曲云带的灰度值是白色时,DT 在缠绕弧度数对应的查表值基础上＋0.5

6.2.2 切变型 DT

测量 CSC 与增强红外图像中深灰色(DG)灰度值(见附录 F 的表 F.1)的密蔽云区的距离,根据表11转换成 DT。

表 11 基于静止气象卫星增强红外图像的切变型热带气旋 DT 查找表

DG 云区与 CSC 距离(经纬度)°	＜1.25	＜0.75	＜0.50	＜0.33
DG 云区与 CSC 距离 n mile	＜75	＜45	＜30	＜20
DT	1.5±0.5	2.5	3.0	3.5

6.2.3 眼型 DT

其获得分为如下四个步骤:

第一步:计算 E-no。首先确定 CSC 周围完全环绕包围眼区的最冷云带(灰度与亮温对应关系见附录 F 的表 F.1),其次测量该云带的宽度,根据灰度以及该灰度的宽度,对照表12判断冷云带宽度是否满足最小宽度要求,若最冷云带的最小宽度不满足最小宽度要求,则测量完全包围眼区的次冷云带的宽度,以此类推,直到满足条件为止,最后根据满足最小宽度要求且完全包围眼区的云带颜色对应确定E-no。

表 12　基于静止气象卫星增强红外图像的 E-no 查找表

灰度最小宽度(经纬度)。	0.5	0.5	0.5	0.4	0.4	0.3	0.3
灰度最小宽度 n mile	30	30	30	24	24	18	18
完整环绕周围的灰度	CMG	W	B	LG	MG	DG	OW
E-no	6.5	6.0	5.5	5.0	4.5	4.5	4.0

第二步:根据眼区温度(最暖点或区域)和完全包围眼区最冷云带的温度(不需要满足最小宽度要求),对照表 13 计算 E-adj。

表 13　基于静止气象卫星增强红外图像的 E-adj 查找表

E-adj		眼区温度						
		WMG	OW	DG	MG	LG	B	W
环绕眼区温度	OW	0	−0.5	—	—	—	—	—
	DG	0	0	−0.5	—	—	—	—
	MG	0	0	−0.5	−0.5	—	—	—
	LG	+0.5	0	0	−0.5	−0.5	—	—
	B	+1.0	+0.5	0	0	−0.5	−0.5	—
	W	+1.0	+0.5	+0.5	0	0	−1.0	−1.0
	CMG	+1.0	+0.5	+0.5	0	0	−0.5	−1.0

第三步:计算 E-no 与 E-adj 之和,其结果为 CF。对于眼直径大于 45 n mile(83.34 km),不使用眼调整指数,对于长环形眼,即使没有减去眼调整值,也需要在眼指数上减去 0.5。

第四步:计算 DT。DT=CF,但当系统存在一条明显的逗点状的尾云带,且同时满足 DT<MET 与 CF>4.0(MET 计算见 6.3),进行 BF 指数调整。将云型与表 14 比对选择云带最接近的图形,确定与之对应的 BF,DT=CF+BF。

表 14　基于静止气象卫星增强红外图像的 BF 查找表

BF	+0.5	+0.5	+1.0

6.2.4 嵌入中心型 DT

仅适用利用增强红外图像,并仅在 CSC 位于 CDO 之内且上一个定强时次的 FT≥3.5 时用此云型计算 DT,分为以下三个步骤:

第一步:测量 CSC 嵌入至 CDO 边界的最短距离,并根据环绕 CSC 区域的灰度值,结合表 15 确定 CF。

表 15 基于静止气象卫星增强红外图像的 CF 测量表

嵌入最小距离(经纬度)°	0.6	0.6	0.5	0.5	0.4	0.4
嵌入最小距离 n mile	36	36	30	30	24	24
周围灰度值	W 或更冷	B	LG	MG	DG	OW
CF	5.0	5.0	4.5	4.0	4.0	3.5

第二步:计算 BF,将云型与表 13 比对选择云带最接近的图形,确定与之对应的 BF。

第三步:计算 CF 与 BF 之和,其结果为 DT。

6.2.5 中心冷云盖型 DT

计算方法与 5.2.5 相同。

6.3 模式期望指数(MET)

计算方法与 5.3 相同。

6.4 云型 T 指数(PT)

将云图与表 16 比对,同时考虑最接近的云型分类和几何形状,经查找换算成 PT。通常 PT 作为 MET 的订正值,其取值范围或与 MET 相等或在 MET 基础上±0.5。

表 16 基于静止气象卫星增强红外图像的 PT 查找表

PT	1.5	2.5	3.5	4.0	5.0	6.0
弯曲云带型						
嵌入中心型/眼型						
切变型						

6.5 最终 T 指数(FT)

计算方法与 5.5 相同。

6.6 现时强度指数(CI)

计算方法与 5.6 相同。

7 现时强度指数与热带气旋等级

CI 与热带气旋等级的对应关系见表 17。

表 17 CI 与热带气旋等级查找表

CI	[1.0,2.0]	[2.0,3.0]	[3.5,4.0]	[4.0,5.0]	[5.0,6.5]	[6.5,8.0]
热带气旋等级	热带低压	热带风暴	强热带风暴	台风	强台风	超强台风
注:实际业务操作中最终发布的定强结果参考该表,但仍需综合考虑其他观测资料的影响,确定最终热带气旋等级。						

附　录　A

（资料性附录）

FY-2D/E/F/G/H 静止气象卫星 VISSR 通道参数

表 A.1 和表 A.2 分别是 FY-2D/E 和 FY-2F/G/H 静止气象卫星 VISSR 通道参数。

表 A.1　FY-2D/E 静止气象卫星 VISSR 通道参数

通道	波长 μm	波段名称	星下点分辨率 km
1	0.55～0.9	可见光（Visible）	5.0
2	10.3～11.3	长波红外（Long-wave Infrared）	5.0
3	11.5～12.5	长波红外（Long-wave Infrared）	5.0
4	3.5～4.0	中波红外（Middle Infrared）	5.0
5	6.3～7.6	中波红外（Middle Infrared）	1.25

表 A.2　FY-2F/G/H 静止气象卫星 VISSR 通道参数

通道	波长 μm	波段名称	星下点分辨率 km
1	0.55～0.75	可见光（Visible）	5.0
2	10.3～11.3	长波红外（Long-wave Infrared）	5.0
3	11.5～12.5	长波红外（Long-wave Infrared）	5.0
4	3.5～4.0	中波红外（Middle Infrared）	5.0
5	6.3～7.6	中波红外（Middle Infrared）	1.25

附　录　B

（资料性附录）

FY-4A 静止气象卫星 AGRI 通道参数

表 B.1 是 FY-4A 静止气象卫星 AGRI 通道参数。

表 B.1　FY-4A 静止气象卫星 AGRI 通道参数

通道	波长 μm	波段名称	星下点分辨率 km
1	0.47±0.02	可见光（Visible）	1.0
2	0.65±0.1	可见光（Visible）	0.5～1.0
3	0.825±0.075	可见光（Visible）	1.0
4	1.375±0.015	可见光（Visible）	2.0
5	1.61±0.03	可见光（Visible）	2.0～4.0
6	2.225±0.125	可见光（Visible）	2.0～4.0
7	3.725±0.025（高）	中波红外（Middle Infrared）	2.0
8	3.725±0.025（低）	中波红外（Middle Infrared）	4.0
9	6.25±0.45	中波红外（Middle Infrared）	4.0
10	7.1±0.2	中波红外（Middle Infrared）	4.0
11	8.5±0.5	中波红外（Middle Infrared）	4.0
12	10.8±0.5	长波红外（Long-wave Infrared）	4.0
13	12.0±0.5	长波红外（Long-wave Infrared）	4.0
14	13.5±0.3	长波红外（Long-wave Infrared）	4.0

附　录　C

（资料性附录）

MTSAT-2 静止气象卫星 JAMI 通道参数

表 C.1 是 MTSAT-2 静止气象卫星 JAMI 通道参数。

表 C.1　MTSAT-2 静止气象卫星 JAMI 通道参数

通道	波长 μm	波段名称	星下点分辨率 km
1	0.55～0.9	可见光（Visible）	4.0
2	10.3～11.3	长波红外（Long-wave Infrared）	4.0
3	11.5～12.5	长波红外（Long-wave Infrared）	4.0
4	3.5～4.0	中波红外（Middle Infrared）	4.0
5	6.5～7.0	中波红外（Middle Infrared）	1.0

附　录　D

（资料性附录）

Himawari 静止气象卫星 AHI 通道参数

表 D.1 是 Himawari 静止气象卫星 AHI 通道参数。

表 D.1　Himawari 静止气象卫星 AHI 通道参数

通道	波长 μm	波段名称	星下点分辨率 km
1	0.455±0.05	可见光（Visible）	1.0
2	0.51±0.02	可见光（Visible）	1.0
3	0.645±0.03	可见光（Visible）	0.5
4	0.86±0.02	可见光（Visible）	1.0
5	1.61±0.02	可见光（Visible）	2.0
6	2.26±0.02	可见光（Visible）	2.0
7	3.85±0.22	中波红外（Middle Infrared）	2.0
8	6.25±0.37	中波红外（Middle Infrared）	2.0
9	6.95±0.12	中波红外（Middle Infrared）	2.0
10	7.35±0.17	中波红外（Middle Infrared）	2.0
11	8.6±0.32	中波红外（Middle Infrared）	2.0
12	9.63±0.18	长波红外（Long-wave Infrared）	2.0
13	10.45±0.3	长波红外（Long-wave Infrared）	2.0
14	11.2±0.2	长波红外（Long-wave Infrared）	2.0
15	12.35±0.3	长波红外（Long-wave Infrared）	2.0
16	13.3±0.2	长波红外（Long-wave Infrared）	2.0

附　录　E

（规范性附录）

10°对数螺旋线板

10°对数螺旋线板见图 E.1。

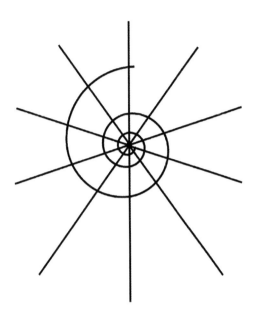

图 E.1　10°对数螺旋线板

附　录　F

（规范性附录）

红外波段灰度增强显示范围及术语

红外波段灰度增强显示范围及术语见表F.1。

表 F.1　红外波段灰度增强显示范围及术语

缩写	英文	中文	灰度范围	温度范围 ℃
WMG	Warm Medium Gray	暖中灰	[0,255]	＞9
OW	Off White	灰白	[109,202]	＋9～－30
DG	Dark Gray	深灰	[60,60]	－31～－41
MG	Medium Gray	中灰	[110,110]	－42～－53
LG	Light Gray	浅灰	[160,160]	－54～－63
B	Black	黑	[0,0]	－64～－69
W	White	白	[255,255]	－70～－75
CMG	Cold Medium Gray	冷中灰	[135,135]	－76～－80
CDG	Cold Dark Gray	冷深灰	[85,85]	≤－81

参 考 文 献

[1]　许映龙,张玲,向纯怡. 台风定强技术及业务应用[J]. 气象科技进展,2015,5(4):22-34

[2]　Dvorak V F, Smigielski F. 卫星观测的热带云和云系[M]. 郭炜,卢乃锰,等译. 北京:气象出版社,1996

[3]　Dvorak V F. Tropical cyclone intensity analysis and forecasting from satellite imagery [J], Mon Wea Rev, 1975, 103:420-462

[4]　Dvorak V F. Tropical cyclone intensity analysis using satellite data. NOAA Technical Report NESDIS 11 [M]. Satellite Applications Laboratory, Washington, D. C. , 1984

[5]　Dvorak V F. A Workbook on Tropical clouds and cloud systems observed in satellite imagery：Tropical cyclones,Vol. 2 [M]. UW-Madison Wendt Library, 1993

[6]　Velden C,Harper B, Wells F, et al. The Dvorak tropical cyclone intensity estimation technique：A satellite-based method that has endured for over 30 years [J]. Bull Amer Meteor Soc, 2006, 87:1195-1210

ICS 07.060

N 95

备案号：71161—2020

中华人民共和国气象行业标准

QX/T 520—2019

自动气象站

Automatic weather station

2019-12-26 发布

2020-04-01 实施

中 国 气 象 局 发布

前　言

本标准按照 GB/T 1.1—2009 给出的规则起草。

本标准由全国气象仪器与观测方法标准化技术委员会(SAC/TC 507)提出并归口。

本标准起草单位:江苏省无线电科学研究所有限公司、中国气象局气象探测中心、华云升达(北京)气象科技有限责任公司、中国华云气象科技集团公司。

本标准主要起草人:孙立新、花卫东、朱平、韩莹清、金红伟、李宁、张玉华、潘龙仑、雷勇、张鑫、陈冬冬、施丽娟、朱静、王柏林、宋树礼、杨志勇、谢凤。

自动气象站

1 范围

本标准规定了气象观测站用自动气象站的产品组成、技术要求、试验方法、检验规则、标志和随行文件、包装、运输和贮存等。

本标准适用于气象观测站用自动气象站的设计、生产和验收,其他用途的自动气象站可参照使用。

2 规范性引用文件

下列文件对于本文件的应用是必不可少的。凡是注日期的引用文件,仅注日期的版本适用于本文件。凡是不注日期的引用文件,其最新版本(包括所有的修改单)适用于本文件。

GB/T 191—2008 包装储运图示标志(ISO 780:1997,MOD)

GB/T 2423.1—2008 电工电子产品环境试验 第2部分:试验方法 试验A:低温(IEC 60068-2-1:2007,IDT)

GB/T 2423.2—2008 电工电子产品环境试验 第2部分:试验方法 试验B:高温(IEC 60068-2-2:2007,IDT)

GB/T 2423.4—2008 电工电子产品环境试验 第2部分:试验方法 试验Db:交变湿热(12h+12h循环)(IEC 60068-2-30:2005,IDT)

GB/T 2423.5—2019 环境试验 第2部分:试验方法 试验Ea和导则:冲击(IEC 60068-2-27:2008,IDT)

GB/T 2423.7—2018 环境试验 第2部分:试验方法 试验Ec:粗率操作造成的冲击(主要用于设备型样品)(IEC 60068-2-31:2008,IDT)

GB/T 2423.10—2019 环境试验 第2部分:试验方法 试验Fc:振动(正弦)(IEC 60068-2-6:2007,IDT)

GB/T 2423.16—2008 电工电子产品环境试验 第2部分:试验方法 试验J及导则:长霉(IEC 60068-2-10:2005,IDT)

GB/T 2423.17—2008 电工电子产品环境试验 第2部分:试验方法 试验Ka:盐雾(IEC 60068-2-11:1981,IDT)

GB/T 2423.21—2008 电工电子产品环境试验 第2部分:试验方法 试验M:低气压(IEC 60068-2-13:1983,IDT)

GB/T 2828.1—2012 计数抽样检验程序 第1部分:按接收质量限(AQL)检索的逐批检验抽样计划(ISO 2859-1:1999,IDT)

GB/T 4208 外壳防护等级(IP代码)(GB/T 4208—2017,IEC 60529:2013,IDT)

GB 4793.1—2007 测量、控制和实验室用电气设备的安全要求 第1部分:通用要求(IEC 61010-1:2001,IDT)

GB/T 6587—2012 电子测量仪器通用规范

GB/T 9254—2008 信息技术设备的无线电骚扰限值和测量方法(CISPR 22:2006,IDT)

GB/T 11463—1989 电子测量仪器可靠性试验

GB/T 17626.2 电磁兼容 试验和测量技术 静电放电抗扰度试验(GB/T 17626.2—2018,IEC

61000-4-2:2008,IDT)

GB/T 17626.3　电磁兼容　试验和测量技术　射频电磁场辐射抗扰度试验(GB/T 17626.3—2016,IEC 61000-4-3:2010,IDT)

GB/T 17626.4　电磁兼容　试验和测量技术　电快速瞬变脉冲群抗扰度试验(GB/T 17626.4—2018,IEC 61000-4-4:2012,IDT)

GB/T 17626.5　电磁兼容　试验和测量技术　浪涌(冲击)抗扰度试验(GB/T 17626.5—2019,IEC 61000-4-5:2014,IDT)

GB/T 17626.6　电磁兼容　试验和测量技术　射频场感应的传导骚抗扰度试验(GB/T 17626.6—2017,IEC 61000-4-6:2013,IDT)

GB/T 17626.8　电磁兼容　试验和测量技术　工频磁场抗扰度试验(GB/T 17626.8—2008,IEC 61000-4-8:2001,IDT)

GB/T 17626.11　电磁兼容　试验和测量技术　电压暂降、短时中断和电压变化的抗扰度试验(GB/T 17626.11—2008,IEC 61000-4-11:2004,IDT)

GB/T 18268.1—2010　测量、控制和实验室用的电设备　电磁兼容性要求　第1部分:通用要求(IEC 61326-1:2005,IDT)

GB/T 19565—2017　总辐射表

GB/T 33701—2017　长波辐射表

GB/T 33702—2017　光电式日照传感器

GB/T 33703—2017　自动气象站观测规范

GB/T 35225—2017　地面气象观测规范　气压

GB/T 35226—2017　地面气象观测规范　空气温度和湿度

QX/T 20—2016　直接辐射表

QX/T 320—2016　称重式降水测量仪

3　术语和定义

下列术语和定义适用于本文件。

3.1

数据采集器　data logger

具有采集、处理、存储、输出气象数据功能的装置。

注1:在本标准中简称为采集器。

注2:改写 GB/T 35237—2017,定义 3.1。

3.2

瞬时气象值　instantaneous meteorological value

气象要素某一时刻的测量值。

注1:在本标准中简称为瞬时值。

注2:改写 GB/T 35237—2017,定义 3.3。

4　产品组成

4.1　自动气象站由传感器、采集器、外围设备、配套设备和软件组成。

4.2　宜根据需要配置气压、气温、相对湿度、风向、风速、降水量、蒸发量、地温、日照、辐射等传感器。辐射一般包括总辐射、直接辐射、散射辐射、反射辐射、大气长波辐射和地面长波辐射。宜采用智能传感器,智能传感器宜具有采样、算法和数据质量控制、数据存储和传输、状态信息检测以及自校准和远程控制等功能。

4.3 采集器由微处理器、时钟单元、存储器、信号处理单元、状态检测单元、传输接口等组成。可根据需要使用多个采集器构成分布式的采集器组。

4.4 外围设备由电源、终端微机、通信终端、外部存储器、防雷装置等组成。

4.5 配套设备由风杆、百叶箱、支架和安装附件等组成。

4.6 软件由采集软件和业务软件组成。

5 技术要求

5.1 一般要求

5.1.1 外观和工艺

5.1.1.1 表面涂层应均匀、无脱落,结构件无机械损伤,表面无裂痕。

5.1.1.2 标志、标识应清晰、正确。

5.1.1.3 各零部件应安装正确,牢固可靠,操作部分不应有迟滞、卡死、松脱现象。

5.1.1.4 应有防潮湿、防盐雾、防霉措施。

5.1.2 互换性

相同规格的传感器(包括智能传感器)、采集器等部件互换后,测量性能应符合6.5的要求。

5.1.3 设计寿命

应不少于10 a。

5.2 安全

5.2.1 安全标志

5.2.1.1 交流电源机箱门上、交流电源端子旁应具有危险警示标志,标志应符合 GB 4793.1—2007 的表1中符号12。

5.2.1.2 交流电源断开装置上应具有通断标志。

5.2.1.3 标志耐久性应符合 GB 4793.1—2007 的5.3的要求。

5.2.2 防电击危险

5.2.2.1 可触及零部件(包括机箱门打开后的可触及零部件)对地(机壳)的直流电压应不大于50 V,交流电压应不大于30 V。

5.2.2.2 交流电源输入与地(机壳)之间应能承受1500 V 交流电压。

5.2.2.3 交流电源输入处应具有断开装置。

5.2.3 防机械危险

5.2.3.1 机械结构上的棱缘或拐角应倒圆和磨光。

5.2.3.2 对于在产品寿命期内无法始终保持足够的机械强度而需要定期维护或更换的部件,应在产品说明书中醒目地注明更换周期及其危险性。

5.2.4 蓄电池

5.2.4.1 电极应有绝缘保护装置,并完全遮盖电极以及连接线的导电部分。

5.2.4.2 应有防止电解液泄漏侵蚀到带电部件的技术措施。

5.3 测量性能

5.3.1 气温、相对湿度、风向、风速、降水量、地面温度、浅层地温、深层地温、草面温度、蒸发量等气象要素的测量性能应符合 GB/T 33703—2017 的 5.1 的要求;气压的测量范围应根据需要选取 500 hPa～1100 hPa 或 450 hPa～1100 hPa,分辨力和最大允许误差应符合 GB/T 33703—2017 的 5.1 的要求;风向、风速传感器的起动风速应不超过 0.5 m/s。

5.3.2 日照应符合 GB/T 33702—2017 的 5.2 的要求。

5.3.3 总辐射、散射辐射、反射辐射应符合 GB/T 19565—2017 的 5.2 的要求;直接辐射应符合 QX/T 20—2016 的 5.2 的要求;大气长波辐射、地面长波辐射应符合 GB/T 33701—2017 的 5.2 的要求。

5.4 采样、算法和数据质量控制

5.4.1 气象变量的采样速率应符合表 1 要求。

表 1 气象变量的采样速率要求

气象变量	采样速率 次/min
气压	30
气温	30
相对湿度	30
风向	60
风速	240
降水量	1
地面温度	30
浅层地温	30
深层地温	30
草面温度	30
蒸发量	1
日照	6
辐射	30

5.4.2 算法和数据质量控制应符合 GB/T 33703—2017 的 5.4.2、5.4.3 的要求。

5.4.3 导出量应按下列方法计算:

 a) 海平面气压按 GB/T 35225—2017 第 6 章的方法计算。

 b) 水汽压按 GB/T 35226—2017 的附录 A 的 A.2.2 的方法计算。

 c) 露点温度按 GB/T 35226—2017 的附录 A 的 A.4 的方法计算。

 d) 辐射曝辐量按公式(1)计算:

$$H = \sum_{i=1}^{n} E_i \times t \times 10^{-6} \qquad\qquad \cdots\cdots\cdots\cdots(1)$$

式中：

H —— n 分钟时段内的曝辐量，单位为兆焦每平方米（MJ/m²）；

E_i —— n 分钟时段内第 i 个辐照度瞬时值（分钟平均值），单位为瓦每平方米（W/m²），其中"错误" "可疑"等非"正确"的样本应丢弃而不参与计算；

t —— n 分钟时段内每个辐照度瞬时值（分钟平均值）所对应的时长，为 60 s；

i —— n 分钟时段内每个辐照度瞬时值（分钟平均值）的序号；

n —— 计算曝辐量的时段内包含的分钟数。

e) 水平面直接辐射曝辐量由水平面直接辐射辐照度按公式（1）计算，水平面直接辐照度按公式（2）计算：

$$S_H = S \times \sin h = S \times \cos\theta_Z \qquad\qquad \cdots\cdots\cdots\cdots(2)$$

式中：

S_H —— 水平面直接辐射辐照度，单位为瓦每平方米（W/m²）；

S —— 直接辐射辐照度，单位为瓦每平方米（W/m²）；

h —— 太阳高度角，单位为度（°）；

θ_Z —— 天顶距，单位为度（°），$\theta_Z = 90° - h$。

f) 从直接辐射辐照度导出的分钟日照时数，分钟直接辐射辐照度大于或等于日照阈值（120 W/m²）为有日照，该分钟日照时数记为 1 min，否则记为 0 min。

5.5 数据存储和传输

5.5.1 数据存储应符合 GB/T 33703—2017 第 7 章要求，并可通过外部存储器扩大容量。

5.5.2 数据传输应符合 GB/T 33703—2017 第 8 章要求。

5.6 设备状态信息

应采集、存储和输出下列设备状态信息：

a) 采集器工作状态；

b) 传感器连接状态和/或工作状态；

c) 外接电源、蓄电池、数据采集器主板工作电压和状态；

d) 机箱温度、数据采集器主板工作温度；

e) 加热、通风、定位、授时等部件的工作状态；

f) 通信状态；

g) 传感器光学窗口的污染状态；

h) 机箱门开关状态；

i) 外部存储器状态；

j) 累计工作时间。

5.7 自校准和远程控制

5.7.1 自校准

采集器应具有自校准功能，并给出校准结果信息。

5.7.2 远程控制

应具有以下远程控制功能：

a) 系统复位；

b) 参数配置；

c) 嵌入式软件升级。

5.8 时钟

应有时钟同步功能，内部时钟每 30 d 累计最大误差应不超过±15 s。

5.9 电源

5.9.1 交流电源

应符合下列要求：

a) 电压：220 V×(1±20％)；

b) 频率：50 Hz×(1±10％)。

5.9.2 蓄电池

5.9.2.1 应采用 12 V 的蓄电池，并具有交流电、太阳能、风力发电等充电系统。

5.9.2.2 蓄电池单独供电时，自动气象站连续工作时间应不少于 7 d。

5.10 环境条件

5.10.1 气候条件

应适应表 2、表 3、表 4 规定的严酷等级。

表 2 温度、湿度和降水严酷等级

环境参数	单位	严酷等级		
		1	2	3
最低温度	℃	−20	−40	−50
最高温度		60	60	60
最小相对湿度	％	20	10	4
最大相对湿度		100	100	100
降水强度	mm/min	6	6	6

表 3 大气压力严酷等级

环境参数	单位	严酷等级		
		1	2	3
最低大气压力	hPa	700	500	450

表 4 周围空气运动严酷等级

环境参数	单位	严酷等级		
		1	2	3
周围空气运动	m/s	50	75	90

5.10.2 机械条件

应适应表5所列机械条件。

表 5 机械条件

环境参数		严酷程度	
正弦稳态振动		位移	1.5 mm(2 Hz～9 Hz)
		加速度	5 m/s²(9 Hz～200 Hz)
冲击	冲击响应谱 I 峰值加速度	150 m/s²	
自由跌落 （包装状态）	高度	按 GB/T 2423.7—2018 的 5.2 的自由跌落试验方法一的由质量范围所确定的跌落高度系列中的第一个优选值	
倾跌与翻倒 （包装状态）	倾跌角度	30°	

5.10.3 化学活性物质条件

应适应表6规定的严酷等级。

表 6 化学活性物质条件严酷等级

环境参数	单位	严酷等级	
		1	2
盐雾	mg/m³	0.1	1

5.10.4 机械活性物质条件

应适应表7规定的严酷等级。

表 7 机械活性物质条件严酷等级

环境参数	单位	严酷等级		
		1	2	3
沙	mg/m³	300	1000	4000
尘（飘浮）	mg/m³	5	15	20
尘（沉积）	mg/(m²·d)	500	1000	2000

5.10.5 生物条件

应适应表8规定的严酷等级。

表8 生物条件严酷等级

环境参数	严酷等级	
	1	2
植物	霉菌、真菌等条件	
动物	除白蚁以外的啮齿动物和其他可能危害自动气象站的动物	所有可能危害自动气象站的动物

5.10.6 外壳防护等级

应不低于 GB/T 4208 规定的 IP65 等级。

5.11 电磁兼容性

5.11.1 电磁骚扰限值

5.11.1.1 传导骚扰限值

交流电源端口、直流电源端口传导骚扰限值应符合表9的要求。

表9 电源端口传导骚扰限值

频率范围 MHz	限值 dB(μV)	
	准峰值	平均值
$0.15\sim0.5^{a,b}$	$66\sim56$	$56\sim46$
$0.5\sim5^{a}$	56	46
$5\sim30^{a}$	60	50
a 在过渡频率(0.5 MHz 和 5 MHz)点应采用较低的限值。		
b 在 0.15 MHz～0.50 MHz 频率范围内,限值随频率的对数呈线性减小。		

数据端口的传导共模骚扰限值应符合表10的要求(采用光通信技术的数据端口除外)。

表 10　数据端口传导共模骚扰限值

频率范围 MHz	电压限值 dB(μV)		电流限值 dB(μA)	
	准峰值	平均值	准峰值	平均值
0.15～0.5ᵃ	84～74	74～64	40～30	30～20
0.5～30	74	64	30	20
注:电流和电压的骚扰限值是在使用了规定阻抗的阻抗稳定网络(ISN)条件下导出的,该阻抗稳定网络对于受试的信号端口呈现 150 Ω 的共模(不对称)阻抗(转换因子为 20lg150＝44 dB)。				
ᵃ　在 0.15 MHz～0.50 MHz 频率范围内,限值随频率的对数呈线性减小。				

5.11.1.2　辐射骚扰限值

电磁辐射发射限值应符合表 11 的要求。

表 11　在 10 m 距离测量的辐射发射限值

频率范围 MHz	限值 dB(μV/m)
30～230ᵃ	30
230～1000ᵃ	37
ᵃ　在过渡频率 230 MHz 点应采用较低的限值。	

5.11.2　电磁抗扰度

5.11.2.1　静电放电抗扰度

电源端口、数据端口、外壳端口的静电放电抗扰度应符合下列要求:
a)　接触放电:满足 GB/T 17626.2 中等级 2 的规定;
b)　空气放电:满足 GB/T 17626.2 中等级 3 的规定;
c)　性能判据:满足 GB/T 18268.1—2010 的 6.4.2 的规定。

5.11.2.2　电快速瞬变脉冲群抗扰度

应符合下列要求:
a)　直流电源端口:满足 GB/T 17626.4 中等级 1 的规定;
b)　交流电源端口:满足 GB/T 17626.4 中等级 2 的规定;
c)　数据端口:满足 GB/T 17626.4 中等级 1 的规定;
d)　性能判据:满足 GB/T 18268.1—2010 的 6.4.2 的规定。

5.11.2.3　浪涌(冲击)抗扰度

应符合下列要求:
a)　直流电源端口:满足 GB/T 17626.5 中等级 3 的规定;

b) 交流电源端口:满足 GB/T 17626.5 中等级 3 的规定;

c) 数据端口:满足 GB/T 17626.5 中等级 3 的规定;

d) 性能判据:满足 GB/T 18268.1—2010 的 6.4.2 的规定。

5.11.2.4 射频场感应的传导骚扰抗扰度

电源端口、数据端口的射频场感应的传导骚扰抗扰度应符合下列要求:

a) 满足 GB/T 17626.6 中等级 2 的规定;

b) 性能判据:满足 GB/T 18268.1—2010 的 6.4.2 的规定。

5.11.2.5 射频电磁场辐射抗扰度

应符合下列要求:

a) 满足 GB/T 17626.3 中等级 3 的规定;

b) 性能判据:满足 GB/T 18268.1—2010 的 6.4.2 的规定。

5.11.2.6 工频磁场抗扰度

应符合下列要求:

a) 满足 GB/T 17626.8 中等级 4 的规定;

b) 性能判据:GB/T 18268.1—2010 的 6.4.2 的规定。

5.11.2.7 电压暂降、短时中断和电压变化的抗扰度

应符合下列要求:

a) 满足 GB/T 17626.11 中 3 类的规定;

b) 性能判据:GB/T 18268.1—2010 的 6.4.2 的规定。

5.12 可靠性

平均故障间隔时间(MTBF)应不小于 5000 h。

6 试验方法

6.1 试验环境条件

应符合下列要求:

a) 环境温度:15 ℃～35 ℃;

b) 空气相对湿度:30％～80％。

6.2 试验仪器仪表

所用的试验仪器仪表和设备应满足本试验要求,所用标准器应在计量检定有效期内。

6.3 一般要求检查

6.3.1 外观和工艺

目测和手工检查。

6.3.2 互换性

任选 2 台自动气象站,在传感器、采集器互换前后分别进行测量性能试验。

6.3.3 设计寿命

定型检验时检查设计资料中有关设计寿命的说明。

6.4 安全

6.4.1 安全标志

6.4.1.1 目测检查标志是否齐全、完整。

6.4.1.2 按 GB 4793.1—2007 的 5.3 进行标志耐久性检查。

6.4.2 防电击危险

6.4.2.1 测量可触及零部件对试验参考地的电压。

6.4.2.2 按 GB 4793.1—2007 的 6.8 进行介电强度试验，电源输入端如有防雷器件，应拆除后试验。

6.4.2.3 目视和人工检查交流电源输入处是否具有断开装置，工作是否正常。

6.4.3 防机械危险

6.4.3.1 人工检查机械结构上的棱缘或拐角。

6.4.3.2 人工检查设计资料中有关机械强度的设计说明，以及产品说明书中对机械危险的说明。

6.4.4 蓄电池

6.4.4.1 目视检查电池电极绝缘保护装置。

6.4.4.2 目视检查防止电解液泄漏侵蚀到带电部件的措施。

6.5 测量性能

6.5.1 试验仪器仪表

见表 12。

表 12 测量性能试验用仪器仪表

序号	仪器仪表	性能指标要求
1	数字式气压计和自动标准压力发生器	最大允许误差：±0.1 hPa
2	铂电阻测温仪	最大允许误差：±0.05 ℃
3	恒温槽	温度控制范围：−50 ℃～80 ℃； 温度均匀性：0.02 ℃； 温度波动性：±0.04 ℃（10 min 内）
4	精密露点仪	相对湿度测量范围：10%～100%； 最大允许误差： 露点温度：±0.2 ℃； 湿度：±1%

表 12 测量性能试验用仪器仪表(续)

序号	仪器仪表	性能指标要求
5	调温调湿箱或湿度发生器	相对湿度调节范围:10%～95%; 相对湿度场波动度:±1.5%(－10 ℃以上); 相对湿度场均匀度:1.5%; 温度调节范围:－30 ℃～50 ℃; 温度波动度:±0.2 ℃; 温度均匀度:0.3 ℃
6	L型标准皮托静压管	校准系数:0.998～1.004
7	数字微压计	测量范围:0 Pa～800 Pa; 最大允许误差:±0.5 Pa
8	风洞	风速上限:≥40 m/s; 均匀性:≤1%; 稳定性:≤0.05%; 阻塞比:<0.05(开口风洞阻塞比应小于0.1)
9	标准度盘	范围:0°～360°; 最大允许误差:1°; 分辨力:0.1°
10	标准玻璃量器	模拟 1 mm/min、4 mm/min 雨强以及 10 mm、30 mm 雨量的降水; 最大允许误差:±0.2%
11	标准高度模块组	模块规格:零位高度模块、10 mm、20 mm、30 mm、40 mm; 最大允许误差:0.04 mm

6.5.2 气压

按以下步骤进行:

a) 将被测气压传感器的参考位置与数字式气压计的参考位置保持在同一水平面,压力接头(接嘴)与数字式气压计及压力发生装置(或自动标准压力发生器)接头(接嘴)相连。

b) 测试点为 500 hPa、600 hPa、700 hPa、800 hPa、900 hPa、1000 hPa、1100 hPa,测量范围下限为 450 hPa 时,应增加 450 hPa 测试点。

c) 从测量范围下限或上限开始,按以上测试点顺序逐点进行 2 次循环的测试。在各测试点上,每 20 s 读取 1 次数字式气压计示值和被测气压传感器示值,共读取 3 次。

d) 分别计算各测试点数字式气压计示值和被测气压传感器示值的算术平均值,作为该测试点的标准值和气压示值。

e) 以各测试点的气压示值减去标准值作为该测试点气压测量误差。

6.5.3 温度

按以下步骤进行:

a) 将被测温度传感器与标准铂电阻温度计插入恒温槽中足够深度,使二者感温部分处于同一水平面。

注:足够深度是指插入深度再增加 1 cm,被测传感器测量误差测试结果变化不超过 0.02 ℃。

b) 测试点为温度测量范围的下限、上限,以及—20 ℃、0 ℃、20 ℃共 5 个点。

c) 在每个测试点上,当槽温达到设定温度并稳定后方可进行读数,每隔 30 s 读取 1 次标准铂电阻温度计示值和被测温度传感器示值,共读取 4 次。

d) 分别计算各测试点标准铂电阻温度计示值和被测温度传感器示值的算术平均值,作为该测试点的标准值和温度示值。

e) 以各测试点的温度示值减去标准值作为该测试点温度测量误差。

6.5.4 相对湿度

按以下步骤进行:

a) 将被测湿度传感器与精密露点仪传感器置入调湿调温箱或湿度发生器有效工作区域。

b) 测试点为 30%、40%、55%、75%、95%。

c) 按先从低湿逐点升到高湿,再从高湿逐点降至低湿,对各测试点进行 1 次循环测试。温度湿度稳定 30 min 后开始读数,先读取精密露点仪相对湿度值和温度值,再读取被测湿度传感器示值,每隔 20 s 读取一次,共读取 3 次。

d) 分别计算各测试点精密露点仪相对湿度示值和被测湿度传感器示值的算术平均值,作为该测试点的标准值和相对湿度示值。

e) 以各测试点的相对湿度示值减去标准值作为该测试点相对湿度测量误差,并将各测试点精密露点仪温度示值的算术平均值作为该测试点相对湿度测量误差所对应的温度值。

6.5.5 风向

6.5.5.1 起动风速

按以下步骤进行:

a) 将 L 型标准皮托静压管牢固安装在风洞试验段,其测头轴线与风洞试验段轴线平行,并对准风的来向,将其总压接头、静压接头分别与微压计测试端和参考端相连;

b) 将被测风向传感器牢固安装在风洞试验段,风向标转动平面应水平并置于 L 型标准皮托静压管后端(相对气流来向);

c) 静风时,将被测风向传感器风向标分别转动至与风洞试验段轴线成 15°及 340°的位置,缓慢增加风洞流场风速至 0.5 m/s,观察被测风向传感器的风向标是否转动并与气流方向一致。

6.5.5.2 测量误差

按以下步骤进行:

a) 将被测风向传感器通过标准度盘牢固安装在风洞试验段,风向标转动平面应水平并置于 L 型标准皮托静压管后端(相对气流来向),将标准度盘调节到零位,并使风向传感器指北线、标准度盘零位标志对准风洞气流来向;

b) 测试点为 0°、45°、90°、135°、180°、225°、270°、315°;

c) 将风洞风速调整到 5 m/s,将标准度盘依次调节到上述测试点,在各测试点上,将风向标位置转到与风洞气流相反的方向,稳定 1 min 后,读取被测风向传感器的风向示值;

d) 以各测试点的风向示值减去测试点值作为该测试点的风向测量误差。

6.5.6 风速

6.5.6.1 起动风速

按以下步骤进行：

a) 将 L 型标准皮托静压管牢固安装在风洞试验段,其测头轴线与风洞试验段轴线平行,并对准风的来向,将其总压接头、静压接头分别与微压计测试端和参考端相连;

b) 将被测风速传感器牢固安装在风洞试验段,风杯转动平面应水平并置于 L 型标准皮托静压管后端(相对气流来向);

c) 风杯处于静止状态下,缓慢增加风洞流场风速至 0.5 m/s,观察风杯是否由静止变为持续转动。重复测量 3 次。

6.5.6.2 测量误差

按以下步骤进行：

a) 测试点为 2 m/s、5 m/s、10 m/s、15 m/s、20 m/s、25 m/s、30 m/s;

b) 在每个测试点上,风洞风速稳定 1 min 后读取实测风压值、流场温度值、流场湿度值和大气压力值并计算出风洞工作段内的实测风速值,读取被测风速传感器在各测试点的风速示值,重复读取 3 次;

c) 分别计算各测试点实测风速值和被测风速传感器示值的算术平均值,为该测试点的标准值和风速示值;

d) 以各测试点的风速示值减去标准值作为该测试点的风速测量误差。

6.5.7 降水量

6.5.7.1 翻斗式雨量传感器

按以下步骤进行：

a) 用 10 mm 和 30 mm 降水量,分别以 1 mm/min 和 4 mm/min 雨强将清水注入翻斗式雨量传感器,读取翻斗式雨量传感器输出值,各重复测量 3 次;

b) 分别以 1 mm/min 和 4 mm/min 雨强的 10 mm 降水量的 3 次测量结果的算术平均值作为雨量示值,雨量示值减去标准值(10 mm)作为雨量测量绝对误差;

c) 分别以 1 mm/min 和 4 mm/min 雨强的 30 mm 降水量的 3 次测量结果的算术平均值减去 30 mm,再除以标准值(30 mm)所得的百分比作为雨量测量相对误差。

6.5.7.2 称重式降水传感器

按 QX/T 320—2016 的 6.3 的要求进行。

6.5.8 蒸发量

按以下步骤进行：

a) 将蒸发传感器安装于平坦桌面上并调整好水平,通电预热 10 min;

b) 测试点为 0 mm、20 mm、40 mm、60 mm、80 mm 和 90 mm;

c) 将零位高度模块放入蒸发传感器的圆筒内,使其与传感器零位刻度线对齐,读取蒸发传感器蒸发水位示值,记为蒸发零位值;

d) 将蒸发模块组依次组成标准高度值,放入蒸发传感器的圆筒内,每分钟读取 1 次蒸发传感器的蒸发水位示值,共读取 3 次;

e) 分别计算各测试点被测蒸发传感器蒸发水位示值的算术平均值,作为蒸发模块组测出的高度显示值,按式(3)计算出各检定点的相对误差值 Δh。

$$\Delta h = \frac{(h-h_0)-h_s}{h_s} \times 100\% \quad \cdots\cdots\cdots\cdots\cdots(3)$$

式中:

h ——各模块高度示值,单位为毫米(mm);

h_0——零位值,单位为毫米(mm);

h_s——标准高度值,单位为毫米(mm)。

6.5.9 日照

按 GB/T 33702—2017 第 6 章的要求进行。

6.5.10 辐射

6.5.10.1 总辐射、散射辐射、反射辐射按 GB/T 19565—2017 第 7 章的要求进行。

6.5.10.2 直接辐射按 QX/T 20—2016 第 6 章的要求进行。

6.5.10.3 大气长波辐射、地面长波辐射按 GB/T 33701—2017 第 6 章的要求进行。

6.6 采样、算法和数据质量控制

按以下步骤进行:

a) 自动气象站运行 24 h 后,读取各要素的采样瞬时值、瞬时气象值、正点气象值、导出量、统计量、相应的数据质量控制标识以及对应的时间;

b) 按 5.4 规定的算法和数据质量控制方法对采样瞬时值进行计算,得到计算的瞬时气象值、正点气象值、导出量、统计量、相应的数据质量控制标识以及对应的时间;

c) 比较自动气象站读取的各项数据与计算得到的相应数据是否一致。

6.7 数据存储和传输

6.7.1 数据存储

自动气象站连续运行 3 d 后,检查自动气象站存储的采样瞬时值、瞬时气象值、正点气象值、导出量、统计量和状态信息,以及剩余存储空间。

6.7.2 数据传输

根据自动气象站通信接口的类型,采用相应的通信电缆、通信设备,建立自动气象站与计算机的数据链路,计算机上运行通用的通信工具软件(如超级终端)并作相应配置,作以下检查:

a) 查看自动气象站向计算机主动传输的采样瞬时值、瞬时气象值、正点气象值、导出量、统计量和状态信息;

b) 计算机向自动气象站发出终端操作命令后,查看自动气象站的反馈内容。

6.8 设备状态信息

按表 13 的方法进行。

表 13　设备状态信息试验方法

序号	状态信息	试验方法
1	采集器工作状态	使数据采集器的工作状态发生变化,检查自动气象站存贮和输出的数据采集器工作状态。
2	传感器连接状态和/或工作状态	使传感器工作状态发生变化,检查自动气象站存贮和输出的各传感器状态。
3	外接电源、蓄电池、数据采集器主板工作电压和状态	1)使用稳压电源作为外接电源接入,调节稳压电源电压,检查自动气象站存贮和输出的外接电源电压值和状态; 2)使用稳压电源代替蓄电池为自动气象站供电,调节稳压电源电压,检查自动气象站存贮和输出的蓄电池电压值和状态; 3)使数据采集器主板工作电压发生变化,检查自动气象站存贮和输出的数据采集器主板工作电压值和状态。
4	机箱温度、数据采集器主板工作温度	使机箱温度、数据采集器主板工作温度发生变化,检查自动气象站存贮和输出的机箱温度、数据采集器主板工作温度。
5	加热、通风、定位、授时等装置的工作状态	使加热、通风、定位、授时部件的工作状态发生变化,检查自动气象站存贮和输出的加热、通风、定位、授时部件状态。
6	通信状态	使自动气象站处于正常通信、非正常通信状态,检查自动气象站存贮和输出的通信状态。
7	传感器光学窗口的污染状态	使传感器光学窗口污染状态发生变化,检查自动气象站存贮和输出的传感器光学窗口污染状态。
8	机箱门开关状态	打开、关闭机箱门的操作,检查自动气象站存贮和输出的门开关状态。
9	传感器光学窗口的污染状态	使传感器光学窗口污染状态发生变化,检查自动气象站存贮和输出的传感器光学窗口污染状态。
10	机箱门开关状态	打开、关闭机箱门的操作,检查自动气象站存贮和输出的门开关状态。
11	外部存储器状态	使外部存储器处于正常、非正常状态,检查自动气象站存贮和输出的外部存储器状态。
12	累计工作时间	读取并记录当前自动气象站的累计工作时间,继续运行 1 d 后,再次读取自动气象站的累计工作时间,比较前后 2 次的累计工作时间变化。

6.9　自校准和远程控制

6.9.1　自校准

改变测量通道内部参考标准源的值,从采集器或智能传感器读取相应气象要素的采样瞬时值,检查是否发生相应变化。

6.9.2 远程控制

通过远程向自动气象站发指令的方式,进行下列检查:

a) 发送系统复位指令,检查自动气象站的响应;

b) 发送参数配置指令,检查自动气象站的参数配置;

c) 发送嵌入软件升级指令,检查自动气象站嵌入式软件升级情况。

6.10 时钟

自动气象站通电运行后,使用国家授时中心网站标准时间进行校时,再连续运行 72 h 后,检查自动气象站采集器和智能传感器的时间与标准时间的误差。

6.11 电源

6.11.1 交流电源

按 GB/T 6587—2012 电源适应性试验的方法进行,试验电压的下限为 176 V,上限为 264 V。

6.11.2 蓄电池

按以下步骤进行:

a) 检查蓄电池的标称电压。

b) 用配备的交流电、太阳能或风力发电充电装置对蓄电池进行充电,检查蓄电池的充电情况。

c) 定型检验时:

1) 按产品说明书配置传感器;

2) 将蓄电池充满电;

3) 接通蓄电池,在蓄电池无充电情况下,检查自动气象站是否能保持连续运行 7 d。

6.12 环境条件

6.12.1 温度

按 GB/T 2423.1—2008 的试验 Bb、GB/T 2423.2—2008 的试验 Aa 方法进行试验,要求如下:

a) 按图 1 时序进行温度循环,即先常温、后低温、再高温,特殊情况下也可直接从低温曲线时段做起;

b) 按产品选定的气候条件严酷等级确定试验温度范围;

c) 降升温速率:0.7 ℃/min～1.0 ℃/min;

d) 恒温区允许温差:±2 ℃;

e) 恢复采用自然回温到正常温度;

f) 恢复后进行外观和电气性能检测。

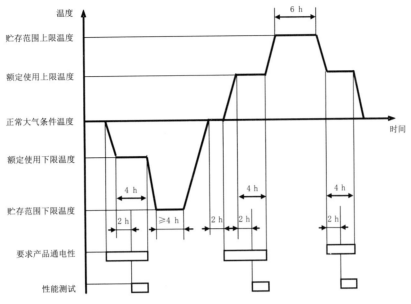

图 1　温度试验时序图

6.12.2　交变湿热

按 GB/T 2423.4—2008 进行试验,要求如下:

a)　高温温度按产品选定的气候条件严酷等级所规定的温度上限加 10 ℃;

b)　循环次数为 2 次;

c)　降温阶段,相对湿度的下限为 85%;

d)　恢复时间为正常大气条件下 24 h;

e)　电气性能的中间检测不少于 3 次;

f)　恢复后进行外观、电气性能和电气安全检测。

6.12.3　低气压

在通电情况下,按 GB/T 2423.21—2008 的有关规定,要求如下:

a)　按产品选定的气候条件严酷等级所规定的气压下限;

b)　试验持续时间为 2 h;

c)　恢复时间为 1 h;

d)　恢复后进行外观和电气性能检测。

6.12.4　冲击

按 GB/T 2423.5—2019 进行试验,要求如下:

a)　产品处于包装状态。

b)　冲击波形为半正弦波,峰值加速度为 150 m/s²。

c)　对 3 个互相垂直的轴线,每个面连续冲击 3 次,共 18 次;结构完全对称的试验样品,允许减少 1 个相应的面;因重力作用只有 1 个受试面时可只做 1 个面,但总冲击次数仍为 18 次。

d)　恢复时间为 30 min。

e)　恢复后进行外观和电气性能检测。

6.12.5　正弦稳态振动

按 GB/T 2423.10—2019 进行试验,要求如下:
a)　对包装状态和非包装状态的产品分别进行。
b)　非包装状态试验时,按产品正常工作时的位置紧固在振动台上,重心位于振动台面的中心区域,使激振力直接传给受试产品。
c)　严酷程度:频率 2 Hz～9 Hz 时,位移 1.5 mm;频率 9 Hz～200 Hz 时,加速度 5 m/s²。
d)　耐久试验的持续时间为扫频耐久 1 个循环。
e)　对 3 个互相垂直的轴线,在 3 个轴向上进行振动试验。
f)　恢复时间为 1 h。
g)　恢复后进行外观和电气性能检测。

6.12.6　自由跌落

按 GB/T 2423.7—2018 的自由跌落试验方法一,要求如下:
a)　产品处于包装状态;
b)　跌落高度为对应被试产品的质量范围的跌落高度系列中的第一个优选值;
c)　最后进行外观和电气性能检测。

6.12.7　倾跌与翻倒

按 GB/T 2423.7—2018 的倾倒与翻倒试验方法,要求如下:
a)　产品处于包装状态;
b)　面倾跌和角倾跌的角度为 30°;
c)　倾跌角度为 30°;
d)　最后进行外观和电气性能检测。

6.12.8　盐雾

按 GB/T 2423.17—2008 的有关规定,要求如下:
a)　化学活性物质严酷等级 1 的试验时间为 24 h,严酷等级 2 的试验时间为 96 h;
b)　恢复时间为 1 h;
c)　最后进行外观检查。

6.12.9　沙尘、淋雨和外壳防护等级

按 GB/T 4208 的 IP65 试验方法进行试验。

6.12.10　长霉

按 GB/T 2423.16—2008 的方法 1 中严酷等级 2(56 d),对选择的几个有代表性的零部件进行试验。

6.13　电磁兼容性

6.13.1　电磁骚扰限值

6.13.1.1　传导骚扰限值

按 GB 9254—2008 第 9 章的试验方法进行。

6.13.1.2 辐射骚扰限值

按 GB 9254—2008 第 10 章的试验方法进行。

6.13.2 电磁抗扰度

6.13.2.1 静电放电抗扰度

对电源端口、数据端口、外壳端口按 GB/T 17626.2 的接触放电等级 2、空气放电等级 3 的试验方法进行。

6.13.2.2 电快速瞬变脉冲群抗扰度

对直流电源端口和数据端口按 GB/T 17626.4 的等级 1 的试验方法进行,对交流电源端口按 GB/T 17626.4 的等级 2 的试验方法进行。

6.13.2.3 浪涌(冲击)抗扰度

对电源端口、数据端口按 GB/T 17626.5 的等级 3 的试验方法进行。

6.13.2.4 射频场感应的传导骚扰抗扰度

对电源端口、数据端口按 GB/T 17626.6 的等级 2 的试验方法进行。

6.13.2.5 射频电磁场辐射抗扰度

按 GB/T 17626.3 的等级 3 的试验方法进行。

6.13.2.6 工频磁场抗扰度

按 GB/T 17626.8 的等级 4 的试验方法进行。

6.13.2.7 电压暂降、短时中断和电压变化的抗扰度

按 GB/T 17626.11 的 3 类的试验方法进行。

6.14 可靠性

按 GB/T 11463—1989 的定时定数截尾试验方案 1—2 进行。

7 检验规则

7.1 检验分类

检验分为下列两类:
a) 定型检验;
b) 出厂检验。

7.2 检验项目

见表 14。

表 14 检验项目

序号	检验项目		定型检验	出厂检验	技术要求章条号	试验方法章条号
1	一般要求		●	●	5.1	6.3
2	安全要求	标志	●	●	5.2.1	6.4.1
3		防电击危险	●	●	5.2.2	6.4.2
4		防机械危险	●	●	5.2.3	6.4.3
5		蓄电池	●	●	5.2.4	6.4.4
6	测量性能	气压	●	●	5.3	6.5.2
7		气温	●	●	5.3	6.5.3
8		相对湿度	●	●	5.3	6.5.4
9		风向	●	●	5.3	6.5.5
10		风速	●	●	5.3	6.5.6
11		降水量	●	●	5.3	6.5.7
12		地面温度	●	●	5.3	6.5.3
13		浅层地温	●	●	5.3	6.5.3
14		深层地温	●	●	5.3	6.5.3
15		草面温度	●	●	5.3	6.5.2
16		蒸发量	●	●	5.3	6.5.8
17		日照	●	○	5.3	6.5.9
18		辐射	●	○	5.3	6.5.10
19	采样、算法和数据质量控制		●	○	5.4	6.6
20	数据存储和传输		●	○	5.5	6.7
21	设备状态信息		●	○	5.6	6.8
22	自校准和远程控制		●	○	5.7	6.9
23	时钟		●	●	5.8	6.10
24	电源	交流电源	●	◉	5.9.1	6.11.1
25		蓄电池	●	●	5.9.2	6.11.2
26	环境条件	最低温度	●	—	5.10.1	6.12.1
27		最高温度	●	—	5.10.1	6.12.1
28		交变湿热	●	—	5.10.1	6.12.2
29		低气压	●	—	5.10.1	6.12.3
30		冲击	●	—	5.10.2	6.12.4
31		正弦稳态振动	●	—	5.10.2	6.12.5
32		自由跌落	●	—	5.10.2	6.12.6
33		倾跌与翻倒	●	—	5.10.2	6.12.7

表 14 检验项目(续)

序号	检验项目		定型检验	出厂检验	技术要求章条号	试验方法章条号
34	环境条件	盐雾	●	—	5.10.3	6.12.8
35		沙尘	●	—	5.10.4	6.12.9
36		霉菌	○	—	5.10.5	6.12.10
37		外壳防护等级	●	—	5.10.6	6.12.9
38	电磁兼容性	传导骚扰限值	●	—	5.11.1.1	6.13.1.1
39		辐射发射限值	●	—	5.11.1.2	6.13.1.2
40		静电放电抗扰度	●	—	5.11.2.1	6.13.2.1
41		电快速瞬变脉冲群抗扰度	●	—	5.11.2.2	6.13.2.2
42		浪涌(冲击)抗扰度	●	—	5.11.2.3	6.13.2.3
43		射频场感应的传导骚扰抗扰度	●	—	5.11.2.4	6.13.2.4
44		射频电磁场辐射抗扰度	●	—	5.11.2.5	6.13.2.5
45		工频磁场抗扰度	●	—	5.11.2.6	6.13.2.6
46		电压暂降、短时中断和电压变化的抗扰度	●	—	5.11.2.7	6.13.2.7
47	可靠性		●	—	5.12	6.14

注:●表示应进行检验的项目;○表示需要时进行检验的项目;—表示不进行检验的项目。

7.3 缺陷的判定

7.3.1 致命缺陷

对人身安全构成危险或产品严重损坏致基本功能性能丧失的,应判为致命缺陷。

7.3.2 重缺陷

下列性质的缺陷应判为重缺陷:
a) 测量性能误差超过规定的范围;
b) 突然的电气或结构失效引起的产品单一功能丧失,但可以通过更换部件恢复的。

7.3.3 轻缺陷

发生故障时,无须更换零部件,仅作简单处理即能恢复产品正常工作,这类故障判为轻缺陷。

7.4 定型检验

7.4.1 检验条件

在下列情况下进行:
a) 新产品定型时;
b) 主要设计、工艺、材料及元器件有重大变更,存在影响产品性能下降的风险时;
c) 停产 2 年以上再生产时。

7.4.2 检验项目

表 14 中规定的定型检验项目,包括项目 1—项目 47。

7.4.3 抽样方案

应按下列方法抽样:

a) 项目 1—项目 5,在完成生产的产品中随机抽取 5 台样本,小于 10 台的产品全部完成后抽样, 大于 10 台的产品完成 10 台后抽样;

b) 项目 6—项目 18,由 a) 中检验合格的样本中随机抽取 3 台进行;

c) 项目 19—项目 25,由 a) 中检验合格的样本中随机抽取 1 台进行;

d) 项目 26—项目 46,由 a) 中检验合格的样本中随机抽取 1 台进行;

e) 项目 47,按 GB/T 11463—1989 的 5.3 要求从 b)、c) 检验合格的样本中随机抽取 2 台进行定时 定数截尾试验。

7.4.4 合格判定

同时满足以下要求则可判定定型检验合格:

a) 项目 1—项目 5 的检验过程中,合格样本数能满足 7.4.3 b)、c)、d) 所需要的样本数总和;

b) 项目 1—项目 46 的检验过程中,允许出现重缺陷和轻缺陷的次数之和不超过 2 次,且未出现致 命缺陷;

c) 项目 47 的检验结果应达到 5.12 的要求。

7.5 出厂检验

7.5.1 检验项目

表 14 中规定的出厂检验项目,包括项目 1—项目 25。

7.5.2 抽样方案

按下列方法抽样:

a) 项目 1—项目 18,逐台进行;

b) 项目 19—项目 22,随机抽取 1 台;

c) 项目 23—项目 25,按 GB/T 2828.1—2012 的表 1 检验水平 S-2,表 2-A 的 AQL＝2.5,确定检 验的样本数。

7.5.3 合格判定

同时满足以下要求则可判定出厂检验合格:

a) 项目 1—项目 22 的检验过程中,均未出现缺陷;

b) 项目 23—项目 25 的检验过程中,样本中发现的缺陷数小于或等于接收数。

7.5.4 不合格处理

7.5.4.1 若出现的不合格为轻缺陷时,可纠正后继续进行检验。

7.5.4.2 若导致不合格的为重缺陷时,终止本次检验。批量产品整改后,按 GB/T 2828.1—2012 的表 2-B 的加严检验一次抽样方案重新进行检验。

7.5.4.3 若导致不合格的为致命缺陷,终止本次检验。批量产品整改后,按定型检验抽样方案进行定型检验。

8 标志和随行文件

8.1 标志

8.1.1 产品标志

应包括以下内容：

a) 制造厂名；

b) 产品名称和型号；

c) 出厂编号；

d) 出厂日期。

8.1.2 包装标志

应包括以下内容：

a) 产品名称型号和数量；

b) 制造厂名；

c) 包装箱编号；

d) 外形尺寸；

e) 毛重；

f) "易碎物品""向上""怕雨""堆码层数极限"等标志符合 GB/T 191—2008 的规定。

8.2 随行文件

应包括以下内容：

a) 使用说明书或用户手册；

b) 检验报告；

c) 合格证；

d) 传感器测试证书；

e) 保修单；

f) 装箱单。

9 包装、运输和贮存

9.1 包装

9.1.1 包装箱应牢固，内有防振动等措施。

9.1.2 包装箱内应有随行文件。

9.1.3 每个包装箱内都应有装箱单。

9.2 运输

9.2.1 运输过程中应防止剧烈振动、挤压、雨淋及化学物品侵蚀。

9.2.2 搬运应轻拿轻放，码放整齐，不应滚动和抛掷。

9.3 贮存

包装好的产品应贮存在环境温度－10 ℃～40 ℃,相对湿度小于 80％的室内,且周围无腐蚀性挥发物,无强电磁作用。

参 考 文 献

[1] GB/T 6593—1996 电子测量仪器质量检验规则

[2] GB/T 13983—1992 仪器仪表基本术语

[3] GB/T 35237—2017 地面气象观测规范 自动观测

[4] QX/T 118—2010 地面气象观测资料质量控制

[5] WMO. Guide to Meteorological Instruments and Methods of Observation：WMO-No. 8 [M]. WMO，2014 edition，updated in 2017

ICS 07.060

N 95

备案号：71162—2020

中华人民共和国气象行业标准

QX/T 521—2019

船载自动气象站

Shipborne automatic weather station

2019-12-26 发布

2020-04-01 实施

中 国 气 象 局 发布

前　言

本标准按照 GB/T 1.1—2009 给出的规则起草。

本标准由全国气象仪器与观测方法标准化技术委员会(SAC/TC 507)提出并归口。

本标准起草单位:江苏省无线电科学研究所有限公司、中国气象局气象探测中心、山东省气象局大气探测技术保障中心、上海海洋气象台、浙江省舟山市气象局、中国华云气象科技集团公司、山东省科学院海洋仪器仪表研究所、中国船舶工业综合技术经济研究院。

本标准主要起草人:花卫东、张玉华、王祥猛、韩莹清、杨宗波、张鑫、王柏林、林伟、陈旻豪、方哲卿、袁和通、漆随平、王琮、王卉隽。

船载自动气象站

1 范围

本标准规定了船载自动气象站的分级、产品组成、技术要求、试验方法、检验规则、标志和随行文件、包装、运输和贮存等。

本标准适用于船载自动气象站的设计、生产和验收。

2 规范性引用文件

下列文件对于本文件的应用是必不可少的。凡是注日期的引用文件，仅注日期的版本适用于本文件。凡是不注日期的引用文件，其最新版本（包括所有的修改单）适用于本文件。

GB/T 191—2008 包装储运图示标志(ISO 780:1997,MOD)

GB/T 2828.1—2012 计数抽样检验程序 第 1 部分:按接收质量限(AQL)检索的逐批检验抽样计划(ISO 2859-1:1999,IDT)

GB/T 6587—2012 电子测量仪器通用规范

GB/T 11463—1989 电子测量仪器可靠性试验

GB/T 33703—2017 自动气象站观测规范

GB/T 35225—2017 地面气象观测规范 气压

GB/T 35226—2017 地面气象观测规范 空气温度和湿度

GJB 1916—1994 舰船用低烟电缆和软线通用规范

BD 420010—2015 北斗/全球卫星导航系统(GNSS) 导航设备通用规范

GD 22—2015 电气电子产品型式认可试验指南

IEC 60092-305:1980 船舶电气设施 第 305 部分:设备 蓄电池(Electrical installations in ships-Part 305：Equipment-Accumulator(storage) batteries)

IEC 60092-376:2017 船舶电气设施 第 376 部分:控制和仪器回路用 150/250V(300V)电缆(Electrical installations in ships-Part 376：Cables for control and instrumentation circuits 150/250 V (300 V))

IEC 60529:2013 外壳防护等级（IP 代码）(Degrees of protection provided by enclosures (IP Code))

IEC 61010-1:2010 测量、控制和实验室用电气设备的安全要求 第 1 部分:通用要求(Safety requirements for electrical equipment for measurement,control,and laboratory use-Part 1：General requirements)

IEC 61108-1:2003 全球导航卫星系统(GNSS) 第 1 部分:全球定位系统(GPS)接收设备性能标准、测试方法和要求的测试结果(Maritime navigation and radiocommunication equipment and systems-Global navigation satellite systems (GNSS)-Part 1：Global positioning system (GPS)-Receiver equipment-Performance standards,methods of testing and required test results)

ISO 22090(所有部分) 船舶和海上技术 艏向发送设备(THDs)(Ships and marine technology-Transmitting heading devices(THDs))

3 术语和定义

下列术语和定义适用于本文件。

3.1

船载自动气象站 shipborne automatic weather station

装载于船舶进行气温、相对湿度、风向、风速、气压、能见度、水体表层温度和水体表层盐度等要素自动观测的仪器。

3.2

真风 true wind

相对于地球表面的风矢量。

3.3

船[行]风 ship wind

船舶航行时产生的方向与船舶运动方向相反、速度与船舶运动速度相等的风。

3.4

视风 apparent wind

相对于运动对象的风矢量。

注：视风即是在船上观察到的风，由真风和船风合成，风向参考真北。

3.5

航速 speed of ship

船舶在单位时间内对地直线航行的距离。

[GB/T 7727.3—1987,定义 2.1.4]

3.6

真风向 true wind direction

自然风或大气风与真北方向组成的水平夹角。

3.7

相对风向 relative wind direction

风与船舶首向组成的水平夹角。

[GB/T 7727.3—1987,定义 3.1.1]

3.8

真风速 true wind velocity;true wind speed

自然风或大气风相对于地面的速度。

3.9

相对风速 relative wind velocity;relative wind speed

风相对于船舶的速度。

[GB/T 7727.3—1987,定义 3.1.3]

3.10

艏向 heading

船舶或船模的艏艉线在水平面上的投影朝向船首的方向,其与基准方向(常指真北方向)的夹角称艏向角。

[GB/T 7727.3—1987,定义 3.1.15]

注：见图 1 中 ψ。

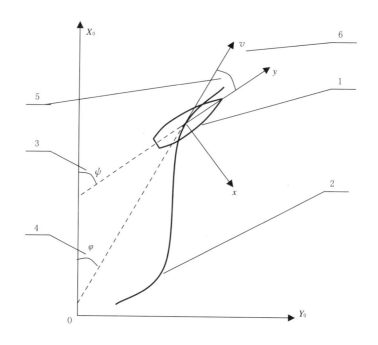

说明：

1——船舶；

2——航迹；

3——艏向角 ψ；

4——航迹角 φ；

5——漂角 β；

6——航速矢量 v。

图 1　艏向角、航迹角示意图

3.11

航向　course

船舶或船模航行的方向。常指航线或航迹的方向。

[GB/T 7727.3—1987,定义 3.1.16]

注:见图 1 中 v。

3.12

航迹　track

船舶航行时,其重心对地的运动轨迹。

[GB/T 7727.3—1987,定义 3.1.19]

3.13

航迹角　track angle

船舶在水平面内运动时,其重心的瞬时速度矢量与基准方向之间的水平夹角。

[GB/T 7727.3—1987,定义 3.1.20]

注:见图 1 中 φ。

4　分级

船载自动气象站按工作环境温度范围分为 A 级、B 级、C 级三个级别,每个级别按气象要素测量性能又分为 1 级、2 级两个级别,组合成 6 个级别。各级别的代号以及对应的工作环境温度范围和气象要素测量性能见表1。

表 1 船载自动气象站分级表

级别代号	工作环境温度范围	气象要素测量性能
A1	−50 ℃～70 ℃	见表2
A2		见表3
B1	−25 ℃～50 ℃	见表2
B2		见表3
C1	5 ℃～40 ℃	见表2
C2		见表3

5 产品组成

5.1 船载自动气象站由传感器、采集器、外围设备、配套设备和软件组成。

5.2 传感器宜根据需要配置气压、气温、相对湿度、风向、风速、降水量、能见度、水体表层温度、水体表层盐度等。

5.3 宜采用智能传感器,智能传感器宜具有采样、算法和数据质量控制、数据存储和传输、状态信息检测以及自标定和远程控制等功能。

5.4 采集器由微处理器、时钟单元、存储器、信号处理单元、状态检测单元、传输接口等组成。

5.5 外围设备由电源、定向定位仪、通信终端、外部存储器等组成。

5.6 配套设备由防辐射罩、支架和安装附件等组成。

5.7 软件由采集软件和业务软件组成。

6 技术要求

6.1 一般要求

6.1.1 外观和工艺

6.1.1.1 表面涂层应均匀、无脱落,结构件无机械损伤,表面无裂痕。

6.1.1.2 标志、标识应清晰、正确。

6.1.1.3 各零部件应安装正确,牢固可靠,操作部分不应有迟滞、卡死、松脱现象。

6.1.1.4 应采取防潮湿、防盐雾、防霉处理。

6.1.1.5 安装在船身外侧水下部分的部件应采取防水生动植物(海藻、浮渣、珊瑚等)侵蚀的措施。

6.1.2 材料

应符合下列要求:
a) 耐久、滞燃、耐潮和耐霉,尽量避免有毒性或能释放出有毒性气体的材料;
b) 金属零部件宜选用316不锈钢,并镀涂可靠的防护层;
c) 非金属材料宜选用炭纤维、特种工程塑料等耐海洋气候的材料;
d) 采用符合 GJB 1916—1994 或 IEC 60092-376:2017 要求的电缆。

6.1.3 安装

参见附录 A,并应遵循下列基本原则：

a) 符合船舶电气设备安全要求；

b) 传感器尽可能避免船体及设施对气象要素测量的影响,宜安装于船艏；

c) 采取防振动和摇摆的措施；

d) 风传感器安装于主桅或前桅、最高的舱室顶部或顶甲板前部等位置。

6.1.4 设计寿命

应不少于 5 a。

6.2 安全要求

6.2.1 安全标志

6.2.1.1 交流电源机箱门上、交流电源端子旁应具有危险警示标志,标志应符合 IEC 61010-1:2010 表 1 的符号 12。

6.2.1.2 交流电源断开装置上应具有通断标志。

6.2.1.3 标志耐久性应符合 IEC 61010-1:2010 的 5.3 要求。

6.2.2 防电击危险

6.2.2.1 可触及零部件(包括机箱门打开后的可触及零部件)对地(机壳)的直流电压应不大于 50 V, 交流电压应不大于 30 V。

6.2.2.2 交流电源输入与地(机壳)之间的绝缘电阻应大于 100 MΩ。

6.2.2.3 交流电源输入与地(机壳)之间应能承受交流 2000 V 电压,直流电源输入与地(机壳)之间应能承受直流 1000 V 电压。

6.2.2.4 交流电源输入处应具有断开装置。

6.2.3 防机械危险

6.2.3.1 机械结构上的棱缘或拐角应倒圆和磨光。

6.2.3.2 对于在产品寿命期内无法始终保持足够的机械强度而需要定期维护或更换的部件,应在产品说明书上醒目地载明更换周期并注明其危险性。

6.2.4 蓄电池

6.2.4.1 电极应有绝缘保护装置,并完全遮盖电极以及连接线的导电部分。

6.2.4.2 应有防止电解液泄漏侵蚀到带电部件的技术措施。

6.2.5 滞燃要求

外露塑料部件应能通过 GD 22—2015 规定的滞燃试验。

6.3 测量性能

6.3.1 气象要素

测量性能级别 1、级别 2 的测量性能应符合表 2、表 3 要求。

表 2 测量性能级别 1 的气象要素测量性能

气象要素	测量范围	最大允许误差	分辨力
视风速	0 m/s～75 m/s	$\pm(0.5\ m/s+0.03\times V)$ (起动风速:≤1 m/s)	0.1 m/s
真风速	0 m/s～75 m/s(停航时)	$\pm(0.5\ m/s+0.1\times V)$	0.1 m/s
相对风向	0°～360°	±3°(起动风速:≤1 m/s)	1°
真风向	0°～360°	±10°	1°
气温	按选定的工作环境温度范围级别	±0.2 ℃	0.1 ℃
相对湿度	0%～100%	±3%(≤80%) ±5%(>80%)	1%
气压	800 hPa～1100 hPa	±0.3 hPa	0.1 hPa
降水量	雨强: 0 mm/min～4 mm/min	±0.5 mm(≤10 mm) ±5%(>10 mm)	0.1 mm
能见度	10 m～20000 m	±10%(≤1500 m) ±20%(>1500 m)	1 m
水体表层温度	−5 ℃～40 ℃	±0.2 ℃	0.1 ℃
水体表层盐度	0.2%～4%	±0.005%	0.001%
注:视风速最大允许误差表示式中的 V 为视风速实际值;真风速最大允许误差表示式中的 V 为真风速实际值。			

表 3 测量性能级别 2 的气象要素测量性能

气象要素	测量范围	最大允许误差	分辨力
视风速	0 m/s～60 m/s	$\pm(0.5\ m/s+0.1\times V)$ (起动风速:≤1.5 m/s)	0.1 m/s
真风速	停航时:0 m/s～60 m/s	$\pm(0.5\ m/s+0.2\times V)$	0.1 m/s
相对风向	0°～360°	±5°(起动风速:≤1.5 m/s)	1°
真风向	0°～360°	±15°	1°
气温	按选定的工作环境温度范围级别	±0.5 ℃	0.1 ℃
相对湿度	15%～95%	±8%	1%
气压	800 hPa～1060 hPa	±0.5 hPa	0.1 hPa
降水量	雨强: 0 mm/min～4 mm/min	±1 mm(≤10 mm) ±10%(>10 mm)	0.1 mm
能见度	10 m～20000 m	±10%(≤1500 km) ±20%(>1500 km)	1 m
水体表层温度	−5 ℃～40 ℃	±0.5 ℃	0.1 ℃
水体表层盐度	0.2%～4%	±0.01%	0.001%
注:视风速最大允许误差表示式中的 V 为视风速实际值;真风速最大允许误差表示式中的 V 为真风速实际值。			

6.3.2 定位

船载自动气象站水平定位误差应不超过 15 m，也可直接采用船舶提供的定位数据。

6.3.3 运动状态参量

船载自动气象站运动状态参量的测量性能要求见表 4，也可直接采用船舶提供的船舶运动数据。

表 4 运动状态参量测量性能要求

运动状态参量	测量范围	分辨力	最大允许误差
艏向	0°～360°	0.1°	±1.5°
航向	0°～360°	0.1°	±3°(0.5 m/s<V_s<9 m/s) ±1°(V_s≥9 m/s)
航速	0 m/s～30 m/s	0.1 m/s	±0.2 m/s(RMS)
横倾角[a]	−30°～30°	0.1°	±2°
纵倾角[a]	−30°～30°	0.1°	±2°
注 1：最大允许误差式中的 V_s 为航速。 注 2：左右舷具有吃水差的浮态称横倾，船舶正浮时水线面与横倾时水线面之间的夹角为横倾角。船舶实际水线纵向不平行于基线时的浮态称纵倾，船舶正浮时水线面与纵倾时水线面之间的夹角为纵倾角。			
[a] 横倾角、纵倾角是可选的测量参量，可用于真风数据的质量评估或订正。			

6.4 采样、算法和数据质量控制

6.4.1 气象变量的采样速率应符合表 5 要求。

表 5 气象变量的采样速率要求

气象变量	采样速率 次/min
气温	30
相对湿度	30
气压	30
视风速	240
相对风向	60
降水量	1
能见度	4
水体表层温度	30
水体表层盐度	30

6.4.2 算法和数据质量控制应符合 GB/T 33703—2017 的 5.4.2、5.4.3 要求。

6.4.3 真风算法应符合附录 B 的规定。

6.4.4 导出量应按下列方法计算：
- a) 海平面气压按 GB/T 35225—2017 第 6 章中的方法计算；
- b) 水汽压按 GB/T 35226—2017 的附录 A 的 A.2.2 的方法计算；
- c) 露点温度按 GB/T 35226—2017 的附录 A 的 A.4 的方法计算。

6.5 数据存储和传输

6.5.1 应可存储最近不少于180 d 的观测数据和状态信息，以及相应的时间和位置信息，见附录 C。
6.5.2 应具有有线或无线数据通信接口。
6.5.3 应传输观测数据和状态信息，以及相应的时间和位置信息，见附录 C。

6.6 显示终端

应配备显示终端，能实时显示观测数据和状态信息以及相应的时间和位置信息。

6.7 设备状态信息

应采集、存储和输出下列设备状态信息：
- a) 采集器工作状态；
- b) 传感器连接状态和/或工作状态；
- c) 外接电源、蓄电池、数据采集器主板工作电压和状态；
- d) 机箱温度、数据采集器主板工作温度；
- e) 船舶定位、授时以及航速、航向测量仪器状态；
- f) 加热、通风等部件的工作状态；
- g) 通信状态；
- h) 传感器光学窗口的污染状态；
- i) 机箱门开关状态；
- j) 外部存储器状态；
- k) 累计工作时间。

6.8 自标定和远程控制

6.8.1 自标定

采集器或智能传感器应具有测量电路自标定功能，并给出标定结果信息。

6.8.2 远程控制

应具有以下远程控制功能：
- ——系统复位；
- ——参数配置；
- ——嵌入式软件升级。

6.9 时钟

应具有时钟同步功能，内部时钟每30 d 累计最大误差应不超过±15 s。

6.10 功耗

主要部件功耗应符合下列要求：

a) 数据采集器平均功耗:<2 W;

b) 移动通信设备平均功耗(1 min 通信频度):<0.5 W;

c) 卫星通信设备平均功耗(10 min 通信频度):<2 W。

6.11 电源要求

6.11.1 基本要求

6.11.1.1 宜采用 12 V 或 24 V 的蓄电池,蓄电池种类应符合 IEC 60092-305:1980 要求,并具有船用直流和交流电源、太阳能电源等充电系统。

6.11.1.2 蓄电池单独供电时,船载自动气象站连续工作时间应不少于 7 d。

6.11.2 直流电源适应性

应符合下列要求:

——电压范围:24 V×(1±10%)或 12 V×(1±10%);

——电压波动:5%;

——允许极性接反。

6.11.3 交流电源适应性

应符合下列要求:

——电压范围:220 V×(1±20%)或 230 V×(1±15%);

——频率范围:50 Hz×(1±10%)。

6.12 环境条件

6.12.1 气候条件

应适应下列条件:

a) 环境温度:按工作环境温度范围分级所规定的温度范围;

b) 相对湿度:5%~100%;

c) 大气压力:800 hPa~1100 hPa;

d) 太阳总辐射:0 W/m² ~1200 W/m²;

e) 环境风速:0 m/s~75 m/s;

f) 降水强度:0 mm/min~6 mm/min。

6.12.2 机械条件

6.12.2.1 倾斜和摇摆

应适应下列条件:

a) 倾斜角度:22.5°;

b) 摇摆幅度:22.5°。

6.12.2.2 振动

应适应表 6 规定的振动条件。

表 6　振动限值

频率 Hz	振幅 mm	加速度 m/s²
2～13.2	±1.0	—
13.2～100	—	±6.9
注:—表示无该指标要求。		

6.12.3　外壳防护等级

舱室外部件的外壳防护等级应不低于 IEC 60529:2013 规定的 IP66 等级。

6.12.4　抗盐雾要求

应能承受 GD 22—2015 中 2.12 的盐雾试验,不产生腐蚀损坏及影响正常工作。

6.12.5　运输条件

应适合 GB/T 6587—2012 规定的 2 级流通条件。

6.13　电磁兼容性

6.13.1　电磁骚扰限值

6.13.1.1　传导骚扰限值

直流电源、交流电源端口的传导骚扰限值应符合表 7 要求。

表 7　电源端口传导骚扰限值

频率范围	限值
10 kHz～150 kHz	96 dBμV～50 dBμV
150 kHz～350 kHz	60 dBμV～50 dBμV
350 kHz～30 MHz	50 dBμV

6.13.1.2　辐射发射限值

外壳端口的辐射发射限值应符合表 8 要求。

表 8　3 m 距离测量的外壳端口辐射发射限值

频率范围	限值
150 kHz～300 kHz	80 dBμV/m～52 dBμV/m
300 kHz～30 MHz	52 dBμV/m～34 dBμV/m
30 MHz～2 GHz 其中:156 MHz～165 MHz	54 dBμV/m 24 dBμV/m

6.13.2 电磁抗扰度

6.13.2.1 静电放电抗扰度

应符合下列要求:
——接触放电:8 kV;
——空气放电:15 kV。

6.13.2.2 浪涌(冲击)抗扰度

电源端口应符合下列要求:
——线/地:4 kV,1.2/50 μs(电压);
——线/线:4 kV,1.2/50 μs(电压)。

6.13.2.3 电快速瞬变脉冲群抗扰度

应符合下列要求:
——辅助电源端口:2 kV,5 kHz;
——信号端口:2 kV,5 kHz。

6.13.2.4 低频传导抗扰度

6.13.2.4.1 直流电源端口

应符合下列要求:
——电压:24 V×10%(直流电源额定电压为 24 V 时)或 12 V×10%(直流电源额定电压为 12 V 时);
——频率范围:50 Hz～10 kHz;
——功率:2 W。

6.13.2.4.2 交流电源端口

应符合下列要求:
——电压按下列要求,但至少为 3 V:
- 交流电源额定电压为 220 V 时:
  ◆ 电源频率的 15 次谐波及以下:220 V×10%;
  ◆ 电源频率的 15 次～100 次谐波:从 220 V×10%下降至 220 V×1%;
  ◆ 电源频率的 100 次～200 次谐波:220 V×1%。
- 交流电源额定电压为 230 V 时:
  ◆ 电源频率的 15 次谐波及以下:230 V×10%;
  ◆ 电源频率的 15 次～100 次谐波:从 230 V×10%下降至 230 V×1%;
  ◆ 电源频率的 100 次～200 次谐波:230 V×1%。
——功率:2 W。

6.13.2.5 射频场感应的传导骚扰抗扰度

应符合下列要求:
——频率范围:0.15 MHz～80 MHz;
——电压(开路):3 V;

——调制深度:80%;

——调制频率:1000 Hz。

6.13.2.6 射频电磁场辐射抗扰度

应符合下列要求:

——频率范围:80 MHz～2 GHz;

——调制频率:1000 Hz;

——调制深度:80%;

——场强:10 V/m。

6.14 可靠性

平均故障间隔时间(MTBF)应不小于 5000 h。

7 试验方法

7.1 试验环境条件

应符合下列要求:

——环境温度:15 ℃～35 ℃;

——相对湿度:30%～90%;

——大气压力:860 hPa～1060 hPa。

7.2 试验仪器仪表

所用的试验仪器仪表和设备应满足本试验要求,所用标准器应在计量检定有效期内。

7.3 一般要求检查

7.3.1 外观和工艺

目测和手工检查。

7.3.2 材料

采用目测检查方法,定型检验时检查供应商提供的证明材料。

7.3.3 安装结构

采用目测检查方法,定型检验时检查设计资料。

7.3.4 设计寿命

定型检验时检查设计资料中有关设计寿命的说明。

7.4 安全

7.4.1 安全标志

7.4.1.1 目测检查安全标志是否齐全、完整。

7.4.1.2 按 IEC 61010-1:2010 的 5.3 进行标志耐久性检查。

7.4.2 防电击危险

7.4.2.1 测量可触及零部件对试验参考地的电压。

7.4.2.2 按 GD 22—2015 的 2.3 进行绝缘电阻试验。

7.4.2.3 按 GD 22—2015 的 2.14 进行耐电压试验。

7.4.2.4 目视和人工检查交流电源输入处是否具有断开装置,工作是否正常。

7.4.3 防机械危险

7.4.3.1 人工检查机械结构上的棱缘或拐角。

7.4.3.2 人工检查设计资料中有关机械强度的设计说明,以及产品说明书中对机械危险的说明。

7.4.4 蓄电池

7.4.4.1 目视检查电池电极绝缘保护装置。

7.4.4.2 目视检查防止电解液泄漏侵蚀到带电部件的措施。

7.4.5 滞燃试验

按 GD 22—2015 的 2.16 进行滞燃试验,也可由供应商提供已通过滞燃试验的证明。

7.5 测量性能

7.5.1 试验仪器仪表

见表 9。

表 9 测量性能试验用仪器仪表

序号	名称	规格
1	数字式气压计和自动标准压力发生器	最大允许误差:±0.1 hPa
2	铂电阻测温仪	最大允许误差:±0.05 ℃
3	恒温槽	温度控制范围:−50 ℃~80 ℃; 温度均匀性:0.02 ℃; 温度波动性:±0.04 ℃(10 min 以内)
4	精密露点仪	相对湿度测量范围:10%~100%; 最大允许误差: 露点温度:±0.2 ℃; 相对湿度:±1%
5	调温调湿箱或湿度发生器	相对湿度调节范围:10%~95%; 相对湿度场波动度:±1.5%(−10 ℃以上); 相对湿度场均匀度:1.5%; 温度调节范围:−30 ℃~50 ℃; 温度波动度:±0.2 ℃; 温度均匀度:0.3 ℃
6	L 型标准皮托静压管	校准系数:0.998~1.004

表9 测量性能试验用仪器仪表（续）

序号	名称	规格
7	数字微压计	测量范围：0 Pa～800 Pa； 最大允许误差：±0.5 Pa
8	风洞	风速上限：≥40 m/s； 均匀性：≤1%； 稳定性：≤0.05%； 阻塞比：<0.05（开口风洞阻塞比应小于0.1）
9	标准度盘	范围：0°～360°； 最大允许误差：1°； 分辨力：0.1°
10	标准玻璃量器	模拟1 mm/min、4 mm/min雨强以及10 mm、30 mm雨量的降水； 最大允许误差：±0.2%
11	能见度测试套件	遮光板； 散射板（不透明玻璃板），CIE-A光源雾度值：96%±1%
12	中国系列标准海水	盐度：0.5%、2%、3%、3.5%、4%； 盐度标称值的准确度：±0.0003%

7.5.2 气压

按以下步骤进行：

a) 将被测气压传感器的参考位置与数字式气压计的参考位置保持在同一水平面，压力接头（接嘴）与数字式气压计及压力发生装置（或自动标准压力发生器）接头（接嘴）相连；

b) 测试点为800 hPa、850 hPa、900 hPa、950 hPa、1000 hPa、1050 hPa、1100 hPa；

c) 从800 hPa或1100 hPa开始，按以上测试点顺序逐点进行2次循环的测试；

d) 在各测试点上，每20 s读取1次数字式气压计示值和被测气压传感器示值，共读取3次；

e) 分别计算各测试点数字式气压计示值和被测气压传感器示值的算术平均值，作为该测试点的标准值和气压示值；

f) 以各测试点的气压示值减去标准值作为该测试点气压测量误差。

7.5.3 气温

按以下步骤进行：

a) 将被测温度传感器与标准铂电阻温度计插入恒温槽中足够深度，使二者感温部分处于同一水平面。

注：足够深度是指，插入深度增加1 cm，被测传感器测量误差测试结果变化不超过0.02 ℃。

b) 测试点根据被试仪器工作温度范围级别按下列方法选取：

1) A级测试点：−50 ℃、−20 ℃、0 ℃、20 ℃、70 ℃；

2) B级测试点：−25 ℃、−20 ℃、0 ℃、20 ℃、50 ℃；

3) C级测试点：5 ℃、20 ℃、40 ℃。

c) 在每个测试点上，当槽温达到设定温度并稳定后方可进行读数，每隔30 s读取1次标准铂电阻温度计示值和被测温度传感器示值,共读取 4 次。

d) 分别计算各测试点标准铂电阻温度计值和被测温度传感器示值的算术平均值,作为该测试点的标准值和温度示值。

e) 以各测试点的温度示值减去标准值作为该测试点温度测量误差。

7.5.4 相对湿度

按以下步骤进行:

a) 将被测湿度传感器与精密露点仪传感器置入调湿调温箱或湿度发生器有效工作区域;

b) 测试点为 30%、40%、55%、75%、95%;

c) 按先从低湿逐点升到高湿,再从高湿逐点降至低湿,对各测试点进行 1 次循环测试;

d) 温度湿度稳定 30 min 后开始读数,先读取精密露点仪相对湿度值和温度值,再读取被测湿度传感器示值,每隔 20 s 读取一次,共读取 3 次;

e) 分别计算各测试点精密露点仪相对湿度示值和被测湿度传感器示值的算术平均值,作为该测试点的标准值和相对湿度示值;

f) 以各测试点的相对湿度示值减去标准值作为该测试点相对湿度测量误差,并将各测试点精密露点仪温度示值的算术平均值作为该测试点相对湿度测量误差所对应的温度值。

7.5.5 相对风向

7.5.5.1 起动风速

按以下步骤进行:

a) 将 L 型标准皮托静压管牢固安装在风洞试验段,其测头轴线与风洞试验段轴线平行,并对准风的来向,将其总压接头、静压接头分别与微压计测试端和参考端相连;

b) 将被测风向传感器牢固安装在风洞试验段,风向标转动平面应水平并置于 L 型标准皮托静压管后端(相对气流来向);

c) 静风时,将被测风向传感器风向标分别转动至与风洞试验段轴线成 15°及 340°的位置,缓慢增加风洞流场风速至 0.5 m/s,观察被测风向传感器的风向标是否转动并与气流方向一致。

7.5.5.2 测量误差

按以下步骤进行:

a) 将被测风向传感器通过标准度盘牢固安装在风洞试验段,风向标转动平面应水平并置于 L 型标准皮托静压管后端(相对气流来向),将标准度盘调节到零位,并使风向传感器指北线、标准度盘零位标志对准风洞气流来向;

b) 测试点为 0°、45°、90°、135°、180°、225°、270°、315°;

c) 将风洞风速调整到 5 m/s,将标准度盘依次调节到上述测试点,在各测试点上,将风向标位置转到与风洞气流相反的方向,稳定 1 min 后,读取被测风向传感器的相对风向示值;

d) 以各测试点的相对风向示值减去测试点值作为该测试点的相对风向测量误差。

7.5.6 视风速

7.5.6.1 起动风速

按以下步骤进行:

a) 将 L 型标准皮托静压管牢固安装在风洞试验段,其测头轴线与风洞试验段轴线平行,并对准风的来向,将其总压接头、静压接头分别与微压计测试端和参考端相连;

b) 将被测风速传感器牢固安装在风洞试验段,风杯转动平面应水平并置于 L 型标准皮托静压管后端(相对气流来向);

c) 风杯处于静止状态下,缓慢增加风洞流场风速至 0.5 m/s,观察风杯是否由静止变为持续转动;

d) 重复测量 3 次。

7.5.6.2 测量误差

按以下步骤进行:

a) 测试点为 2 m/s、5 m/s、10 m/s、15 m/s、20 m/s、25 m/s、30 m/s、40 m/s;

b) 在每个测试点上,风洞风速稳定 1 min 后读取实测风压值、流场温度值、流场湿度值和大气压力值并计算出风洞工作段内的实测风速值,读取被测风速传感器在各测试点的视风速示值(即风速传感器示值);

c) 分别计算各测试点实测风速值和被测风速传感器视风速示值的算术平均值,为该测试点的标准值和视风速示值;

d) 以各测试点的视风速示值减去标准值作为该测试点的视风速测量误差。

7.5.7 降水量

按以下步骤进行:

a) 用 10 mm 和 30 mm 降水量,分别以 1 mm/min 和 4 mm/min 雨强将清水注入雨量传感器,读取雨量传感器输出值,各重复测量 3 次;

b) 分别以 1 mm/min 和 4 mm/min 雨强的 10 mm 降水量的 3 次测量结果的算术平均值作为雨量示值,雨量示值减去标准值(10 mm)作为雨量测量绝对误差;

c) 分别以 1 mm/min 和 4 mm/min 雨强的 30 mm 降水量的 3 次测量结果的算术平均值减去 30 mm,再除以标准值(30 mm)所得的百分比作为雨量测量相对误差。

注:本方法仅适用于采用收集的方法(如翻斗式、电容式以及称重式等)测量降水量的仪器的测试。

7.5.8 能见度

按以下步骤进行:

a) 在能见度仪接收端安装遮光板,稳定后读取能见度仪示值,若未达到标称量程上限值,终止操作;

b) 取下遮光板,安装散射板,稳定后读取能见度仪输出信号示值;

c) 将信号示值减去散射板信号标称值,再除以标称值所得的百分比,应不超过 5%。

7.5.9 水体表层温度

用－5 ℃、0 ℃、40 ℃三个测试点,参照 7.5.3 的方法进行测试。

7.5.10 水体表层盐度

按以下步骤进行:

a) 测试点为 0.5%、2%、3%、3.5%、4%;

b) 在每个测试点上,用相应的标准海水进行测试,当盐度传感器读数稳定后,每隔 1 min 读取被测盐度传感器测量结果,共读取 3 次;

c) 以 3 次被测盐度传感器示值的算术平均值作为该测试点的盐度示值;

d) 以各测试点的盐度示值减去测试点标准盐度值作为盐度测量误差。

7.5.11 定位

对船载自动站的定位仪器按 IEC 61108-1:2003 或 BD 420010—2015 的动态定位测试方法进行试验,也可检查定位仪器厂商声明的水平定位误差参数。

7.5.12 运动状态参量

7.5.12.1 艏向

对船载自动气象站的艏向测量仪器按 ISO 22090 的动态误差测试方法进行试验,也可检查艏向测量仪器厂商声明的艏向测量误差参数。

7.5.12.2 航向

对船载自动气象站的航向测量仪器按 IEC 61108-1:2003 的航向误差测试方法进行试验,也可检查航向测量仪器厂商声明的航向测量误差参数。

7.5.12.3 航速

对船载自动气象站的航速测量仪器按 IEC 61108-1:2003 或 BD 420010—2015 的航速误差测试方法进行试验,也可检查航速测量仪器厂商声明的航速测量误差参数。

7.5.12.4 横倾角

按以下步骤进行:
a) 将横倾角测量仪器安装在倾斜摇摆试验台上;
b) 测试点为 $-30°$、$-15°$、$0°$、$15°$、$30°$;
c) 在每个测试点上,分别读取试验台横倾角标准值和被测仪器的横倾角示值;
d) 以各测试点的横倾角示值减去标准值作为该测试点的横倾角测量误差。

7.5.12.5 纵倾角

按以下步骤进行:
a) 将纵倾角测量仪器安装在倾斜摇摆试验台上;
b) 测试点为 $-30°$、$-15°$、$0°$、$15°$、$30°$;
c) 在每个测试点上,分别读取试验台纵倾角标准值和被测仪器的纵倾角示值;
d) 以各测试点的纵倾角示值减去标准值作为该测试点的纵倾角测量误差。

7.6 采样、算法和数据质量控制检查

7.6.1 一般要求检查

按以下步骤进行:
a) 船载自动气象站运行 24 h 后,读取各要素的采样瞬时值、瞬时气象值、正点气象值、导出量、统计量、相应的数据质量控制标识以及相应的时间;
b) 按 6.4 规定的算法和数据质量控制方法对采样瞬时值进行计算,得到计算的瞬时气象值、正点气象值、导出量、统计量、相应的数据质量控制标识以及相应的时间;
c) 比较船载自动气象站读取的各项数据与计算得到的相应数据是否一致。

7.6.2 真风算法

按以下步骤进行:

a) 使用信号模拟器或数据模拟器为船载自动气象站提供风向、风速、艏向、航向、航速数据输入，以下列测试点采取正交试验法构成表10的测试点组合：

    1) 风向：0°、60°、150°、240°、330°；

    2) 风速：0 m/s、5 m/s、15 m/s、30 m/s、60 m/s；

    3) 艏向：0°、30°、120°、210°、300°；

    4) 航向：0°、20°、110°、200°、290°；

    5) 航速：0 m/s、5 m/s、10 m/s、15 m/s、18 m/s。

b) 在每个测试点组合上，读取船载自动气象站的艏向、航向、航速以及相对风向、视风速、真风向和真风速的示值，并按附录B方法计算得到真风向和真风速的计算值。

c) 比较真风向、真风速的示值与计算值是否一致。

表 10　真风算法测试点组合

测试点序号	测试点参数				
	风向 °	风速 m/s	艏向 °	航向 °	航速 m/s
1	0	0	0	0	0
2	0	5	30	20	5
3	0	15	120	110	10
4	0	30	210	200	15
5	0	60	300	290	18
6	60	0	30	110	15
7	60	5	120	200	18
8	60	15	210	290	0
9	60	30	300	0	5
10	60	60	0	20	10
11	150	0	120	290	5
12	150	5	210	0	10
13	150	15	300	20	15
14	150	30	0	110	18
15	150	60	30	200	0
16	240	0	210	20	18
17	240	5	300	110	0
18	240	15	0	200	5
19	240	30	30	290	10
20	240	60	120	0	15
21	330	0	300	200	10
22	330	5	0	290	15
23	330	15	30	0	18
24	330	30	120	20	0
25	330	60	210	110	5

7.7 数据存储和传输

7.7.1 数据存储

船载自动气象站连续运行 3 d 后,检查船载自动气象站存储的采样瞬时值、瞬时气象值、正点气象值、导出量、统计量和状态信息,以及剩余存储空间。

7.7.2 数据传输

根据船载自动气象站通信接口的类型,采用相应的通信电缆、通信设备,建立船载自动气象站与计算机的数据链路,计算机上运行通用的通信工具软件(如超级终端)并作相应配置,作如下检查:
a) 船载自动气象站向计算机主动传输的采样瞬时值、瞬时气象值、正点气象值、导出量、统计量和状态信息;
b) 计算机向船载自动气象站发出终端操作命令后,查看船载自动气象站的反馈内容。

7.8 显示终端

检查显示的内容。

7.9 设备状态信息

按表 11 进行试验。

表 11 设备状态信息试验方法

序号	状态信息	试验方法
1	采集器工作状态	使数据采集器的工作状态发生变化,检查船载自动气象站存贮和输出的数据采集器工作状态。
2	传感器连接状态和/或工作状态	使传感器工作状态发生变化,检查船载自动气象站存贮和输出的各传感器状态。
3	外接电源、蓄电池、数据采集器主板工作电压和状态	a) 使用稳压电源作为外接电源接入,调节稳压电源电压,检查船载自动气象站存贮和输出的外接电源电压值和状态; b) 使用稳压电源代替蓄电池为船载自动气象站供电,调节稳压电源电压,检查船载自动气象站存贮和输出的蓄电池电压值和状态; c) 使数据采集器主板工作电压发生变化,检查船载自动气象站存贮和输出的数据采集器主板工作电压值和状态。
4	机箱温度、数据采集器主板工作温度	使机箱温度、数据采集器主板工作温度发生变化,检查船载自动气象站存贮和输出的机箱温度、数据采集器主板工作温度。
5	船舶定位、授时以及航速、航向测量设备状态	使船舶定位、授时以及航速、航向测量仪器处于正常、非正常状态,检查船载自动气象站存贮和输出的船舶定位、授时以及航速、航向测量状态。
6	加热、通风等装置的工作状态	使加热、通风部件的工作状态发生变化,检查船载自动气象站存贮和输出的加热、通风部件状态。
7	通信状态	使船载自动气象站处于正常通信、非正常通信状态,检查船载自动气象站存贮和输出的通信状态。

表 11 设备状态信息试验方法(续)

序号	状态信息	试验方法
8	传感器光学窗口的污染状态	使传感器光学窗口污染状态发生变化,检查船载自动气象站存贮和输出的传感器光学窗口污染状态。
9	机箱门开关状态	进行打开、关闭机箱门的操作,检查船载自动气象站存贮和输出的门开关状态。
10	外部存储器状态	使外部存储器处于正常、非正常状态,检查船载自动气象站存贮和输出的外部存储器状态。
11	累计工作时间	读取并记录当前船载自动气象站的累计工作时间,继续运行 1 d 后,再次读取船载自动气象站的累计工作时间,比较前后两次的累计工作时间变化。

7.10 自标定和远程控制

7.10.1 自标定

改变测量通道内部参考标准源的值,从采集器或智能传感器读取相应气象要素的采样瞬时值,检查是否发生相应变化。

7.10.2 远程控制

通过远程向船载自动气象站发指令的方式,进行下列检查:
a) 发送系统复位指令,检查船载自动气象站的响应;
b) 发送参数配置指令,检查船载自动气象站的参数配置;
c) 发送嵌入式软件升级指令,检查船载自动气象站嵌入式软件升级情况。

7.11 时钟

船载自动气象站通电运行后,使用国家授时中心网站标准时间进行校时,再连续运行 72 h 后,检查船载自动气象站采集器和智能传感器的时间与标准时间的误差。

7.12 功耗

按船载自动气象站产品配置表配置传感器和通信方式,移动通信方式采用 1 min 通信间隔,卫星通信方式采用 10 min 通信间隔,通电运行,用功率计测量数据采集器、移动通信设备、卫星通信设备 1 h 内的平均功率。

7.13 电源

7.13.1 蓄电池

按以下步骤进行:
a) 检查蓄电池的类型及标称电压;
b) 用配备的交流电、直流电或太阳能充电装置对蓄电池进行充电,检查蓄电池的充电情况;
c) 定型检验时:
    1) 按产品说明书配置传感器;

2) 通信频度按移动通信每分钟 1 次,卫星通信每小时 6 次配置;

3) 将蓄电池充满电;

4) 接通蓄电池,在蓄电池无充电情况下,检查船载自动气象站是否能保持连续运行 7 d。

7.13.2 直流电源适应性

按以下步骤进行:

a) 按 GD 22—2015 的 2.4 中直流电源波动试验方法进行试验;

b) 将直流试验电压以反极性接入,检查船载自动气象站运行情况。

7.13.3 交流电源适应性

按 GD 22—2015 的 2.4 中交流电源波动试验方法进行试验。

7.14 环境条件

7.14.1 气候条件

7.14.1.1 高温

根据产品的工作环境温度范围分级,按 GD 22—2015 的 2.8 进行试验。

7.14.1.2 低温

根据产品的工作环境温度范围分级,按 GD 22—2015 的 2.9 进行试验。

7.14.1.3 交变湿热

根据产品的工作环境温度范围分级,按 GD 22—2015 的 2.10 进行试验。

7.14.1.4 恒定湿热

根据产品的工作环境温度范围分级,按 GD 22—2015 的 2.11 进行试验。

7.14.2 机械条件

7.14.2.1 倾斜和摇摆

按 GD 22—2015 的 2.6 进行试验。

7.14.2.2 振动

按 GD 22—2015 的 2.7 进行试验。

7.14.3 外壳防护

按 GD 22—2015 的 2.15 进行试验。

7.14.4 盐雾

按 GD 22—2015 的 2.12 进行试验。

7.14.5 包装运输

按 GB/T 6587—2012 的 5.10 对包装的产品进行流通条件等级 2 级规定的振动和自由跌落试验。

7.15 电磁兼容性

7.15.1 电磁骚扰限值

7.15.1.1 传导骚扰限值

按 GD 22—2015 的 3.2 进行试验。

7.15.1.2 辐射发射限值

按 GD 22—2015 的 3.3 进行试验。

7.15.2 电磁抗扰度

7.15.2.1 静电放电抗扰度

按 GD 22—2015 的 3.4 进行试验。

7.15.2.2 浪涌(冲击)抗扰度

按 GD 22—2015 的 3.7 进行试验。

7.15.2.3 电快速瞬变脉冲群抗扰度

按 GD 22—2015 的 3.6 进行试验。

7.15.2.4 低频传导抗扰度

7.15.2.4.1 直流电源端口

按 GD 22—2015 的 3.8 中直流供电设备试验方法进行试验。

7.15.2.4.2 交流电源端口

按 GD 22—2015 的 3.8 中交流供电设备试验方法进行试验。

7.15.2.5 射频场感应的传导骚扰抗扰度

按 GD 22—2015 的 3.9 进行试验。

7.15.2.6 射频电磁场辐射抗扰度

按 GD 22—2015 的 3.5 进行试验。

7.16 可靠性

按 GB/T 11463—1989 的定时定数截尾试验方案 1—2 进行试验。

8 检验规则

8.1 检验分类

检验分为下列两类：
a) 定型检验；

b) 出厂检验。

8.2 检验项目

见表 12。

表 12 检验项目

序号	检验项目		定型检验	出厂检验	技术要求章条号	试验方法章条号
1	一般要求		●	●	6.1	7.3
2	安全要求		●	●	6.2	7.4
3	测量性能	气压	●	●	6.3.1	7.5.2
4		气温	●	●	6.3.1	7.5.3
5		相对湿度	●	●	6.3.1	7.5.4
6		相对风向	●	●	6.3.1	7.5.5
7		视风速	●	●	6.3.1	7.5.6
8		降水量	●	●	6.3.1	7.5.7
9		能见度	●	●	6.3.1	7.5.8
10		水体表层温度	●	○	6.3.1	7.5.9
11		水体表层盐度	●	○	6.3.1	7.5.10
12		定位	●	○	6.3.2	7.5.11
13		艏向	●	○	6.3.3	7.5.12.1
14		航向	●	○	6.3.3	7.5.12.2
15		航速	●	○	6.3.3	7.5.12.3
16		横倾角	●	○	6.3.3	7.5.12.4
17		纵倾角	●	○	6.3.3	7.5.12.5
18	采样、算法和数据质量控制		●	○	6.4	7.6
19	数据存储和传输		●	○	6.5	7.7
20	显示终端		●	○	6.6	7.8
21	设备状态信息		●	○	6.7	7.9
22	自标定和远程控制		●	○	6.8	7.10
23	时钟误差		●	●	6.9	7.11
24	功耗		●	●	6.10	7.12
25	电源	蓄电池	●	●	6.11.1	7.13.1
26		直流电源	●	●	6.11.2	7.13.2
27		交流电源	●	●	6.11.3	7.13.3
28	环境条件	高温	●	—	6.12.1	7.14.1.1
29		低温	●	—	6.12.1	7.14.1.2
30		交变湿热	●	—	6.12.1	7.14.1.3
31		恒定湿热	●	—	6.12.1	7.14.1.4
32		倾斜和摇摆	●	—	6.12.2.1	7.14.2.1
33		振动	●	—	6.12.2.2	7.14.2.2
34		外壳防护	●	—	6.12.3	7.14.3
35		盐雾	●	—	6.12.4	7.14.4
36		运输	●	—	6.12.5	7.14.5

表 12 检验项目(续)

序号	检验项目		定型检验	出厂检验	技术要求章条号	试验方法章条号
37	电磁兼容性	传导骚扰限值	●	—	6.13.1.1	7.15.1.1
38		辐射发射限值	●	—	6.13.1.2	7.15.1.2
39		静电放电抗扰度	●	—	6.13.2.1	7.15.2.1
40		浪涌(冲击)抗扰度	●	—	6.13.2.2	7.15.2.2
41		电快速瞬变脉冲群抗扰度	●	—	6.13.2.3	7.15.2.3
42		低频传导抗扰度	●	—	6.13.2.4	7.15.2.4
43		射频场感应的传导骚扰抗扰度	●	—	6.13.2.5	7.15.2.5
44		射频电磁场辐射抗扰度	●	—	6.13.2.6	7.15.2.6
45	可靠性		●	—	6.14	7.16
注:●表示应进行检验的项目;○表示需要时进行检验的项目;—表示不进行检验的项目。						

8.3 缺陷的判定

8.3.1 致命缺陷

对人身安全构成危险或产品严重损坏致基本功能性能丧失的,应判为致命缺陷。

8.3.2 重缺陷

下列性质的缺陷应判为重缺陷:
a) 测量性能误差超过规定的范围;
b) 突然的电气或结构失效引起的产品单一功能丧失,但可以通过更换部件恢复的。

8.3.3 轻缺陷

发生故障时,无须更换零部件,仅作简单处理即能恢复产品正常工作,这类故障判为轻缺陷。

8.4 定型检验

8.4.1 检验条件

在下列情况下进行:
a) 新产品定型时;
b) 主要设计、工艺、材料及元器件有重大变更,存在影响产品性能下降的风险时;
c) 停产 2 a 以上再生产时。

8.4.2 检验项目

表 12 中规定的定型检验项目。

8.4.3 抽样方案

应按下列方法从表 12 中的检查项目中抽样:
a) 项目 1—项目 2,在完成生产的产品中随机抽取 5 台样本进行,小于 10 台的产品全部完成后抽样,大于 10 台的产品完成 10 台后抽样;

b) 项目 3—项目 17,由 a)中检验合格的样本中随机抽取 2 台进行;

c) 项目 18—项目 27,由 a)中检验合格的样本中随机抽取 1 台进行;

d) 项目 28—项目 44,由 a)中检验合格的样本中随机抽取 1 台进行;

e) 项目 45,按 GB/T 11463—1989 进行抽样。

8.4.4 合格判定

8.4.4.1 表 12 中项目 1—项目 17 的检验过程中,允许出现重缺陷和轻缺陷的次数之和不超过 2 次,且不得出现致命缺陷,否则,定型检验判为不合格。

8.4.4.2 表 12 中项目 18—项目 45 各项检验都应通过,才能判定定型检验合格。

8.5 出厂检验

8.5.1 检验项目

表 12 中规定的出厂检验项目。

8.5.2 抽样方案

按下列方法从表 12 中的检查项目中抽样:

a) 项目 1—项目 17,逐台进行;

b) 项目 18—项目 22,随机抽取 1 台;

c) 项目 23—项目 27,按 GB/T 2828.1—2012 检验水平 S-2,AQL=2.5,确定检验的样本数。

8.5.3 合格判定

8.5.3.1 表 12 中项目 1—项目 17,均无缺陷则判定该组项目合格。

8.5.3.2 表 12 中项目 18—项目 22,均无缺陷则判定该组项目合格。

8.5.3.3 表 12 中项目 23—项目 27,若在样本中发现的不合格数小于或等于合格判定数,则判定该组项目合格。

8.5.3.4 各项目检验均合格,才能判定出厂检验合格,否则判为不合格。

8.5.4 不合格处理

8.5.4.1 若出现的不合格为轻缺陷时,可纠正后继续进行检验。

8.5.4.2 若出现的不合格为重缺陷时,终止本次检验。批量产品整改后,加严抽样重新进行检验。

8.5.4.3 若出现的不合格为致命缺陷,终止本次检验。批量产品整改后,加严抽样按定型检验项目重新进行检验。

9 标志和随行文件

9.1 标志

9.1.1 产品标志

应包括以下内容:

a) 制造厂名;

b) 产品名称和型号;

c) 出厂编号;

d) 出厂日期；

e) 产品分级标识。

9.1.2 包装标志

应包括以下内容：

a) 产品名称和型号；

b) 制造厂名；

c) 包装箱编号；

d) 外形尺寸；

e) 毛重；

f) "易碎物品""向上""怕雨""堆码层数极限"等符合 GB/T 191—2008 规定的标志。

9.2 随行文件

包括：

a) 使用说明书或用户手册；

b) 检验报告；

c) 合格证；

d) 传感器测试证书；

e) 保修单；

f) 装箱单。

10 包装、运输和贮存

10.1 包装

10.1.1 包装箱应牢固,内有防振动等措施。

10.1.2 包装箱内应有随行文件。

10.1.3 每个包装箱内都应有装箱单。

10.2 运输

10.2.1 运输过程中应防止剧烈振动、挤压、雨淋及化学物品侵蚀。

10.2.2 搬运应轻拿轻放,码放整齐,不应滚动和抛掷。

10.3 贮存

包装好的产品应贮存在环境温度$-10\ ℃\sim40\ ℃$,相对湿度小于80%的室内,且周围无腐蚀性挥发物,无强电磁作用。

附 录 A

（资料性附录）

船载自动气象站安装要求

A.1 一般要求

应符合下列要求：

a) 尽量采用组件式安装结构，减少各部件之间的分散性；

b) 不破坏舱壁或甲板原有的防护性能及强度，避免在水密舱壁、甲板、甲板室的露天外围壁上钻孔以螺钉紧固；

c) 不安装在船舶外板上及双层底上，以及贴近油舱（油柜）、水舱（水柜）、双层底等的外壁表面；

d) 安装在上甲板（机舱除外）及水密隔舱壁上时采用加强复板；

e) 铺设金属电缆穿线管，提高感应雷防护能力；

f) 交流电压超过 30 V 或直流电压超过 50 V 的非双重绝缘的设备应提供保护接地装置；

g) 拆装方便，紧固及连接牢固，并有防振防松脱装置；

h) 结构紧固件可采用双螺母并紧措施，在易晃动处可使用橡皮等缓冲措施；

i) 电缆芯线的端头应按 GB/T 21065—2007 采用冷压型接头。

A.2 风传感器

应符合下列要求：

a) 在主桅或前桅、最高的舱室顶部或顶甲板前部等位置进行安装；

b) 传感器感应部分距下方平台一般不小于 2 m；

c) 风向传感器指北方向与船舶的纵中线保持一致。

A.3 温湿度传感器

应符合下列要求：

a) 安装在防辐射罩内；

b) 传感器感应部分距传感器下方平台 1.5 m～2.0 m。

A.4 气压传感器

应符合下列要求：

a) 避免气压传感器直接通风和受阳光直接照射；

b) 具有适当的减振措施；

c) 进气口宜安装静压装置。

A.5 能见度传感器

传感器采样区中心距下方平台不小于 2 m。

A.6 降水传感器

采用适当的减振措施,宜采用常平架安装。

A.7 水体表层温度传感器

应符合下列要求:
a) 传感器感应部分保持在水体表面以下 0.5 m 以内;
b) 尽量避免船舶尾迹产生的影响。

A.8 水体表层盐度传感器

应符合下列要求:
a) 传感器感应部分保持在水体表面以下 0.5 m 以内;
b) 尽量避免船舶尾迹产生的影响。

A.9 船舶定向定位仪器

应符合下列要求:
a) 尽量靠近风传感器安装点;
b) 南北轴线方向与船舶的纵中线保持一致。

A.10 船载数据显示终端

布局位置及安装应符合船方要求。宜参考下列要求:
a) 安装于驾驶舱内;
b) 尽量靠近船上原有气象类显示仪表;
c) 安装位置便于布设与采集器的通信电缆,或与采集器之间具有良好的无线通信网络。

A.11 蓄电池

应放置于能通气的机箱中。

附 录 B

（规范性附录）

真风算法

真风应按公式(B.1)计算：

$$W_T = W_A - W_S \qquad\qquad\qquad\cdots\cdots\cdots\cdots\cdots\cdots(B.1)$$

式中：

W_T——真风矢量；

W_A——视风矢量；

W_S——船风矢量。

图 B.1 给出了真风、视风、船风的关系示意。

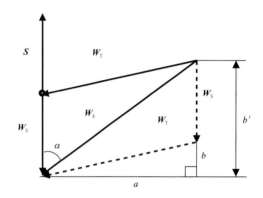

说明：

S　——船舶运动矢量；

W_T——真风矢量；

W_A——视风矢量；

W_S——船风矢量；

α　——视风向。

图 B.1　真风、视风、船风关系示意图

公式(B.2)、公式(B.3)是根据图 B.1 计算真风速、真风向的示例。

$$V_T = \sqrt{a^2 + b^2} = \sqrt{a^2 + (b' - V_S)^2}$$
$$= \sqrt{(V_A \cdot \cos(90-\alpha))^2 + (V_A \cdot \sin(90-\alpha) - V_S)^2} \qquad\cdots\cdots\cdots\cdots\cdots(B.2)$$

$$D_T = 90 - \arctan(b/a) + D_S$$
$$= 90 - \arctan((V_A \cdot \sin(90-\alpha) - V_S)/(V_A \cdot \cos(90-\alpha))) + D_S \qquad\cdots\cdots\cdots\cdots(B.3)$$

公式(B.2)、公式(B.3)中：

V_T——真风速；

D_T——真风向；

V_A——视风速；

α　——视风向；

V_S——航速（船风速）；

D_S——航向（船风向）。

附　录　C
（规范性附录）
观测数据和状态信息

C.1　观测数据

船载自动气象站的观测数据要求见表 C.1。

表 C.1　观测数据项列表

序号	数据项	单位	数据项记录要求
1	观测数据时间[a]	—	协调世界时，记录到分钟
2	船舶位置（经度）[a]	°′″	记录到[角]秒
3	船舶位置（纬度）[a]	°′″	记录到[角]秒
4	船舶位置（海拔高度）	m	记录到 0.1 m
5	船舶航向[a]	°	记录到 1°
6	船舶航速[a]	m/s	记录到 0.1 m/s
7	船舶艏向[a]	°	记录到 1°
8	2 min 平均风向[a]	°	记录到 1°
9	2 min 平均风速[a]	m/s	记录到 0.1 m/s
10	10 min 平均风向[a]	°	记录到 1°
11	10 min 平均风速[a]	m/s	记录到 0.1 m/s
12	最大风速[a]	m/s	记录到 0.1 m/s
13	最大风速对应风向[a]	°	记录到 1°
14	最大风速出现时间[a]	—	协调世界时，记录到分钟
15	最大风速出现位置（经度）	°′″	记录到[角]秒
16	最大风速出现位置（纬度）	°′″	记录到[角]秒
17	分钟内最大瞬时风速	m/s	记录到 0.1 m/s
18	分钟内最大瞬时风速对应风向	°	记录到 1°
19	极大风速[a]	m/s	记录到 0.1 m/s
20	极大风速对应风向[a]	1°	记录到 1°
21	极大风速出现时间[a]	—	协调世界时，记录到分钟
22	极大风速出现位置（经度）[a]	°′″	记录到[角]秒
23	极大风速出现位置（纬度）[a]	°′″	记录到[角]秒
24	3 s 瞬时风向[a]	°	记录到 1°
25	3 s 瞬时风速[a]	m/s	记录到 0.1 m/s
26	气温[a]	℃	记录到 0.1 ℃

表 C.1 观测数据项列表（续）

序号	数据项	单位	数据项记录要求
27	最高气温ª	℃	记录到 0.1 ℃
28	最高气温出现时间ª	—	协调世界时,记录到分钟
29	最高气温出现位置(经度)	°′″	记录到[角]秒
30	最高气温出现位置(纬度)	°′″	记录到[角]秒
31	最低气温ª	℃	记录到 0.1℃
32	最低气温出现时间ª	—	协调世界时,记录到分钟
33	最低气温出现位置(经度)	°′″	记录到[角]秒
34	最低气温出现位置(纬度)	°′″	记录到[角]秒
35	相对湿度ª	%	记录到 1%
36	最小相对湿度ª	%	记录到 1%
37	最小相对湿度出现时间ª	—	协调世界时,记录到分钟
38	最小相对湿度出现位置(经度)	°′″	记录到[角]秒
39	最小相对湿度出现位置(纬度)	°′″	记录到[角]秒
40	水汽压ª	hPa	记录到 0.1 hPa
41	露点温度ª	℃	记录到 0.1 ℃
42	本站气压ª	hPa	记录到 0.1 hPa
43	最高本站气压ª	hPa	记录到 0.1 hPa
44	最高本站气压出现时间ª	—	协调世界时,记录到分钟
45	最高本站气压出现位置(经度)	°′″	记录到[角]秒
46	最高本站气压出现位置(纬度)	°′″	记录到[角]秒
47	最低本站气压ª	hPa	记录到 0.1 hPa
48	最低本站气压出现时间ª	—	协调世界时,记录到分钟
49	最低本站气压出现位置(经度)	°′″	记录到[角]秒
50	最低本站气压出现位置(纬度)	°′″	记录到[角]秒
51	海平面气压	hPa	记录到 0.1 hPa
52	能见度(1 min 平均)ª	m	记录到 1 m
53	能见度(10 min 平均)ª	m	记录到 1 m
54	最小能见度ª	m	记录到 1 m
55	最小能见度出现时间ª	—	协调世界时,记录到分钟
56	最小能见度出现位置(经度)	°′″	记录到[角]秒
57	最小能见度出现位置(纬度)	°′″	记录到[角]秒
58	分钟降水量	mm	记录到 0.1 mm
59	小时累计降水量	mm	记录到 0.1 mm
60	水体表层温度	℃	记录到 0.1 ℃

表 C. 1 观测数据项列表(续)

序号	数据项	单位	数据项记录要求
61	最高水体表层温度	℃	记录到 0.1 ℃
62	最高水体表层温度出现时间	—	协调世界时,记录到分钟
63	最高水体表层温度出现位置(经度)	° ′ ″	记录到[角]秒
64	最高水体表层温度出现位置(纬度)	° ′ ″	记录到[角]秒
65	最低水体表层温度	℃	记录到 0.1 ℃
66	最低水体表层温度出现时间	—	协调世界时,记录到分钟
67	最低水体表层温度出现位置(经度)	° ′ ″	记录到[角]秒
68	最低水体表层温度出现位置(纬度)	° ′ ″	记录到[角]秒
69	水体表层盐度	‰	记录到 0.001‰
70	最高水体表层盐度	‰	记录到 0.001‰
71	最高水体表层盐度出现时间	—	协调世界时,记录到分钟
72	最高水体表层盐度出现位置(经度)	° ′ ″	记录到[角]秒
73	最高水体表层盐度出现位置(纬度)	° ′ ″	记录到[角]秒
74	最低水体表层盐度	‰	记录到 0.001‰
75	最低水体表层盐度出现时间	—	协调世界时,记录到分钟
76	最低水体表层盐度出现位置(经度)	° ′ ″	记录到[角]秒
77	最低水体表层盐度出现位置(纬度)	° ′ ″	记录到[角]秒
注:—表示该数据项取值不需要单位。			
[a] 基本的数据项。当采用北斗短报文等受限的通信方式时,至少应传输基本的数据项。			

C.2 状态信息

船载自动气象站的状态信息要求见表 C.2。

表 C.2 状态信息项列表

序号	状态信息项	单位	状态信息项记录要求
1	状态信息时间[a]	—	协调世界时,记录到分钟
2	船舶位置(经度)[a]	° ′ ″	记录到[角]秒
3	船舶位置(纬度)[a]	° ′ ″	记录到[角]秒
4	船舶位置(海拔高度)	m	记录到 0.1 m
5	船舶航向[a]	°	记录到 1°
6	船舶航速[a]	m/s	记录到 0.1 m/s
7	船舶艏向[a]	°	记录到 1°
8	船舶横倾角	°	记录到 0.1°

表 C.2　状态信息项列表(续)

序号	状态信息项	单位	状态信息项记录要求
9	船舶纵倾角	°	记录到 0.1°
10	顺逆风	—	包括下列状态: ——顺风(θ_w>170°); ——顶(逆)风(θ_w<10°); ——偏顺风(100°≤θ_w≤170°); ——偏逆风(10°≤θ_w≤80°); ——横风(80°<θ_w<100°)。 注:θ_w 为风舷角。
11	设备自检状态	—	0 或 1,含义见表 C.3
12	气温传感器状态	—	0、1 或 2,含义见表 C.3
13	气温传感器连接故障	—	0、1 或 2,含义见表 C.3
14	气温传感器其他故障	—	0、1 或 2,含义见表 C.3
15	水体表层温度传感器状态	—	0、1 或 2,含义见表 C.3
16	水体表层温度传感器连接故障	—	0、1 或 2,含义见表 C.3
17	水体表层温度传感器其他故障	—	0、1 或 2,含义见表 C.3
18	水体表层盐度传感器状态	—	0、1 或 2,含义见表 C.3
19	水体表层盐度传感器连接故障	—	0、1 或 2,含义见表 C.3
20	水体表层盐度传感器其他故障	—	0、1 或 2,含义见表 C.3
21	相对湿度传感器的工作状态	—	0、1 或 2,含义见表 C.3
22	相对湿度传感器连接故障	—	0、1 或 2,含义见表 C.3
23	相对湿度传感器湿敏电容过饱和故障	—	0、1 或 2,含义见表 C.3
24	相对湿度传感器其他故障	—	0、1 或 2,含义见表 C.3
25	风向传感器的工作状态	—	0、1 或 2,含义见表 C.3
26	风向传感器连接故障	—	0、1 或 2,含义见表 C.3
27	风向传感器被冻住或卡住	—	0、1 或 2,含义见表 C.3
28	风向传感器其他故障	—	0、1 或 2,含义见表 C.3
29	风速传感器的工作状态	—	0、1 或 2,含义见表 C.3
30	风速传感器连接故障	—	0、1 或 2,含义见表 C.3
31	风速传感器被冻住或卡住	—	0、1 或 2,含义见表 C.3
32	风速传感器其他故障	—	0、1 或 2,含义见表 C.3
33	气压传感器的工作状态	—	0、1 或 2,含义见表 C.3
34	气压传感器连接故障	—	0、1 或 2,含义见表 C.3
35	气压传感器压力超过范围	—	0、1 或 2,含义见表 C.3
36	雨量传感器的工作状态	—	0、1 或 2,含义见表 C.3
37	能见度仪的工作状态	—	0、1 或 2,含义见表 C.3

表 C.2 状态信息项列表(续)

序号	状态信息项	单位	状态信息项记录要求
38	辅助电源	—	6、7 或 8,含义见表 C.3
39	蓄电池电压状态	—	0、3、4 或 5,含义见表 C.3
40	AC-DC 电压状态	—	0、3、4 或 5,含义见表 C.3
41	太阳能电池板状态	—	0 或 2,含义见表 C.3
42	数据采集器电源电压[a]	V	记录到 0.1 V
43	采集器主板环境温度状态	—	0、3 或 4,含义见表 C.3
44	机箱温度状态	—	0、3 或 4,含义见表 C.3
45	数据采集器主板温度[a]	℃	记录到 0.1 ℃
46	设备通信状态	—	0、1 或 2,含义见表 C.3
47	RS232/485/422 状态	—	0、1 或 2,含义见表 C.3
48	无线通信状态	—	0、1 或 2,含义见表 C.3
49	能见度传感器窗口污染情况	—	0、6、7 或 8,含义见表 C.3
50	数据采集器运行状态	—	0、1 或 2,含义见表 C.3
51	数据采集器 AD 状态	—	0、1 或 2,含义见表 C.3
52	数据采集器计数器状态	—	0、1 或 2,含义见表 C.3
53	数据采集器机箱门状态[a]	—	0、1 或 2,含义见表 C.3
54	外部存储器状态[a]	—	0、2 或 4,含义见表 C.3
55	外部存储器剩余容量	MB	记录到 1 MB
56	船舶定向定位仪器工作状态	—	0、2 或 4,含义见表 C.3
57	船姿监测仪器工作状态	—	0、2 或 4,含义见表 C.3
注:—表示该状态项取值不需要单位。			
[a] 基本的状态信息项。当采用北斗短报文等受限的通信方式时,至少应传输基本的状态信息项。			

表 C.3 设备状态号表

状态号	状态描述
0	"正常",设备状态节点检测且判断正常
1	"异常",设备状态节点能工作,但检测值判断超出正常范围
2	"故障",设备状态节点处于故障状态
3	"偏高",设备状态节点检测值超出正常范围
4	"偏低",设备状态节点检测值低于正常范围
5	"停止",设备节点工作处于停止状态
6	"轻微"或"交流",设备污染判断为轻微;或设备供电为交流方式
7	"一般"或"直流",设备污染判断为一般;或设备供电为直流方式
8	"重度"或"未接外部电源",设备污染判断为重度;或设备供电未接外部电源

QX/T 521—2019

参 考 文 献

[1]　GB/T 4798.6—2012　环境条件分类　环境参数组分类及其严酷程度分级　船用（IEC 60721-3-6:1987）

[2]　GB/T 7357—2010　船舶电气设备　系统设计　保护（IEC 60092-202:1994）

[3]　GB/T 7358—1998　船舶电气设备　系统设计　总则（IEC 60092-201:1994）

[4]　GB/T 7727.3—1987　船舶通用术语　性能

[5]　GB/T 9333—2009　船舶电气设备　船用通信电缆和射频电缆　一般仪表、控制和通信电缆（IEC 60092-374:1977,IEC 60092-375:1977）

[6]　GB/T 21065—2007　船舶电气装置　安装和完工试验（IEC 60092-401:1997,IDT）

[7]　GB/T 24949—2010　船舶和海上技术　船用电磁罗经（ISO 11606:2000）

[8]　WMO-No.8　气象仪器与观测方法指南（2014 年版,2017 年更新）

[9]　IEC 60092-352:2005　Electrical installations in ships-Part 352：Choice and installation of electrical cables

ICS 07.060
A 47
备案号：71163—2020

中华人民共和国气象行业标准

QX/T 522—2019

海洋气象观测用自动气象站防护技术指南

Protective technique guide of automatic weather station for ocean weather observing

2019-12-26 发布

2020-04-01 实施

中 国 气 象 局 发布

前　　言

本标准按照 GB/T 1.1—2009 给出的规则起草。

本标准由全国气象仪器与观测方法标准化技术委员会(SAC/TC 507)提出并归口。

本标准起草单位:海南省气象探测中心、江苏省无线电科学研究所有限公司。

本标准主要起草人:陆土金、赵志强、金红伟、匡昌武、花卫东、李大君、严晓东、王祥猛、潘龙仑。

海洋气象观测用自动气象站防护技术指南

1 范围

本标准规定了海洋气象观测用自动气象站的防护内容及技术指标、腐蚀与老化防护、风袭击防护、雷击防护、动物危害防护和维护要求。

本标准适用于海岸、岛礁、海上平台等自动气象站的安装与维护。

2 规范性引用文件

下列文件对于本文件的应用是必不可少的。凡是注日期的引用文件,仅注日期的版本适用于本文件。凡是不注日期的引用文件,其最新版本(包括所有的修改单)适用于本文件。

GB/T 1591—2018 低合金高强度结构钢

GB/T 2972—2016 镀锌钢丝锌层硫酸铜试验方法(ISO 7989-2:2007,NEQ)

GB/T 3048.9—2007 电线电缆电性能试验方法 第9部分:绝缘线芯火花试验

GB/T 3956—2008 电缆的导体(IEC 60228:2004,IDT)

GB/T 4208—2017 外壳防护等级(IP代码)(IEC 60529:2013,IDT)

GB/T 4909.9—2009 裸电线试验方法 第9部分:镀层连续性试验——多硫化钠法

GB/T 16474—2011 变形铝及铝合金牌号表示方法

GB/T 17626.5—2019 电磁兼容 试验和测量技术 浪涌(冲击)抗扰度试验(IEC 61000-4-5:2014,IDT)

GB/T 31162—2014 地面气象观测场(室)防雷技术规范

GB/T 33703—2017 自动气象站观测规范

3 术语和定义

下列术语和定义适用于本文件。

3.1

自动气象站 automatic weather station
一种能自动地观测、存储和传输地面气象观测数据的设备。
[GB/T 35221—2017,定义3.3]

3.2

腐蚀 corrosion
金属与环境间的物理-化学相互作用,其结果使金属的性能发生变化,并常可导致金属、环境或由它们作为组成部分的技术体系的功能受到损伤。
注:该相互作用通常为电化学性质。
[GB/T 10123—2001,定义2.1]

4 防护内容及技术指标

4.1 防护内容

宜对下列方面进行防护：

a) 腐蚀与老化；

b) 风袭击；

c) 雷击；

d) 动物危害。

4.2 防护技术指标

4.2.1 腐蚀与老化

应达到表1要求。

表 1 腐蚀与老化防护技术指标

暴露时间 月	金属材料允许的锈蚀面积率 %	涂层允许的老化程度
6	0.4	无变化,即无可觉察的变化
12	2.7	很轻微,即刚可觉察的变化
18	5	轻微,即有明显觉察的变化
24	15	中等,即有很明显觉察的变化

注1:金属材料锈蚀面积率可采用 JIS G0595:2004 的划格法判定。

注2:涂层老化程度可采用 GB/T 1766 的涂层表面破坏评定方法判定。

4.2.2 风袭击

应达到抗击 60 m/s 平均风速、90 m/s 阵风的能力。

4.2.3 雷击

仪器交流电源端口浪涌防护能力应不低于 GB/T 17626.5—2019 第5章表1中的等级 3(2 kV)。

4.2.4 动物危害

应防止动物侵入损坏设备。

5 腐蚀与老化防护

5.1 一般原则

宜按下列原则：

a) 采用合适的耐腐蚀性材料,并采取适当的镀、涂等表面处理防护措施；

b) 对机箱、外壳等防护结构进行有效的密封设计,同时防止内部水汽凝结产生腐蚀；

c) 合理选择结构间连接部位的金属材料,避免不同金属电极电位产生电化学腐蚀;

d) 减小或消除应力集中和残余应力,防止发生应力腐蚀;

e) 采用适当的工艺方法防止或减缓腐蚀;

f) 必要时采用隔绝腐蚀环境的防护措施;

g) 必要时采用阴极保护、阳极保护的防护措施。

5.2 材料选择

5.2.1 金属材料

宜按下列原则:

a) 在符合功能、性能要求的前提下,优先考虑材料的耐蚀性能和可涂镀性要求。

b) 金属结构件优选 316 不锈钢材料,选用其他材质时应符合下列要求:
   1) 不锈钢优选氮、磷、硫、硅等杂质含量低的牌号,在满足强度设计要求下,选用含碳量低的;
   2) 铝材优选铁、镁、硅等杂质含量低的合金材料;
   3) 在青铜中铅的含量应低于 0.02%;
   4) 不选用易产生应力腐蚀开裂的金属材料。

c) 互连材料选用具有电偶腐蚀相容性、接触腐蚀相容性等相容的材料,避免发生腐蚀电池效应或电化学反应。

d) 风塔和风杆宜采用热镀锌钢材或符合 GB/T 1591—2018 的合金钢材料(如 Q345 牌号),风杆也可采用符合 GB/T 16474—2011 的铝合金材料。

5.2.2 非金属材料

宜采用耐紫外老化、耐热氧老化、耐光老化、耐霉性、耐高低温、耐水、耐油性的材料,优先采用三元乙丙橡胶。

宜避免采用有毒性或能释放出有毒性气体的材料。

5.3 焊接工艺

5.3.1 基本要求

尽可能使焊接后的焊缝金属与母材具有相同的成分,防止发生晶间腐蚀。宜按下列方法:

a) 采用氩弧焊工艺;

b) 选用熔敷金属的化学成分与母材成分相当的焊接材料。

5.3.2 焊接质量

5.3.2.1 点焊

应符合下列要求:

a) 焊接牢靠,不得出现脱焊现象。

b) 经点焊形成的外表面喷涂后不得有明显的点焊痕。

c) 点焊边距最小以不造成边缘压溃或开裂为原则。

d) 搭接量一般为边距的 2 倍,钣金件的搭接量按表 2 要求。

表 2 钣金件点焊搭接量

板厚 mm	搭接量 mm
0.5	8
1	10
1.2	11
1.5	12
2.0	14

e) 点焊焊点上压痕深度不超过板材实际厚度的 15%,允许存在点焊焊点的压痕直径比图纸规定值大 15%,或小 10%。

f) 焊点相互位置允许与图纸规定偏差±2 mm。偏移量超过 1.5 mm 但不超过 2 mm 的,焊缝长度不允许超过焊缝总长的 30%。

g) 不允许出现未焊透,溶核偏移,过深压痕,表面溶化与烧穿,裂纹,疏松和缩孔。

h) 点焊件相互不许产生明显的偏移及较大的变形。

5.3.2.2 熔焊接头

应符合下列要求:

a) 对接、外角接接头型式:焊缝宽度取材料厚度的 2 倍~4 倍;

b) 焊缝高度不小于材料厚度的 1/4,或不超过 2 mm(取最小值);

c) 丁字接头型式:焊脚尺寸为料厚的 2 倍~4 倍;

d) 搭接接头型式:焊脚尺寸为料厚的 2 倍~4 倍;

e) 焊缝沿全长应均匀一致。

5.3.2.3 缺陷

应符合下列要求:

a) 焊接接头上无裂纹;

b) 焊缝表面气孔可补焊;

c) 100 mm 长度焊缝上内部气孔与夹渣的缺陷总数不超过 2 个(缺陷尺寸 0.8 mm~1.5 mm);

d) 机箱等壳体类结构件不出现焊漏、烧穿、未焊透,其他结构件可补焊;

e) 必要时可用 X 射线探伤仪检验内部缺陷。

5.4 镀涂工艺

5.4.1 风塔

风塔采用热镀锌工艺进行防腐处理,涂层宜符合下列要求:

a) 覆盖率 100%。

b) 表面无裂纹、皱皮、结疤及麻面。

c) 厚度符合下列要求:

  1) 工件厚度小于 3 mm 时,涂层平均厚度大于 55 μm,局部厚度大于 45 μm;

  2) 工件厚度 3 mm~6 mm 时,涂层平均厚度大于 70 μm,局部厚度大于 55 μm;

3） 工件厚度大于 6 mm 时,涂层平均厚度大于 85 μm,局部厚度大于 70 μm。

注:锌涂层在沿海空气中的腐蚀速度 4 μm/a 左右。

5.4.2 其他金属结构件

宜采用静电喷涂工艺进行涂覆,使塑料粉末均匀吸附于金属表面,形成粉末状涂层。涂层采取高温烘烤溶化,使其固化在金属表面形成均匀的保护层。

5.5 外壳防护

除专门设置的通气部位以外,机箱、外壳应达到 GB/T 4208—2017 的 IP65 防护等级要求。宜按下列方法:
a） 外壳密封条采用聚氨酯材料,并通过发泡工艺制作;
b） 采用防护等级不低于 IP65 的防水电缆接头,接头规格与电缆外径相匹配;
c） 通气部位采取合理防护措施,使得在工作状态下雨雪不能经由通气部位进入壳体,且能避免或减缓湿气、盐雾进入;
d） 机箱或外壳上多余的电缆孔进行密封处理。

5.6 电缆

5.6.1 基本要求

宜按下列要求:
a） 采用铠装电缆,或采用护套电缆并加装不锈钢软管保护套;
b） 采用隐蔽布线方式,互连部位采用防护套或玻璃胶封堵;
c） 接地电缆紧固后加装保护套或涂敷防护漆。

5.6.2 外护套

宜采用下列材料:
a） 防鼠防蚁聚氯乙烯;
b） 防鼠防蚁聚乙烯;
c） 防鼠防蚁热塑性聚烯烃。

5.6.3 铠装

宜采用下列方式:
a） 双钢带;
b） 细钢丝;
c） 镀锡铜丝编织;
d） 镀锌钢丝编织。

5.6.4 导体

5.6.4.1 导体应符合 GB/T 3956—2008 规定,具体组成应符合表 3 规定。

表 3 电缆导体要求

标称截面 mm²	固定敷设电缆导体			软电缆导体		
	单线根数/单线标称直径 根/mm	20 ℃时导体最大电阻 Ω/km		单线根数/单线标称直径 根/mm	20 ℃时最大导体电阻 Ω/km	
		不镀锡	镀锡		不镀锡	镀锡
0.5	7/0.30	40.4	41.6	—	—	—
0.75	7/0.37	36.0	36.17	—	—	—
1	7/0.43	18.1	18.2	32/0.20	19.5	20.0
1.5	7/0.52	12.1	12.2	30/0.25	13.3	13.7
2.5	7/0.68	7.41	7.56	49/0.25	7.98	8.21
4	7/0.85	4.62	4.70	56/0.30	4.95	5.09
6	7/1.04	3.08	3.11	84/0.30	3.30	3.39
10	7/1.35	1.83	1.84	84/0.40	19.1	1.95
16	7/1.70	1.15	1.16	126/0.40	1.21	1.24
25	7/2.14	0.727	0.734	196/0.40	0.780	0.795
35	19/1.53	0.524	0.529	276/0.40	0.554	0.565
50	19/1.78	0.387	0.391	396/0.40	0.386	0.393
70	19/2.14	0.263	0.270	360/0.50	0.272	0.277
95	19/2.52	0.193	0.195	475/0.50	0.206	0.210
120	37/2.03	0.153	0.154	608/0.50	0.161	0.104
150	37/2.25	0.124	0.126	756/0.50	0.129	0.132
185	37/2.52	0.0991	0.100	925/0.50	0.106	1.108
240	61/2.25	0.0754	0.0762	1221/0.50	0.0801	0.0817
300	61/2.52	0.0001	0.0607	1525/0.50	0.0641	0.0654
注:—表示无相关要求。						

5.6.4.2 导体形状应规整,表面光滑,无尖锐凸起或其他损坏绝缘的缺陷。

5.6.4.3 导体可以是非紧压型的,也可以是紧压型的。紧压型导体的最小标称截面为 10 mm²。

5.6.5 绝缘

5.6.5.1 厚度平均值应不小于标称值,最薄处厚度应不小于标称值的 90% 减去 0.1 mm。

5.6.5.2 绝缘线芯应能经受按 GB/T 3048.9—2007 的方法和表 4 的试验电压进行的工频火花试验。

表4 绝缘线芯试验电压

绝缘标称厚度(t) mm	试 验 电 压 kV
t≤0.5	4
0.5<t≤1.0	6
1.0<t≤1.5	10
1.5<t≤2.0	15
2.0<t≤2.5	20

5.6.5.3 绝缘应紧密挤包在导体或隔离层上,应不粘导体,剥离时不损伤绝缘、导体或锡层。

5.6.5.4 多芯电缆缆芯的间隙应用非吸湿性材料填充。填充可以是与护套分离的,也可以是与内护套或外护套挤成一体的。填充时允许绕包非吸湿性扎带,导体标称截面不大于 4 mm² 的可以不填充。

5.6.5.5 填充料与绝缘的工作温度相匹配。

5.6.6 护层

5.6.6.1 类型见表5规定。

表5 护层类型

类 别	形 式		说 明
非金属护层	挤出型	热固体挤出护套	又称外护或密封外护
		热塑体挤出护套	
	编织型	浸渍纤维编织护层	
金属铠装护层	编织型	镀锌钢丝铠装	标准型
		镀锡钢丝铠装	特殊需要时采用
		防腐蚀合金丝铠装	
	绕包型	镀锌钢丝铠装	标准型
		非磁性金属丝铠装	特殊需要时采用
		钢带铠装	标准型
		非磁性金属带铠装	特殊需要时采用

5.6.6.2 挤出型护套光滑圆柱体表面上的护套厚度平均值应不小于标称值,其最薄处的厚度应不小于标称值的85%减去0.1 mm。

5.6.6.3 挤出型护套不规则圆柱体表面上的护套(如:内壁渗入缆芯间隙的护套或铠装层上的护套),其最薄处的厚度应不小于标称值的85%减去0.2 mm。

5.6.6.4 护套应与绝缘的工作温度相匹配。

5.6.6.5 外套为黑色或灰色,色泽基本均匀,表面圆整光洁,断面密实。

5.6.6.6 纤维编织护层由玻璃丝合成纤维或经防潮处理的麻、棉或石棉绳组成。

5.6.6.7 金属铠装外护层结构组成见表6。

表 6 金属铠装外护层结构组成

名　称	结　构　型　式
裸铠装	内衬层＋铠装层
外被铠装	内衬层＋铠装层＋外被层

5.6.6.8 编织铠装的编织层金属丝宜符合表7要求。

表 7 编织铠装的编织层金属丝要求

铠装前计算直径(d) mm	镀 锌 钢 丝		镀 锡 铜 丝	
	标称直径 mm	镀层要求	标称直径 mm	镀层要求
d≤10	0.20	按 GB/T 2972—2016 试验合格	0.20	铠装前试样,按 GB/T 4909.9—2009 试验合格
10<d≤30	0.30		0.30	
d>30	0.40		0.40	

5.6.6.9 金属丝铠装的金属丝应均匀地、基本无空隙地绕包在内衬层上。铠装前外径小于 15 mm 的,可采用扁金属丝代替圆丝。镀锌钢丝的断裂伸长率应不小于12％。

5.6.6.10 金属带铠装的两层金属带应以同一方向间隙绕包在内衬层上。内层的绕包间隙应不大于带宽的 0.5 倍,且应被外层金属带遮盖。铠装前外径小于 10 mm 的,不宜采用金属带铠装。如果具有足够的机械性能,允许采用单层金属带绕包铠装特殊形式。

5.7 电子部件

5.7.1 涂覆

5.7.1.1 电路板应涂覆具有防潮、防盐雾、防霉作用的保护漆,宜涂覆二次增厚涂层,达到封孔作用。

5.7.1.2 整机、部件宜进行保护涂覆,防止低温时部件表面产生凝露。

5.7.1.3 涂覆宜采用喷涂工艺,涂层应符合下列要求:

    a) 光滑、均匀,表面无气泡、起皱现象;

    b) 覆盖率 100％;

    c) 厚度 20 μm～200 μm。

5.7.2 对体积较大或重量较重的器件宜采取点胶保护。

5.7.3 接线端子宜加保护套进行防护。

5.8 传感器

宜采取下列措施:

    a) 湿度传感器的湿敏元件采用电化学清除措施;

    b) 雨量传感器外筒采用非金属材料;

    c) 传感器的连接器采用 316 不锈钢材料。

5.9 蓄电池

宜采取下列防护措施:

a) 放置在符合5.5要求且能通气的机箱中；

b) 蓄电池电极以及连接导线的导电裸露部分采用绝缘保护套。

5.10 现场安装

安装完毕后宜采用帆布遮盖采集器箱、电源箱、北斗天线等部件。

6 风袭击防护

各种部件(如立柱、传感器安装支撑件等)应有足够的机械强度,在环境风速90 m/s的环境下,能够正常工作,且在产品寿命期内,不因外界环境的影响和材料本身原因而导致机械强度下降。宜采取下列措施：

a) 使用风塔,或使用风杆并采用拉索固定；

b) 百叶箱、仪器支架等采用拉索固定；

c) 防辐射通风罩采用钢丝与横臂加强固定；

d) 太阳能板尽量靠近地面安装。

7 雷击防护

7.1 防雷保护区

宜按GB/T 31162—2014为地面气象观测场设立防雷保护区。

7.2 防雷地网

宜根据海洋自动气象站的建设条件,从下列方法中选择观测场防雷地网建设方法,地网和接地体的接地电阻宜不大于4 Ω：

a) 按GB/T 31162—2014进行防雷地网建设。沿海自动气象站优先采用该方法。

b) 选用镀锌钢材沿观测场四周做成闭合接地体,其间适当增设分支,形成一个等电位地网,可以达到相对良好的防雷效果。海岛自动气象站可采用该方法。

c) 将礁上塔塔与塔基的金属有效焊接,并设置足够金属条延伸至退潮水位以下,确保与海水水体接触,形成一个铁塔通过塔基与海底相连的具有较好导电性能的地网。礁上自动气象站可采用该方法。

d) 将海上平台作为等电位地网。海上平台自动气象站可采用该方法。

7.3 设施接地

仪器塔架、支架、外壳、拉线等全部金属设施应与观测场地网做等电位连接,接地线从仪器基础外部连接到地网接地体。

避雷针的引下线应设置单独的接地体。

7.4 电涌保护器

自动气象站连接公共电力电源的输入端、公网通信线路的输出端应配装性能良好的电涌保护器(SPD)。

8 动物危害防护

宜采取下列措施：
a) 仪器安装区域宜加装围栏，防止动物进入损坏设备；
b) 电缆穿线管的两头进行封堵，防止老鼠进入。

9 维护要求

应按 GB/T 33703—2017 的 5.3 以及下列要求进行维护：
a) 每年至少维护一次；
b) 更换有破损的电缆保护套；
c) 修补外层涂敷损伤的部位；
d) 修复外壳防护性能下降的部位。

参 考 文 献

[1]　GB/T 1766—2008　色漆和清漆　涂层老化的评级方法

[2]　GB/T 9331—2008　船舶电气装置　额定电压 1kV 和 3kV 挤包绝缘非径向电场单芯和多芯电力电缆(IEC 60092-353:1995,IDT)

[3]　GB/T 10123—2001　金属和合金的腐蚀　基本术语和定义(ISO 8044:1999,EQV)

[4]　GB/T 20878—2007　不锈钢和耐热钢　牌号及化学成分

[5]　GB/T 28699—2012　钢结构防护涂装通用技术条件

[6]　GB/T 31842—2015　电工电子设备机械结构　环境防护设计指南

[7]　GB/T 35221—2017　地面气象观测规范　总则

[8]　JIS G0595:2004　不锈钢大气腐蚀的锈斑和和锈蚀的测量方法

ICS 07.060

N 95

备案号：71164—2020

中华人民共和国气象行业标准

QX/T 523—2019

激光云高仪

Laser ceilometer

2019-12-26 发布

2020-04-01 实施

中 国 气 象 局 发布

前　言

本标准按照 GB/T 1.1—2009 给出的规则起草。

本标准由全国气象仪器与观测方法标准化技术委员会(SAC/TC 507)提出并归口。

本标准起草单位:凯迈(洛阳)环测有限公司、中国气象局气象探测中心。

本标准主要起草人:肖巧景、王国新、魏国栓、和田田、滕军、郭伟。

激光云高仪

1 范围

本标准规定了激光云高仪的组成与功能,技术要求,试验方法,检验规则,标志、包装、运输和贮存以及随行文件。

本标准适用于激光云高仪的设计、制造、验收和使用。

2 规范性引用文件

下列文件对于本文件的应用是必不可少的。凡是注日期的引用文件,仅注日期的版本适用于本文件。凡是不注日期的引用文件,其最新版本(包括所有的修改单)适用于本文件。

GB/T 191—2008 包装储运图示标志(ISO 780:1997,MOD)

GB/T 2423.1—2008 电工电子产品环境试验 第2部分:试验方法 试验A:低温(IEC 60068-2-1:2007,IDT)

GB/T 2423.2—2008 电工电子产品环境试验 第2部分:试验方法 试验B:高温(IEC 60068-2-2:2007,IDT)

GB/T 2423.3—2016 电工电子产品环境试验 第2部分:试验方法 试验Cab:恒定湿热试验(IEC 60068-2-78:2001,IDT)

GB/T 2423.5—2019 电工电子产品环境试验 第2部分:试验方法 试验Ea和导则:冲击(IEC 68-2-27:2008,IDT)

GB/T 2423.10—2019 电工电子产品环境试验 第2部分:试验方法 试验Fc:振动(正弦)(IEC 60068-2-6:1995,IDT)

GB/T 2423.17—2008 电工电子产品环境试验 第2部分:试验方法 试验Ka:盐雾(IEC 60068-2-11:1981,IDT)

GB/T 2423.21—2008 电工电子产品环境试验 第2部分:试验方法 试验M:低气压(IEC 60068-2-13:1983,IDT)

GB/T 2828.1—2012 计数抽样检验程序 第1部分:按接收质量限(AQL)检索的逐批检验抽样计划(ISO 2859-1:1999,IDT)

GB 2894—2008 安全标志及其使用导则

GB/T 6587—2012 电子测量仪器通用规范

GB 6587.7—1986 电子测量仪器基本安全试验

GB 7247.1—2012 激光产品的安全 第1部分:设备分类、要求和用户指南

GB 9254—2008 信息技术设备的无线电骚扰限值和测量方法(CISPR 22:2006,IDT)

GB 11463—1989 电子测量仪器可靠性试验

GB/T 17626.2—2018 电磁兼容试验和测量技术静电放电抗扰度试验(IEC 61000-4-2:2008,IDT)

GB/T 17626.3—2016 电磁兼容试验和测量技术射频电磁场辐射抗扰度试验(IEC 61000-4-3:2016,IDT)

GB/T 17626.4—2018 电磁兼容试验和测量技术电快速瞬变脉冲群抗扰度试验(IEC 61000-4-4:

2012,IDT)

GB/T 17626.5—2019 电磁兼容试验和测量技术浪涌（冲击）抗扰度试验（IEC 61000-4-5:2014, IDT)

GB/T 17626.11—2008 电磁兼容试验和测量技术电压暂降、短时中断和电压变化的抗扰度试验（IEC 61000-4-11:2004,IDT)

GB/T 18268.1—2010 测量、控制和实验室用的电设备电磁兼容性要求 第1部分:通用要求（IEC 61326-1:2005,IDT)

GB/T 33695—2017 地面气象要素编码与数据格式

3 组成与功能

3.1 组成

由主机和辅助单元组成,主机包括发射单元、接收单元、数据采集及控制单元和供电单元,辅助单元包括加热、吹风和自清洁系统。

3.2 功能

应自动测量并输出云高、云厚及后向散射信号数据,具备设备温度、供电电压、激光能量的状态自动监控,具备自清洁、自加热等自动控制功能。

4 技术要求

4.1 性能要求

4.1.1 测量性能

应符合以下要求:

a) 云高测量范围:最小可测云高不大于 30 m,最大可测云高不低于 7500 m;

b) 可测云层数:不少于 3 层;

c) 云高分辨率:不大于 10 m;

d) 固定目标物距离测量最大允许误差:±10 m。

4.1.2 数据传输

应符合以下要求:

a) 接口类型:RS232 和 RS485 可选,并具备无线通信接口;

b) 波特率:9600 bps、19200 bps、38400 bps、57600 bps 可设;

c) 数据更新周期:20 s~120 s 连续可设;

d) 数据格式:符合 GB/T 33695—2017 第 6 章的要求;

e) 通信命令格式:符合 GB/T 33695—2017 第 7 章的要求。

4.1.3 历史数据存储量

设备内部可存储历史数据量:不小于 30 d 的分钟测量数据。

4.1.4 内部时钟误差

不大于 1 s/48 h。

4.1.5 电源

应符合以下要求：

a) 电压：AC(220±22)V；

b) 频率：(50±2.5)Hz。

4.1.6 功耗

应符合以下要求：

a) 主机：不大于 25 W；

b) 辅助单元：不大于 600 W。

4.1.7 可靠性和维修性

应符合以下要求：

a) 平均故障间隔时间(MTBF)：不小于 3000 h；

b) 平均修复时间(MTTR)：不大于 0.5 h。

4.1.8 激光发射重复频率

不小于 2.5 kHz。

4.1.9 设备使用寿命

不小于 8 a。

4.2 电气安全性要求

4.2.1 绝缘电阻

应符合 GB 6587.7—1986 的 3.1 中 I 类安全仪器的要求。

4.2.2 泄漏电流

应符合 GB 6587.7—1986 的 3.3 的表 2 中直接连接保护接地端子的 I 类安全仪器的要求。

4.2.3 抗电强度

应符合 GB 6587.7—1986 的 3.2 的要求。

4.2.4 激光安全

激光安全防护措施应符合 GB 7247.1—2012 第 4 章的要求。

4.3 外观和结构

应满足以下要求：

a) 产品外表面应平整、光滑、清洁、无永久性污渍、无明显划痕，标志应清晰；

b) 涂覆件表面不能露出底层金属，无起泡、毛刺、蚀点、涂层脱落及明显划痕等缺陷，表面应光亮，色泽一致；

c) 镀覆件表面色泽均匀，不应有起泡、剥落等缺陷；

d) 结构件安装可靠、紧固件无松动。

4.4 环境适应性

4.4.1 气候环境

在下列条件下,激光云高仪应能正常工作:

a) 温度:－45 ℃～50 ℃;
b) 相对湿度:5％～100％;
c) 大气压力:450 hPa～1060 hPa。

4.4.2 机械环境

在规定包装条件下,通过如下试验,激光云高仪外观结构应不损坏,能正常工作:

a) 振动:
  1) 频率范围:2 Hz～9 Hz,9 Hz～200 Hz;
  2) 峰值加速度:5 m/s²;
  3) 位移:1.5 mm。
b) 冲击的峰值加速度:40 m/s²。
c) 跌落:
  1) 自由跌落高度:0.25 m;
  2) 倾斜跌落,倾斜角度:30°。

4.4.3 盐雾

在非工作状态下,激光云高仪直接暴露在盐雾试验箱中,进行48 h连续盐雾试验并恢复,恢复后设备表面应无明显生锈、点蚀、开裂和起泡现象。

4.5 电磁兼容性

4.5.1 电磁传导骚扰

电源端子传导骚扰应符合GB 9254—2008的5.1的表2的要求,电信端口传导骚扰应符合GB 9254—2008的5.2的表4的要求。

4.5.2 辐射骚扰

应符合GB 9254—2008第6章表6的要求。

4.5.3 静电放电抗扰度

应符合GB/T 17626.2—2018第5章表1试验等级3的要求,性能判据按GB/T 18268.1—2010的6.4.2规定。

4.5.4 射频辐射骚扰抗扰度

应符合GB/T 17626.3—2016第5章表1试验等级2的要求,性能判据按GB/T 18268.1—2010的6.4.1规定。

4.5.5 电快速瞬变脉冲群抗扰度

应符合GB/T 17626.4—2018第5章表1试验等级3的要求,性能判据按GB/T 18268.1—2010的6.4.1规定。

4.5.6 浪涌(冲击)抗扰度

交流电源端口浪涌(冲击)抗扰度应符合 GB/T 17626.5—2019 第 5 章表 1 试验等级 3 的要求,性能判据按 GB/T 18268.1—2010 的 6.4.2 规定。

控制和信号端口浪涌(冲击)抗扰度应符合 GB/T 17626.5—2019 第 5 章表 1 试验等级 2 的要求,性能判据按 GB/T 18268.1—2010 的 6.4.2 规定。

4.5.7 电压暂降和短时中断抗扰度

应符合 GB/T 17626.11—2008 第 5 章表 1 等级 2 的要求,性能判据按 GB/T 18268.1—2010 的 6.4.2 规定。

5 试验方法

5.1 组成

目测检查组成。

5.2 功能

5.2.1 测量功能

通过后台接收软件检查测量数据,应能自动测量并输出实时云高、云厚及后向散射信号数据。

5.2.2 自动检测和控制功能

通过查看后台接收软件和实际操作检查,可自动监控设备实时温度状态、供电电压状态、激光能量状态,达到清洁条件时能够自动启动自清洁系统,达到加热条件时能够自动启动自加热系统。

5.3 测量性能

5.3.1 云高测量范围

查看实时测量数据或历史数据,应有测到不大于 30 m 和不小于 7500 m 的云高数据。若没有符合要求的实测数据,最小可测云高和最大可测云高可通过测量固定目标物的距离进行验证。

5.3.2 可测云层数

检查实时测量数据或历史数据,应有测到不少于 3 层云的测量数据。若没有符合要求的实测数据,可通过一个测量周期内先后测量 3 个不同距离的固定目标物的测量数据进行验证。

5.3.3 云高分辨率

分别对 50 m±10 m、500 m±50 m 及 3000 m±300 m 的 3 个已知距离的固定目标物的距离进行测量,向靠近目标的方向以 5 m 的步长移动激光云高仪至测量结果变化为止,其测量结果最小变化值应不大于 10 m。

5.3.4 固定目标物距离测量误差

分别对 50 m±10 m、500 m±50 m 及 3000 m±300 m 的 3 个已知距离的固定目标物的距离进行测量,其测量结果与实际距离对比,误差应均不大于 10 m。

5.4 数据传输

5.4.1 接口类型

分别通过无线通信接口、RS232 或 RS485 接口与上位机连接,应均可进行正常数据传输,无丢数或缺数现象。

5.4.2 波特率

通过后台接收软件可将波特率分别设为 9600 bps、19200 bps、38400 bps、57600 bps,且均能与上位机进行正常数据传输,无丢数或缺数现象。

5.4.3 数据更新周期

通过后台接收软件可将数据更新周期分别设为 20 s、120 s 及 20 s～120 s 之间的任选一个时间,应能按所设数据输出周期输出测量数据,无丢数或缺数现象。

5.4.4 数据格式

按 GB/T 33695—2017 第 6 章的要求检查实时测量数据和历史数据的数据格式。

5.4.5 通信命令格式

按 GB/T 33695—2017 第 7 章的要求检查通信命令格式。

5.5 历史数据存储

通过后台软件可从设备内部存储器中下载近 30 d 内的分钟测量数据。

5.6 内部时钟误差

设备通过后台接收软件对时,对时 48 h 后再读取设备时钟时间,设备时钟误差应不大于 1 s。

5.7 电源

采用具有电压和频率调整功能的发电装置进行试验,在电源输出为 AC198 V/47.5 Hz、AC198 V/52.5 Hz、AC242 V/47.5 Hz、AC242 V/52.5 Hz 四种情况下分别工作 1 h,试验期间及试验结束后应均能正常工作,无死机或缺数现象。

5.8 功耗

5.8.1 主机

用电流表测量工作状态下的激光云高仪主机的工作电流,持续测量 10 min,读出 10 min 内电流最大值,计算出激光云高仪主机的最大功耗。

5.8.2 辅助单元

用电流表测量工作状态下的激光云高仪辅助单元的工作电流,持续测量 10 min,读出 10 min 内电流最大值,计算出整机最大功耗。

5.9 可靠性和维修性

5.9.1 可靠性

按 GB 11463—1989 的 4.2.1 的表 1 中方案 1—2 进行。

5.9.2 维修性

在可靠性试验中进行统计,必要时可采用人为设置故障的方法进行试验。

5.10 激光发射重复频率

通过示波器查看激光器的发射脉冲频率。

5.11 电气安全性

5.11.1 绝缘电阻

按 GB 6587.7—1986 的 3.1 进行试验。

5.11.2 泄漏电流

按 GB 6587.7—1986 的 3.3 进行试验。

5.11.3 抗电强度

按 GB 6587.7—1986 的 3.2 进行试验。

5.11.4 激光安全

目测检查激光云高仪的激光安全防护。

5.12 外观和结构

目测、手感或借助量具检查。

5.13 环境适应性

5.13.1 工作温度

低温按 GB/T 2423.1—2008 进行试验,高温按 GB/T 2423.2—2008 进行试验。

5.13.2 相对湿度

按 GB/T 2423.3—2016 进行试验。

5.13.3 大气压力

按 GB/T 2423.21—2008 进行试验。

5.13.4 振动

按 GB/T 2423.10—2019 进行试验。

5.13.5 冲击

按 GB/T 2423.5—2019 进行试验。

5.13.6 跌落

按 GB/T 6587—2012 的 5.9.4 和 5.10 进行试验。

5.13.7 盐雾

按 GB/T 2423.17—2008 进行试验。

5.14 电磁兼容性

5.14.1 电磁传导骚扰

按 GB 9254—2008 第 5 章进行试验。

5.14.2 辐射骚扰

按 GB 9254—2008 第 6 章进行试验。

5.14.3 静电放电抗扰度

按 GB/T 17626.2—2018 进行试验。

5.14.4 射频辐射骚扰抗扰度

按 GB/T 17626.3—2016 进行试验。

5.14.5 电快速瞬变脉冲群抗扰度

按 GB/T 17626.4—2018 进行试验。

5.14.6 浪涌(冲击)抗扰度

按 GB/T 17626.5—2019 进行试验。

5.14.7 电压暂降和短时中断抗扰度

按 GB/T 17626.11—2008 进行试验。

5.15 标志

目测检查。

5.16 包装

目测检查。

6 检验规则

6.1 检验分类

本产品的检验分类如下：
a) 鉴定检验；
b) 质量一致性检验。

6.2 检验分组

本产品的鉴定检验和质量一致性检验均分为下列五个检验组：

a) A组检验：主要性能试验和基本安全试验；

b) B组检验：辅助性能试验及包装和标志试验；

c) C组检验：气候环境试验、电源试验及安全试验；

d) D组检验：机械环境试验及电磁兼容性试验；

e) E组检验：可靠性试验及维修性试验。

6.3 检验项目

检验项目见表1。

表 1 检验项目

序号		检查项目	鉴定检验	质量一致性检验	技术要求条文	试验方法条文
1	A组检验	组成	●	●	3.1	5.1
2		系统功能	●	●	3.2	5.2
3		云高测量范围	●	●	4.1.1a)	5.3.1
4		可测云层数	●	●	4.1.1b)	5.3.2
5		云高分辨率	●	●	4.1.1c)	5.3.3
6		固定目标物距离测量误差	●	●	4.1.1d)	5.3.4
7		电气安全性	●	●	4.2	5.11
8		外观和结构	●	●	4.3	5.12
9	B组检验	历史数据存储	●	●	4.1.3	5.5
10		内部时钟误差	●	●	4.1.4	5.6
11		数据传输	●	●	4.1.2	5.4
12		功耗	●	●	4.1.6	5.8
13		标志	●	●	7.1	5.15
14		包装	●	●	7.2	5.16
15	C组检验	电源	●	●	4.1.5	5.7
16		激光发射重复频率	●	—	4.1.8	5.10
17		工作温度	●	●	4.4.1a)	5.13.1
18		相对湿度	●	—	4.4.1b)	5.13.2
19		大气压力	●	—	4.4.1c)	5.13.3
20	D组检验	振动	●	—	4.4.2a)	5.13.4
21		冲击	●	—	4.4.2b)	5.13.5
22		跌落	●	—	4.4.2c)	5.13.6
23		盐雾	●	—	4.4.3	5.13.7

表 1 检验项目(续)

序号	检查项目		鉴定检验	质量一致性检验	技术要求条文	试验方法条文
24	D组检验	电磁传导骚扰	●	—	4.5.1	5.14.1
25		辐射骚扰	●	—	4.5.2	5.14.2
26		静电放电抗扰度	●	—	4.5.3	5.14.3
27		射频辐射骚扰抗扰度	●	—	4.5.4	5.14.4
28		电快速瞬变脉冲群抗扰度	●	—	4.5.5	5.14.5
29		浪涌(冲击)抗扰度	●	—	4.5.6	5.14.6
30		电压暂降和短时中断抗扰度	●	—	4.5.7	5.14.7
31	E组检验	可靠性	●	—	4.1.7a)	5.9.1
32		维修性	●	—	4.1.7b)	5.9.2
注:●表示必须检验项目;—表示不检项目。						

6.4 检验设备

承制方可使用自己的或质量监督机构批准的适用于本标准规定的检验要求的任何检验设备,这些设备应在检定有效期内。

6.5 缺陷的判定

6.5.1 缺陷分类

缺陷分为致命缺陷、重缺陷和轻缺陷三类。

6.5.2 致命缺陷

对人身安全构成危险或严重损坏激光云高仪基本功能的缺陷应判为致命缺陷。

6.5.3 重缺陷

属于下列情形之一的,应判为重缺陷:
a) 激光云高仪的测量性能误差超过规定的范围;
b) 突然的电气失效(熔断器失效除外)或结构失效引起的激光云高仪不能正常工作。

6.5.4 轻缺陷

发生故障时,无须更换元器件(熔断器除外)、零部件,仅作简单处理即能恢复激光云高仪正常工作,这类故障判为轻缺陷。

6.6 鉴定检验

6.6.1 检验条件

在下列情况下进行:
a) 新产品定型时;

b) 主要设计、工艺、材料及元器件有重大变更时；

c) 停产 2 a 以上再生产时。

6.6.2 检验项目

采用若干样品进行完整的检验,检验表 1 中的全部检验项目。

6.6.3 抽样

6.6.3.1 A 组检验

随机抽取 5 台激光云高仪进行表 1 中的 A 组检验项目。

新产品定型时,样机通常为 3 台。

6.6.3.2 B 组检验

在 A 组检验合格的激光云高仪中随机抽取 2 台进行表 1 中的 B 组检验项目。

6.6.3.3 C 组检验

在 B 组检验合格的激光云高仪中随机抽取 1 台进行表 1 中的 C 组检验项目。

6.6.3.4 D 组检验

在 B 组检验合格的激光云高仪中另外随机抽取 1 台进行表 1 中的 D 组检验项目。

样本较少时,也可在 C 组检验合格的样本上进行。

6.6.3.5 E 组检验

A 组检验合格的全部激光云高仪进行可靠性检验。

D 组检验合格的激光云高仪进行维修性检验。

6.6.4 合格判据

在 A 组—E 组检验中不得出现致命缺陷,但允许出现 1 个重缺陷或 3 个轻缺陷。

出现重缺陷或轻缺陷时,应查明原因,排除故障,再次检验全部合格后,才能进行下一个检验。在 A 组—E 组检验全部合格后才能判定鉴定检验合格。

6.7 质量一致性检验

6.7.1 检验条件

质量一致性检验是对成批生产的激光云高仪进行的一系列试验,以判定所提交的样本是否符合产品标准的要求,以 GB/T 2828.1—2012 作为抽样检验的标准。

6.7.2 A 组检验

6.7.2.1 A 组抽样

A 组检验是全数检验。

6.7.2.2 A 组合格判据

同时符合下列条件判 A 组检验合格。不同时符合时,判 A 组检验不合格。具体条件包括:

a) 检验中无致命缺陷,若出现则判 A 组检验不合格;

b) 检验中出现的重缺陷不是由系统性差错引起的,若出现则判 A 组检验不合格;

c) 检验中出现重缺陷或轻缺陷经返修再检验合格后判 A 组检验合格。

6.7.2.3 批的再提交

若 A 组检验不合格,则中止检验。

制造方应采取措施,并确信已校正所有可能出现的不合格,可再次提交检验。

再次提交检验批检验合格,则继续 B 组检验。

再次提交检验批检验仍不合格,则判质量一致性检验不合格。此时应停产整顿,用采取纠正措施后制造的产品进行质量一致性检验,合格后才能恢复正常批量生产和质量一致性检验。

6.7.3 B 组检验

6.7.3.1 B 组抽样

B 组检验是在 A 组检验合格的产品中进行抽样。

批量在 500 台以内的检验批的 B 组抽样方案和接收判定数(Ac)、拒收判定数(Re)见表 2。

表 2 抽样方案

名称	单位	批量、样本量、合格判定数							
生产批量	台	2~8	9~15	16~25	26~50	51~90	91~150	151~280	281~500
B 组样本量	台	2	3	5	8	13	20	32	50
B 组重缺陷合格判定数(Ac,Re)	次	0,1	0,1	0,1	1,2	1,2	2,3	3,4	5,6
B 组轻缺陷合格判定数(Ac,Re)	次	2,3	2,3	2,3	3,4	3,4	4,5	5,6	7,8
B 组加严检查重缺陷合格判定数(Ac,Re)	次	0,1	0,1	0,1	1,2	1,2	1,2	2,3	3,4
B 组加严检查轻缺陷合格判定数(Ac,Re)	次	2,3	2,3	2,3	3,4	3,4	3,4	4,5	5,6
C 组样本量	台	2	2	2	3	3	3	5	5
C 组重缺陷合格判定数(Ac,Re)	次	0,1	0,1	0,1	0,1	0,1	0,1	0,1	0,1
C 组轻缺陷合格判定数(Ac,Re)	次	2,3	2,3	2,3	2,3	2,3	2,3	2,3	2,3
C 组加严检查重缺陷合格判定数(Ac,Re)	次	0,1	0,1	0,1	0,1	0,1	0,1	0,1	0,1
C 组加严检查轻缺陷合格判定数(Ac,Re)	次	2,3	2,3	2,3	2,3	2,3	2,3	2,3	2,3

6.7.3.2 B 组合格判定

同时符合下列条件判 B 组检验合格。不同时符合时,判 B 组检验不合格。具体条件包括:

a) 不得出现致命缺陷;

b) 出现的重缺陷数不大于表 2 中的"B 组重缺陷合格判定数";

c) 出现的轻缺陷数不大于表 2 中的"B 组轻缺陷合格判定数";

d) 出现的重缺陷和轻缺陷,已查明原因,进行返修,复检合格;

e) 出现的重缺陷不是系统性差错引起的。

6.7.3.3 批的再提交

B组检验不合格,应整批退回,查明原因,采取纠正措施,消除不合格原因,校正不合格产品,然后再次提交检验。

对再提交检验批,应使用加严检查,加严检查的接收判定数(Ac)和拒收判定数(Re)见表2。

6.7.4 C组检验

6.7.4.1 C组抽样

批量在500台以内的检验批的C组抽样方案和接收判定数(Ac)和拒收判定数(Re)见表2。

C组检验应在A组和B组均检验合格的样本中抽取。抽样宜安排在完成生产计划50%左右的时候。

6.7.4.2 C组合格判定

同时符合下列条件判C组检验合格。不同时符合时,判C组检验不合格。具体条件包括:

a) 不得出现致命缺陷;

b) 出现的重缺陷数不大于表2中的"C组重缺陷合格判定数";

c) 出现的轻缺陷数不大于表2中的"C组轻缺陷合格判定数";

d) 出现的重缺陷和轻缺陷,已查明原因,进行返修,复检合格;

e) 出现的重缺陷不是系统性差错引起的。

6.7.4.3 批的再提交

C组检验不合格,应整批退回,查明原因,采取纠正措施,消除不合格原因,校正不合格产品,然后再次提交检验。

对再提交检验批,应使用加严检查,加严检查的接收判定数(Ac)和拒收判定数(Re)见表2。

6.7.5 质量一致性检验的合格判定

各组检验全部合格的产品批才能判定为质量一致性检验合格。

质量一致性检验中任一组检验不合格时,应中止检验,查明原因,整批采取改正措施。再次提交检验。

再次检验不合格,则判本批产品质量一致性检验不合格。此时应中止生产,报上级质量监督部门研究处理。

6.7.6 受试样本的处置

经A、B、C组非破坏性检验判为合格的检验批中发现的有缺陷的产品经返修和校正,并经再次检验合格后可以交付。

7 标志、包装、运输和贮存

7.1 标志

7.1.1 产品标牌

在产品的醒目部位应设置产品标牌,内容包括:

a) 产品名称和型号；

b) 生产厂名称；

c) 出厂日期；

d) 出厂编号。

7.1.2 激光警告标志

在产品的激光发射位置应设置有激光辐射警告标志、激光辐射窗口标志和说明标志,激光警告标志应符合 GB 2894—2008 的 4.2 的要求,激光辐射窗口标志和说明标志应符合 GB 2894—2008 的 4.6 的要求。

7.2 包装

7.2.1 包装箱应牢固,应有防潮、防尘、防雨和防振措施。

7.2.2 包装箱中应填有缓冲、防震材料,还应有防潮措施。

7.2.3 包装箱内应有装箱清单及其他随行文件。

7.2.4 包装箱上应标明下列内容：

a) 产品名称和型号；

b) 生产厂名称；

c) 外形尺寸；

d) "易碎物品""向上"和"怕雨"的图示标志。

7.2.5 包装储运图示标志应符合 GB/T 191—2008 的要求。

7.2.6 各种标志应清晰耐久,位置明显。

7.3 运输

7.3.1 产品按要求包装后,应能承受铁路、公路、水上和空中运输。

7.3.2 运输、搬运应按运输箱上的标志进行,遵守运输搬运规则。

7.3.3 运输过程中,应有防雨、防晒、防潮、防撞击、防跌落等措施。

7.3.4 长途运输时,产品不得放在露天场所,应注意防雨、防尘和防止机械损伤。

7.4 贮存

包装好的产品应贮存在环境温度−10 ℃~40 ℃,相对湿度小于80％的室内,且周围无腐蚀性挥发物,无强电磁作用。

8 随行文件

应包括：

a) 使用说明书或用户手册；

b) 检验报告；

c) 合格证；

d) 保修单；

e) 装箱单。

参 考 文 献

[1] 中国气象局.激光云高仪功能规格需求书[Z],2013

参 考 文 献

[1] 中国气象局.激光云高仪功能规格需求书[Z],2013

ICS 07. 060
M 53
备案号: 71165—2020

中华人民共和国气象行业标准

QX/T 524—2019

X 波段多普勒天气雷达

X-band Doppler weather radar

2019-12-26 发布

2020-04-01 实施

中 国 气 象 局 发 布

前　言

本标准按照 GB/T 1.1—2009 给出的规则起草。

本标准由全国气象仪器与观测方法标准化技术委员会(SAC/TC 507)提出并归口。

本标准起草单位:中船重工鹏力(南京)大气海洋信息系统有限公司、中国船舶重工集团公司第七二四研究所、南京大学、南京信息工程大学、江苏省气象局、南京恩瑞特实业有限公司、海南省气象探测中心。

本标准主要起草人:范汉强、施春荣、侯小宇、姚玲霞、邵世卿、徐坤、周涛、赵坤、杨正玮、黄兴友、杨军、周红根、朱毅、李忱、李昭春。

X 波段多普勒天气雷达

1 范围

本标准规定了 X 波段多普勒天气雷达的通用要求,试验方法,检验规则,标志、标签和随行文件,包装、运输和贮存等要求。

本标准适用于 X 波段磁控管、速调管和全固态三种发射体制的脉冲多普勒天气雷达系统的设计、研制、生产和产品验收。

2 规范性引用文件

下列文件对于本文件的应用是必不可少的。凡是注日期的引用文件,仅注日期的版本适用于本文件。凡是不注日期的引用文件,其最新版本(包括所有的修改单)适用于本文件。

GB/T 191—2008 包装储运图示标志(ISO 780:1997,MOD)

GB/T 2423.1 电工电子产品环境试验 第 2 部分:试验方法 试验 A:低温

GB/T 2423.2 电工电子产品环境试验 第 2 部分:试验方法 试验 B:高温

GB/T 2423.4 电工电子产品环境试验 第 2 部分:试验方法 试验 Db:交变湿热

GB/T 3784—2009 电工术语 雷达

GB/T 13384—2008 机电产品包装通用技术条件

QX/T 2—2016 新一代天气雷达站防雷技术规范

3 术语和定义

GB/T 3784—2009 界定的以及下列术语和定义适用于本文件。

3.1

X 波段多普勒天气雷达 X-band Doppler weather radar

工作在 X 波段内,基于大气中水成物粒子(云雨滴、冰晶、冰雹、雪花等)的后向散射原理来测量回波强度,基于多普勒效应来测量径向速度和速度谱宽等信息的天气雷达。

3.2

同相正交数据 in-phase quadrature data

雷达接收机输出的模拟中频信号经过数字中频采样和正交解调后得到的时间序列数据。

[QX/T 461—2018,定义 3.2]

3.3

基数据 base data

以同相正交数据作为输入,结合目标物位置信息、雷达参数和信号处理算法得到的数据。

[QX/T 461—2018,定义 3.3]

3.4

最小可测回波强度 minimum detectable signal

雷达在一定距离上能够探测到的最小反射率因子。

注1:用来衡量雷达探测弱回波的能力,ISO/DIS 19926-1 中以 60 km 处能探测到的最小回波强度值(单位为 dBz)作

为参考值。

注2:改写 QX/T 461—2018,定义 3.5。

3.5

消隐　spot blanking

在天线运行的特定方位角/俯仰角区间关闭电磁发射的功能。

[QX/T 461—2018,定义 3.6]

4　缩略语

下列缩略语适用于本文件。

CSR:信杂比(Clutter Signal Ratio)

I/Q:同相正交(In-phase and Quadrature)

LNA:低噪声放大器(Low Noise Amplifier)

MTBF:平均故障间隔(Mean Time Before Failure)

MTTR:平均修复时间(Mean Time To Repair)

PPI:平面位置显示(Plan Position Indicator)

PRF:脉冲重复频率(Pulse Repetition Frequency)

RHI:距离高度显示(Range Height Indicator)

SQI:信号质量指数(Signal Quality Index)

5　通用要求

5.1　组成

雷达包括:天线和馈线、转台和伺服、发射机、接收机、信号处理器、显控终端(气象产品生成软件、控制与监测)等分系统,见图1。

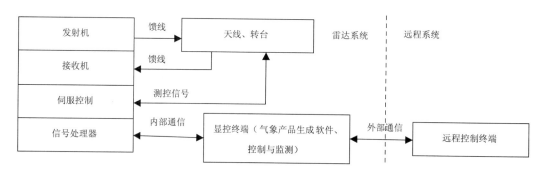

图 1　雷达组成框图

5.2　功能要求

5.2.1　一般要求

应具有下列功能:

a)　自动、连续运行和在线标校;

b)　本地、远程状态监视和控制;

c)　根据天气实况自动跟踪目标自适应观测;

d) 输出 I/Q 数据、基数据、气象产品三级数据和雷达状态信息。

5.2.2 控制与监控

5.2.2.1 扫描方式

应满足如下要求：

a) 支持平面位置显示、距离高度显示、体积扫描(以下简称"体扫")、扇扫和任意指向扫描方式；

b) 扫描方位角、扫描俯仰角、扫描速度、脉冲重复频率和脉冲采样数等可通过软件设置；

c) 支持扫描任务调度功能，能按预设时间段和扫描方式进行程控运行。

5.2.2.2 观测模式

应满足如下要求：

a) 具有晴空、弱降水、强对流等观测模式，并能够根据天气实况自动转换观测模式；

b) 能够根据用户指令，对指定区域的风暴采用适当的观测模式进行跟踪观测；

c) 能够对灾害性天气进行自动识别和改变观测模式，包括对冰雹区域进行 RHI 扫描，对龙卷和气旋区域进行自动改变 PRF 以避免二次回波的影响，对台风等启动强对流观测模式等。

5.2.2.3 机内自检设备和监控

应满足下列要求：

a) 机内自检设备和监控的参数包括系统标定状态、天线伺服状态、接收机状态、发射机工作状态、电源状态、馈线电压驻波比等；

b) 机内自检设备具有系统报警功能，严重故障时自动停机，同时自动存储和上传基础参数(参见附录 A 中表 A.1)、工作状态和系统报警。

5.2.2.4 雷达及附属设备控制和维护

雷达应具有性能与状态监控单元，且满足下列要求：

a) 具有本地、远程监控能力，远程控制项目与本地相同，包括雷达开关机、观测模式切换、查看标定结果、修改适配参数等；

b) 自动上传基础参数(参见附录 A 中表 A.1)、附属设备状态参数，并能在本地和远程显示；

c) 完整记录雷达维护维修信息、关键器件出厂测试重要参数及更换信息，其中，维护维修信息包括适配参数变更、软件更迭、在线标定过程等；

d) 具有雷达运行与维护的远程支持能力，包括对雷达系统参数进行远程监控和修改，对系统相位噪声、接收机灵敏度、动态范围和噪声系数等进行测试，控制天线进行运行测试、太阳法检查、指向空间目标协助雷达绝对标定等；

e) 具有远程软件升级功能。

5.2.2.5 关键参数在线分析

应满足下列要求：

a) 支持对线性通道定标常数、连续波测试信号、射频驱动测试信号、射频输出测试信号等关键参数的稳定度和最大偏离度进行记录和分析等功能；

b) 具有对监测的所有实时参数超限报警提示功能；

c) 支持对监测参数和分析结果存储、回放、统计分析等功能。

5.2.2.6 实时显示

应具有如下功能：

a) 以数据、表、图的形式多画面准实时显示设备工作状态及参数；

b) 多画面准实时显示各级气象产品。

5.2.2.7 消隐功能

具有消隐区配置功能。

5.2.2.8 授时功能

能通过卫星授时或网络授时校准雷达数据采集计算机的时间，授时精度优于 0.1 s。

5.2.3 标定和检查

5.2.3.1 自动

应具有自动在线标定和检查功能，并生成完整的文件记录，在结果超过预设门限时发出报警。自动在线标定和检查功能包括：

a) 强度标定；

b) 距离定位；

c) 发射机功率；

d) 速度；

e) 相位噪声；

f) 噪声电平；

g) 噪声系数。

5.2.3.2 人工

应为人工进行下列检查提供测试接口和支持功能：

a) 发射机功率、输出脉冲宽度、输出频谱；

b) 发射和接收支路损耗；

c) 接收机最小可测功率、动态范围；

d) 天线座水平度；

e) 天线伺服扫描速度误差、加速度、运动响应；

f) 天线指向和接收链路增益；

g) 基数据方位角、俯仰角角码；

h) 地物杂波抑制能力；

i) 最小可测回波强度。

5.2.4 气象产品生成及显示

5.2.4.1 运行平台

软件运行在工作站上，采用主流操作系统。

5.2.4.2 气象产品格式

满足气象产品格式文档和产品样例文件的规定。

5.2.4.3 产品交互方式

支持全自动和人机交互生成产品和显示。

5.2.4.4 算法配置参数

主要气象产品算法有可配置参数。

5.2.4.5 资料处理能力

能够实时处理和回放雷达基数据。

5.2.4.6 气象产品

生成的气象产品应包括：

a) 基本气象产品：强度 PPI、速度 PPI、谱宽 PPI、距离高度显示、等高平面位置显示、垂直剖面、组合反射率等；

b) 物理量产品：回波顶高、垂直积分液态水含量、风切变、累积降水量等；

c) 风暴识别产品：风暴单体识别和追踪、冰雹识别、中尺度气旋识别、龙卷特征识别、风暴结构分析等；

d) 风场反演产品：速度方位显示、垂直风廓线、风切变。

5.2.4.7 产品显示

应具备以下功能：

a) 多窗口显示产品，支持鼠标联动；

b) 产品窗口同时显示主要的观测参数信息；

c) 产品图像能够叠加和编辑地理信息；

d) 数据色标等级不少于 16 级；

e) 产品图像支持缩放、移动、动画等功能；

f) 支持鼠标获取地理位置、高度和数据值等信息的功能；

g) 能够有与数据匹配一致的地理信息系统。

5.2.5 数据存储和传输

应满足以下要求：

a) 支持产品多路存储和检索等功能；

b) 传输采用传输控制协议/因特网互联协议（TCP/IP 协议）；

c) 支持数据压缩传输和存储；

d) 支持基数据径向流传输，带宽不小于 10 Mbps；

e) 气象产品输出支持二进制和图像两种方式；

f) 本地数据存储时间不少于 6 个月。

5.2.6 雷达组网

应具备以下功能：

a) 雷达具有时统接口；

b) 利用网络保证中心站控制命令能同时下达给各部雷达，并且各部雷达观测数据能实时上传中心站；

    c) 基数据径向流传输的功能；

    d) 各部雷达在规定时间内能做出规定动作。

5.3 性能要求

5.3.1 总体技术要求

5.3.1.1 雷达工作频率

在 9.3 GHz～9.5 GHz 内选取。

5.3.1.2 距离范围

应满足如下要求：

    a) 强度距离：

        1) 磁控管体制：不小于 150 km；

        2) 速调管体制：不小于 150 km；

        3) 全固态体制：不小于 120 km。

    b) 速度距离：

        1) 磁控管体制：不小于 75 km；

        2) 速调管体制：不小于 75 km；

        3) 全固态体制：不小于 60 km。

    c) 谱宽距离：

        1) 磁控管体制：不小于 75 km；

        2) 速调管体制：不小于 75 km；

        3) 全固态体制：不小于 60 km。

    d) 高度：不小于 20 km。

    e) 盲区距离：不大于 150 m。

5.3.1.3 角度范围

应满足如下要求：

    a) 方位角范围：0°～360°；

    b) 俯仰角范围：－2°～90°。

5.3.1.4 强度值范围

－35 dBz～75 dBz。

5.3.1.5 速度值范围

－48 m/s～48 m/s(采用速度退模糊技术)。

5.3.1.6 谱宽值范围

0 m/s～16 m/s。

5.3.1.7 探测允许误差

应满足如下要求：

    a) 距离：

    1) 磁控管体制:不大于 75 m;

    2) 速调管体制:不大于 50 m;

    3) 全固态体制:不大于 50 m。

 b) 方位角:不大于 0.15°。

 c) 俯仰角:不大于 0.15°。

 d) 强度:不大于 1 dBz。

 e) 速度:不大于 1 m/s。

 f) 谱宽:不大于 1 m/s。

5.3.1.8 分辨力

应满足如下要求:

 a) 距离:

    1) 磁控管体制:75 m/150 m 可选;

    2) 速调管体制:50 m/75 m/150 m 可选;

    3) 全固态体制:50 m/75 m/150 m 可选。

 b) 方位角:不大于 1.5°。

 c) 俯仰角:不大于 1.5°。

 d) 强度:不大于 0.5 dBz。

 e) 速度:不大于 0.5 m/s。

 f) 谱宽:不大于 0.5 m/s。

5.3.1.9 最小可测回波强度

综合雷达的各项参数,应满足如下要求:

 a) 天线波束宽度 0.5°:不大于 0 dBz@60 km;

 b) 天线波束宽度 1°:不大于 5.0 dBz@60 km;

 c) 天线波束宽度 1.5°:不大于 10.0 dBz@60 km。

5.3.1.10 相位稳定度

应满足如下要求:

 a) 磁控管体制系统相位校准误差:不大于 2°;

 b) 速调管和全固态体制系统相位稳定度:不大于 0.2°。

5.3.1.11 杂波抑制

应满足如下要求:

 a) 磁控管体制:不小于 35 dB;

 b) 速调管体制和全固态体制:不小于 45 dB。

5.3.1.12 可靠性及维护性

应满足如下要求:

 a) MTBF:

    1) 磁控管体制:不小于 1500 h;

    2) 速调管体制:不小于 1500 h;

    3) 全固态体制:不小于 3000 h。

b) MTTR 不大于 0.5 h。

c) 连续工作时间:24 h。

5.3.1.13 整机寿命

不小于 15 年。

5.3.2 天线和馈线分系统

应满足如下要求:

a) 天线型式:旋转抛物面;

b) 极化方式:水平线极化;

c) 波束宽度:0.5°～1.5°;

d) 第一旁瓣:不大于−27 dB;

e) 天线增益:不小于 40 dB;

f) 天线口径:1.5 m～4.8 m。

5.3.3 转台与伺服分系统

应满足如下要求:

a) 扫描方式:PPI、RHI、体扫、扇扫、定点;

b) 控制方式:全自动或手动控制;

c) 控制字长:不小于 14 位;

d) 角码数据字长:不小于 14 位;

e) 最大扫描速度:不小于 6 r/min;

f) 方位角和俯仰角扫描加速度:不小于 $20(°)/s^2$;

g) 方位角和俯仰角控制误差:不大于 0.1°。

5.3.4 发射分系统

应满足如下要求:

a) 发射峰值功率:

　　1) 磁控管体制:不小于 50 kW;

　　2) 速调管体制:不小于 50 kW;

　　3) 全固态体制:不小于 200 W。

b) 发射脉冲宽度:

　　1) 磁控管体制:0.5 μs/1 μs 可选;

　　2) 速调管体制:0.33 μs/0.5 μs/1 μs 可选;

　　3) 全固态体制:0.5 μs～400 μs 可选。

c) 脉冲重复频率:有单重频和双重频两种,采用双重频时,其比值从 2/3、3/4、4/5 中选择,具体要求由产品规范决定,重频范围为 300 Hz～2000 Hz。

d) 频谱特性:工作频率±10 MHz 处不大于−60 dB。

e) 输出极限改善因子:不小于 55 dB。

f) 占空比:

　　1) 磁控管不大于 0.1%;

　　2) 速调管不大于 0.3%;

　　3) 全固态不大于 15%。

g) 发射管寿命：
   1) 磁控管体制：不小于 1000 h；
   2) 速调管体制：不小于 5000 h。

5.3.5 接收分系统

5.3.5.1 接收机部分

应满足如下要求：

a) 接收机噪声系数：不大于 3 dB；
b) 接收系统线性动态范围：不小于 110 dB@1 MHz；
c) 中频输出杂散：不大于—60 dBc。

5.3.5.2 频综指标

本振相位噪声：不大于—110 dBc/Hz@1 kHz。

5.3.6 信号处理分系统

应满足如下要求：

a) 最大脉冲压缩比：不小于 250（仅脉压体制有）。
b) 脉冲压缩后脉冲宽度：0.33 μs/0.5 μs/1 μs 可选（仅脉压体制有）。
c) 最大脉冲压缩主副比：不小于 50 dB（仅脉压体制有）。
d) 距离库长度：50 m/75 m/150 m 可选。
e) 距离库数：由选定的距离范围和距离库长度自适应设定距离库数。
f) 数据率：不低于脉冲宽度和接收机带宽匹配值。
g) 处理模式：
   1) 信号处理基于通用服务器，采用软件化、模块化设计；
   2) 在时域或频域对数据进行信号处理。
h) 基数据格式：符合行业主管单位的相关标准和规定的要求，数据中包括元数据信息、在线标定记录、观测数据等，输出数据格式兼容新一代天气雷达业务软件系统。
i) 数据处理和质量控制：
   1) 采用相位编码或其他方法距离退模糊；
   2) 采用脉冲分组双重复频率方法或参差方法速度退模糊方法；
   3) 采用时域滤波算法和自适应频域滤波算法进行杂波过滤；
   4) 采用逐库订正法进行衰减订正；
   5) 采用信噪比门限、SQI、CSR 等质量控制门限。

5.4 方舱与载车

应满足如下要求：

a) 载车具有调平装置和定位经纬度、海拔高度的功能；
b) 在 2 h 内由运输状态转入工作状态；
c) 适应野外全天候工作；
d) 运输车辆可维修；
e) 配备发电机组；
f) 方舱具有防雨、防尘、防腐措施；

g) 方舱具有屏蔽、隔热性能;

h) 方舱配备空调;

i) 方舱具有逃生出口,并配备消防器材;

j) 方舱与载车能够满足公路运输的标准;

k) 方舱与载车能够整体运输,在运输状态下,其外形尺寸及重量符合 GB/T 13384—2008 第 3 章的要求;

l) 防雷满足 QX/T 2—2016 第 7 章至第 13 章的要求。

5.5 环境适应性

5.5.1 一般要求

应满足下列要求:

a) 具有防尘、防潮、防霉、防盐雾、防虫措施;

b) 适应海拔 3000 m 及以上高度的低气压环境。

5.5.2 温度

应满足下列要求:

a) 室内:0 ℃~30 ℃;

b) 室外:-40 ℃~55 ℃。

5.5.3 空气相对湿度

应满足下列要求:

a) 室内:15%~90%,无凝露;

b) 室外:15%~95%,无凝露。

5.5.4 抗风和冰雪载荷

应满足下列要求:

a) 抗持续风能力:工作时风速不小于 25 m/s;不工作时风速不小于 35 m/s;

b) 抗阵风能力:不低于持续风速的 1.5 倍;

c) 抗冰雪载荷能力不小于 220 kg/m²。

5.6 电磁兼容性

应满足如下要求:

a) 雷达具有足够的抗干扰能力,不受其他设备的电磁干扰而影响工作;

b) 屏蔽体将被干扰物或干扰物包围封闭,屏蔽体与接地端子间电阻小于 0.1 Ω;

c) 雷达与大地的连接,安全可靠,有设备地线、动力电网地线和避雷地线,避雷针与雷达公共接地线不得共同用同一接地网。

5.7 电源适应性

应满足如下要求:

a) 供电电压:220 V×(1±10%);

b) 供电频率:50 Hz×(1±5%);

c) 功耗:不大于 8 kW。

5.8 互换性

同型号雷达的部件、组件和分系统应保证电气功能、性能和接口的一致性,均能在现场替换,除特殊说明外,互换时应不经选配和调整,互换后雷达即能正常工作。

5.9 安全性

5.9.1 一般要求

通过安全设计保证人员及雷达的安全,不得使用污染环境、损害人体健康和设备性能的材料,宜选用绿色环保并可重复使用的材料。

5.9.2 电气安全

应满足如下要求:
a) 电源线之间及与大地之间的绝缘电阻大于 1 MΩ;
b) 电压超过 36 V 及存在微波泄漏处,有警示标识和防护装置;
c) 高压储能电路有泄放装置;
d) 危及人身安全的高压及存在微波泄漏处,在防护装置被去除或打开后自动切断;
e) 配备快速切断供电的保护性电源开关。

5.9.3 机械安全

应满足如下要求:
a) 抽屉或机架式组件配备锁紧装置;
b) 机械转动部位及危险的可拆卸装置处有警示标识和防护装置;
c) 在架设、拆收、运输、维护、维修时,活动装置能锁定;
d) 天线俯仰角超过规定范围,有切断电源和防碰撞的安全保护装置;
e) 天线伺服配备手动安全开关。

5.10 噪声

发射、接收分系统的噪声应低于 85 dB(A)。

6 试验方法

6.1 试验环境条件

6.1.1 室内测试环境条件

室温在 15 ℃～25 ℃,空气相对湿度不大于 70%。

6.1.2 室外测试环境条件

空气温度在 5 ℃～35 ℃,空气相对湿度不大于 80%,风速不大于 5 m/s。

6.2 试验仪表和设备

试验仪表和设备见表 1。

表 1 试验仪表和设备

序号	设备名称	主要性能要求
1	信号源	频率:10 MHz～20 GHz 输出功率:－135 dBm～21 dBm
2	频谱仪	频率:10 MHz～40 GHz 最大分析带宽:不低于 25 MHz 精度:不低于 0.19 dB
3	功率计(含探头)	功率:－35 dBm～20 dBm 精度:不大于 0.1 dB
4	衰减器	频率:0 GHz～18 GHz 精度:不大于 0.8 dB 功率:不小于 2 W
5	检波器	频率:8 GHz～12 GHz 灵敏度:1 mV/10 μW 最大输入功率:10 mW
6	示波器	带宽:不小于 200 MHz
7	矢量网络分析仪	频率:3 kHz～20 GHz 动态范围:不小于 135 dB 输出功率:不小于 15 dBm
8	噪声系数分析仪(含噪声源)	频率:10 MHz～20 GHz 测量范围:0 dB ～20 dB 精度:不大于 0.15 dB
9	信号分析仪	频率:10 MHz～20 GHz 功率:－15 dBm～20 dBm 分析偏置频率:1 Hz～100 MHz 精度:不大于 3 dB
10	合像水平仪	刻度盘分划值:0.01 mm/m 测量范围:－10 mm/m～10 mm/m 示值误差:±0.01 mm/m(±1 mm/m 范围内) ±0.02 mm/m(±1 mm/m 范围外)
11	标准喇叭天线	频率:8 GHz～12 GHz 增益:不低于 18 dB 精度:不大于 0.2 dB
12	转台伺服控制器	转动范围:方位角 0°～360°,俯仰角－2°～90° 转动速度:0(°)/s～0.5(°)/s,定位精度:0.03°

6.3 组成

目测检查雷达的系统组成。

6.4 功能

6.4.1 一般要求

操作演示检查。

6.4.2 扫描方式

配置并运行扫描方式和任务调度,并检查结果。

6.4.3 观测模式

操作演示检查。

6.4.4 机内自检设备和监控

操作检查参数的显示,演示报警功能。

6.4.5 雷达及附属设备控制和维护

实际操作检查。

6.4.6 关键参数在线分析

实际操作检查。

6.4.7 实时显示

实际操作检查。

6.4.8 消隐功能

配置消隐区,测试当天线到达消隐区间内时发射机是否停止发射脉冲。

6.4.9 授时功能

实际操作检查授时功能和授时精度。

6.4.10 强度标定

演示雷达使用机内信号进行自动强度标定的功能,并在软件界面上查看标定结果。通过查看基数据中记录的强度标定值,检查标定结果是否应用到下一个体扫。

6.4.11 距离定位

实际操作检查雷达使用机内脉冲信号自动进行距离定位检查的功能。

6.4.12 发射机功率

实际操作检查雷达基于内置功率计的发射机功率自动检查功能。

6.4.13 速度

演示雷达使用机内信号进行速度自动检查的功能,检查软件界面显示的结果。

6.4.14 相位噪声

演示雷达的机内相位噪声自动检查的功能,检查软件界面显示的结果。

6.4.15 噪声电平

演示雷达噪声电平自动测量的功能,检查软件界面显示的结果。

6.4.16 噪声系数

演示噪声系数自动检查的功能,检查软件界面显示的结果。

6.4.17 发射机功率、输出脉冲宽度、输出频谱

检查雷达是否能使用机外仪表测量发射机功率、输出脉冲宽度和输出频谱。

6.4.18 发射和接收支路损耗

应采取下列两种方式之一进行:

a) 使用信号源、频谱仪/功率计按下列步骤进行:

1) 按照发射支路损耗测试示意图(见图 2a)顺序连接测试设备。

2) 测量测试电缆 1 和 2 的损耗,分别记为 L_1 和 L_2。

3) 发射机功率采样定向耦合器输入端口注入 0 dBm 功率的信号,记为 A。

4) 功率计测量天线输入端口功率,记为 P_0。

5) 计算并记录发射支路损耗 L_t(分贝,dB),计算方法见式(1):

$$L_t = A - P_0 - (L_1 + L_2) \quad\quad\quad\cdots\cdots\cdots\cdots\cdots(1)$$

式中:

A ——定向耦合器输入端口注入 0 dBm 功率信号,单位为分贝毫瓦(dBm);

P_0 ——天线输入端口功率,单位为分贝毫瓦(dBm);

L_1、L_2——测试电缆 1 和 2 的损耗,单位为分贝(dB)。

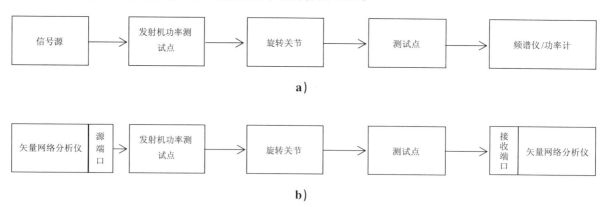

图 2 发射支路损耗测试示意图

6) 按照接收支路损耗测试示意图(见图 3a)顺序连接测试设备。

7) 天线端口注入 0 dBm 功率信号,记为 B。

8) 功率计测量 LNA 输入端口功率,记为 P_1。

9) 计算并记录接收支路损耗 L_r(分贝,dB),计算方法见式(2):

$$L_r = B - P_1 - (L_1 + L_2) \quad\quad\quad \cdots\cdots\cdots\cdots\cdots(2)$$

式中:

B ——天线端口注入 0 dBm 功率信号,单位为分贝毫瓦(dBm);

P_1 ——LNA 输入端口功率,单位为分贝毫瓦(dBm)。

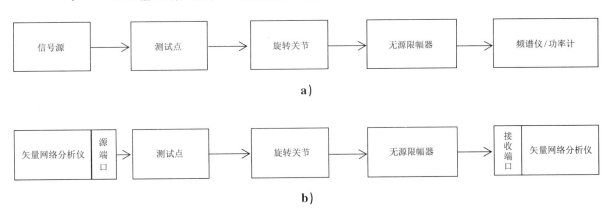

图 3 接收支路损耗测试示意图

b) 使用矢量网络分析仪按下列步骤进行:

1) 校准矢量网络分析仪(含测试电缆及转接器);

2) 按照发射支路损耗测试示意图(见图 2b)顺序连接测试设备;

3) 读取并记录发射支路损耗值 L_t;

4) 重新校准矢量网络分析仪(含测试电缆及转接器);

5) 按照接收支路损耗测试示意图(见图 3b)顺序连接测试设备;

6) 读取并记录接收支路损耗值 L_r。

6.4.19 接收机最小可测功率、动态范围

检查雷达是否能使用机外仪表测量接收机最小可测功率和动态范围。

6.4.20 天线座水平度

按下列步骤进行测试:

a) 将天线停在方位角 0°位置;

b) 将合像水平仪按图 4 所示放置在天线转台上;

c) 调整合像水平仪达到水平状态,并记录合像水平仪的读数值,记为 M_0;

d) 控制天线停在方位角 45°位置;

e) 调整合像水平仪达到水平状态,并记录合像水平仪的读数值,记为 M_{45};

f) 重复步骤 d)~e),分别测得天线方位角在 90°、135°、180°、225°、270°、315°位置合像水平仪的读数值,依次记为 M_{90},M_{135},M_{180},M_{225},M_{270},M_{315};

g) 分别计算四组天线座水平度差值的绝对值 $|M_0 - M_{180}|$、$|M_{45} - M_{225}|$、$|M_{90} - M_{270}|$ 和 $|M_{135} - M_{315}|$,其中最大值即为该天线座水平度。

6.4.21 天线伺服扫描速度误差、加速度、运动响应

检查雷达是否具有软件工具,进行天线伺服速度误差、加速度和运动响应的检查。

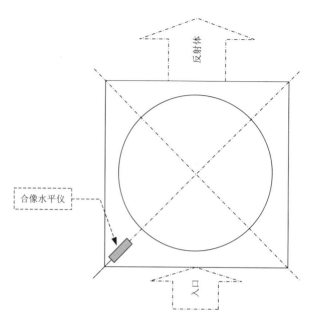

图 4 天线座水平度检查示意图

6.4.22 天线指向和接收链路增益

检查雷达是否具有太阳法工具,用于检查和标定天线指向和接收链路增益。

6.4.23 基数据方位角、俯仰角角码

随机抽样基数据并提取方位角和俯仰角角码,检查方位角相邻角码间隔是否不超过分辨力的 2 倍。检查同一仰角的俯仰角角码是否稳定在期望值±0.2°的范围之内。

6.4.24 地物杂波抑制能力

基于雷达输出的地物杂波过滤前和过滤后的回波强度数据,统计和检查低俯仰角(如 0.5°)的地物杂波滤波能力。

6.4.25 最小可测回波强度

检查基数据在 60 km 处探测的最小回波强度,统计不少于 10 个体扫低俯仰角的回波强度以获得最小可测回波强度。统计方法为检查所有径向距离为 60 km 的回波强度值,或使用其他距离上的最小强度值换算成 60 km 的值。

6.4.26 终端软件运行平台

检查气象产品生成和显示软件运行的环境,是否满足以下要求:
a) 软件基于工作站运行;
b) 操作系统采用主流操作系统。

6.4.27 气象产品格式

检查气象产品格式文档或产品样例文件,格式是否满足文档要求。

6.4.28 产品交互方式

检查雷达终端软件是否能够以全自动和人机交互两种方式生成气象产品。

6.4.29 算法配置参数

检查主要的气象产品算法是否有可配置的参数。

6.4.30 资料处理能力

检查终端软件的资料处理能力,是否能够以实时在线和回放历史基数据两种方式处理资料,生成气象产品。

6.4.31 气象产品

操作演示检查。

6.4.32 产品显示

操作演示检查。

6.4.33 数据存储和传输

操作演示检查。

6.4.34 雷达组网

操作演示检查。

6.5 性能

6.5.1 雷达工作频率

按下列步骤进行测试:
a) 按照雷达工作频率测试示意图(见图5)顺序连接测试设备;
b) 开启发射机工作;
c) 使用频谱仪测量雷达工作频率;
d) 关闭发射机。

图5 雷达工作频率测试示意图

6.5.2 距离范围

使用雷达专用配套测试软件或工具检查雷达的输出数据文件。

6.5.3 角度范围

雷达采用 PPI 扫描的方式,检查雷达是否能在 0°～360°的范围内连续扫描;其次,控制天线俯仰角,检查雷达能够分别定位到 −2°～90° 任意一个中间角度。

6.5.4　强度值范围

通过强度数据所采用的编码公式进行理论计算,或检查强度数据的输出范围是否满足区间－35 dBz～75 dBz 的要求。

6.5.5　速度值范围

通过速度数据所采用的编码公式进行理论计算,或检查速度数据的输出范围是否满足区间－48 m/s～48 m/s 的要求。

6.5.6　谱宽值范围

通过谱宽数据所采用的编码公式进行理论计算,或检查谱宽数据的输出范围是否满足区间 0 m/s～16 m/s 的要求。

6.5.7　距离定位误差

对于磁控管体制,应使用信号源将时间延迟的 0.5 μs 脉冲信号注入雷达接收机并按 75 m 距离分辨力进行处理,检查雷达输出的反射率数据中的测试信号是否位于与延迟时间相匹配的距离库上。

对于速调管体制和全固态体制,应使用信号源将时间延迟的 0.33 μs 脉冲信号注入雷达接收机并按 50 m 距离分辨力进行处理,检查雷达输出的反射率数据中的测试信号是否位于与延迟时间相匹配的距离库上。

6.5.8　方位角和俯仰角误差

6.5.8.1　测试方法

按下列步骤进行:
a)　用合像水平仪检查并调整天线座水平;
b)　设置正确的经纬度和时间;
c)　开启太阳法测试;
d)　记录测试结果。

6.5.8.2　数据处理

按下列步骤进行:
a)　比较理论计算的太阳中心位置和天线实际检测到的太阳中心位置,计算和记录雷达方位角和俯仰角误差;
b)　测试时要求太阳高度角在 8°～50°之间,系统时间误差不大于 1 s,天线座水平误差不大于 60″,雷达站经纬度误差不大于 1″;
c)　连续进行 10 次太阳法测试,并计算标准差作为方位角和俯仰角的误差。

6.5.9　强度误差

6.5.9.1　测试方法

按下列步骤进行:
a)　按照强度误差测试示意图(见图 6)顺序连接测试设备;
b)　设置信号源使接收机注入功率为－40 dBm;
c)　根据雷达参数分别计算距离 10 km、30 km 和 60 km 的强度期望值,并记录;

d) 读取强度测量值,并记录;

e) 重复步骤 b)~d),分别注入−90 dBm~−50 dBm(步进 10 dBm)测试信号,记录对应的期望值与测量值。

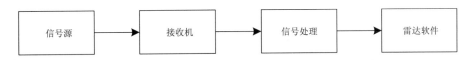

图 6 强度误差测试示意图

6.5.9.2 数据处理

按下列步骤进行:

a) 计算反射率的期望值 Z_{exp}(分贝,dB),计算方法见式(3):

$$Z_{exp} = 10\lg\left[(2.69\times10^{16}\lambda^2)/(P_t\tau G^2\theta\varphi)\right] + P_r + 20\lg R + L_\Sigma + RL_{at} \quad\cdots\cdots\cdots\cdots(3)$$

式中:

λ ——波长,单位为厘米(cm);

P_t ——发射脉冲功率,单位为千瓦(kW),对于脉压体制雷达来说,P_t 为雷达峰值功率与脉压增益的乘积;

τ ——脉宽,单位为微秒(μs),对于脉压体制雷达来说,τ 为脉压后的脉宽;

G ——天线增益,单位为分贝(dB);

θ ——水平波束宽度,单位为度(°);

φ ——垂直波束宽度,单位为度(°);

P_r ——输入信号功率,单位为分贝毫瓦(dBm);

R ——距离,单位为千米(km);

L_Σ ——系统除大气损耗 L_{at} 外的总损耗(包括匹配滤波器损耗、收发支路总损耗和天线罩双程损耗),单位为分贝(dB);

L_{at} ——大气损耗,单位为分贝每千米(dB/km)。

b) 分别计算注入功率−90 dBm ~−40 dBm(步进 10 dBm)对应的实测值和期望值之间的差值。

c) 选取所有差值中最大的值作为强度误差。

6.5.10 速度误差

6.5.10.1 测试方法

按下列步骤进行:

a) 按照速度误差测试示意图(见图 7)顺序连接测试设备;

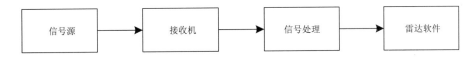

图 7 速度误差测试示意图

b) 设置信号源输出功率−40 dBm,频率为雷达工作频率;

c) 微调信号源输出频率,使读到的速度为 0 m/s,此频率记为 f_c;

d) 改变信号源输出频率为 f_c−1000 Hz;

e) 按 50 Hz 间隔,信号源输出频率从 f_c−1000 Hz 到 f_c+1000 Hz 步进,依次计算理论值 V_1,并

读取对应的显示值 V_2；

f) 关闭信号源。

6.5.10.2 数据处理

按下列步骤进行：

a) 计算径向速度理论值 V_1（米每秒，m/s），计算方法见式（4）：

$$V_1 = -(\lambda \times f_d)/2 \quad\quad\quad\quad\quad\quad\quad (4)$$

式中：

λ ——雷达波长，单位为米（m）；

f_d——注入信号的频率与雷达工作频率 f_c 的差值，单位为赫兹（Hz）。

b) 分别计算出 f_d 从 −1000 Hz 到 +1000 Hz（步进 50 Hz）对应的 V_2 和 V_1 之间的差值。

c) 选取所有差值中绝对值最大的值作为速度误差。

6.5.11 谱宽误差

通过控制衰减器改变脉冲信号的幅度或其他方法生成期望谱宽的信号，将该信号注入接收机并记录实测的谱宽值，计算期望值和实测值之间的误差。

6.5.12 分辨力

方位角和俯仰角的分辨力通过角码记录文件检查，其他通过基数据文件检查。

6.5.13 最小可测回波强度

检查基数据（1 μs 脉冲（对于脉压体制来说，指的是脉压后的脉宽），脉冲采样个数为 32，无地物滤波）在 60 km 处探测的最小回波强度，统计不少于 10 个体扫低仰角的回波强度以获得最小可测回波强度。统计方法为检查所有径向距离为 60 km 的回波强度值（或者使用其他距离上的最小强度值换算成 60 km 的值），获得 60 km 处最小的回波强度值即为雷达的最小可测回波强度。

6.5.14 相位稳定度

6.5.14.1 测试方法

按下列步骤进行：

a) 将发射机输出作为测试信号，经过微波延迟线注入接收机；

b) 开启发射机工作；

c) 采集并记录连续 64 个脉冲的 I/Q 数据；

d) 关闭发射机。

6.5.14.2 数据处理

计算 I/Q 复信号的相位标准差，作为相位噪声 φ_{PN}（度，°），计算方法见式（5）：

$$\varphi_{PN} = \frac{180}{\pi}\sqrt{\frac{1}{N}\sum_{i=1}^{N}(\varphi_i - \overline{\varphi})^2} \quad\quad\quad\quad (5)$$

式中：

φ_i ——第 i 个 I/Q 复信号的相位，单位为弧度（rad）；

$\overline{\varphi}$ ——相位 φ_i 的平均值，单位为弧度（rad）。

6.5.15 地物杂波抑制能力

通过统计分析晴空的基数据获得系统的地物抑制能力,基数据中应该包含滤波前和滤波后的回波强度数据。统计基数据低仰角(如0.5°)回波的滤波能力,对于磁控管体制,超过35 dB的距离库数应不少于50个,对于速调管体制和全固态体制,超过45 dB的距离库数应不少于50个。

6.5.16 可靠性

使用一个或一个以上雷达不少于半年的运行数据,统计系统的可靠性,结果用平均故障间隔(MT-BF)表示。

6.5.17 可维护性

使用一个或一个以上雷达不少于半年的运行数据,统计系统的可维护性,结果用平均修复时间(MTTR)表示。

6.5.18 天线型式

目测检查天线结构是否为中心馈电的旋转抛物面天线。

6.5.19 极化方式

目测检查天线馈源结构是否为水平极化方式。

6.5.20 天线波束宽度

6.5.20.1 测试方法

按下列步骤进行:
a) 按照天线波束宽度测试示意图(见图8)顺序连接测试设备;
b) 分别选择0°和90°切面(对水平极化天线等同于E和H面),频率分别设置为9.3 GHz、9.4 GHz、9.5 GHz;
c) 转动接收天线与发射天线对准,极化匹配;
d) 向右转动接收天线,每隔0.01°使用频谱仪测量并记录信号强度,直至4.5°;
e) 从极化匹配点向左转动接收天线,每隔0.01°使用频谱仪测量并记录信号强度,直至4.5°。

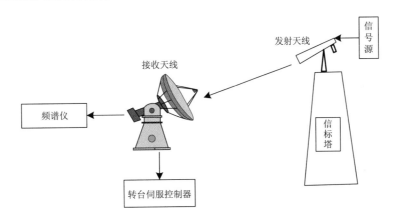

图8 天线波束宽度测试示意图

6.5.20.2 数据处理

将测量结果绘制成天线辐射方向图(见图9),在最强信号(标注为 0 dB)两侧分别读取功率下降 3 dB 点所对应的角度值(θ_1 和 θ_2),两者之和作为天线波束宽度。

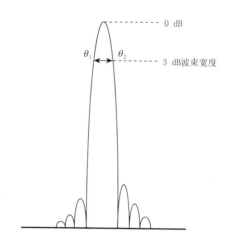

图 9 天线波束宽度测试结果示意图

6.5.21 天线旁瓣电平

6.5.21.1 测试方法

按下列步骤进行:

a) 按照天线旁瓣电平测试示意图(见图10)顺序连接测试设备;

b) 分别选择 0°和 90°切面(对水平极化天线等同于 E 和 H 面),频率分别设置为 9.3 GHz、9.4 GHz、9.5 GHz;

c) 转动接收天线与发射天线对准,极化匹配;

d) 转动接收天线,用频谱仪记录天线功率频谱分布图。

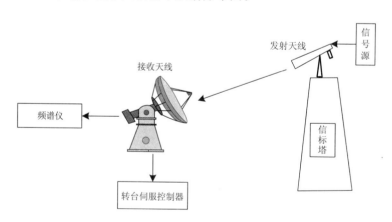

图 10 天线旁瓣电平测试示意图

6.5.21.2 数据处理

由天线功率频谱分布图测量主波束与第一旁瓣、远端旁瓣的功率差值即为天线旁瓣电平 S(分贝,

dB),测试结果示意图见图11,计算方法见式(6):

$$S = L_\theta - L_{\theta_1} \qquad\qquad \cdots\cdots\cdots\cdots\cdots\cdots (6)$$

式中:

L_θ ——θ 处的电平值,单位为分贝毫瓦(dBm);

L_{θ_1} ——θ_1 处的电平值,单位为分贝毫瓦(dBm)。

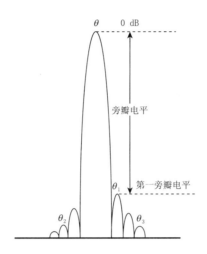

说明:

θ ——对应于主瓣功率峰值处的角度,单位为度(°);

θ_1——对应于第一旁瓣功率峰值处的角度,单位为度(°);

θ_2——对应于第二旁瓣功率峰值处的角度,单位为度(°);

θ_3——对应于第三旁瓣功率峰值处的角度,单位为度(°)。

图 11 天线旁瓣电平测试结果示意图

6.5.22 天线功率增益

6.5.22.1 测试方法

按下列步骤进行:

a) 按照天线功率增益测试示意图(见图12)顺序连接测试设备;

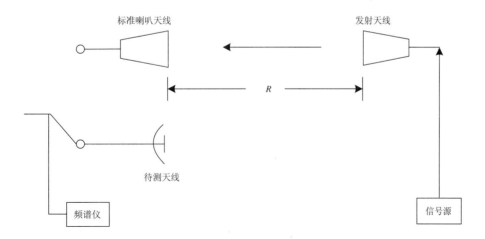

图 12 天线功率增益测试示意图

QX/T 524—2019

b) 分别选择 0°和 90°切面(对水平极化天线等同于 E 和 H 面),频率分别设置为 9.3 GHz、9.4 GHz、9.5 GHz;

c) 转动接收天线与发射天线对准,极化匹配;

d) 用频谱仪测量接收功率,并记为 P_1;

e) 用标准喇叭天线(增益为 G_0)替换待测天线;

f) 重复步骤 c)、d),读取频谱仪显示功率,并记为 P_2。

6.5.22.2 数据处理

计算天线增益 G(分贝,dB),计算方法见式(7):

$$G = G_0 + P_1 - P_2 \quad\quad\quad\quad\quad\quad\quad (7)$$

式中:

G_0 ——标准喇叭天线增益,单位为分贝(dB);

P_1、P_2——含义见 6.5.22.1d)、f),单位为分贝毫瓦(dBm)。

6.5.23 天线口径

实际测量检查。

6.5.24 扫描方式

实际操作检查。

6.5.25 控制方式

实际操作检查。

6.5.26 控制字长

使用工具软件,检查天线位置指令的控制分辨力是否不大于 0.022°,以证明控制字长不小于 14 位。

6.5.27 角码数据字长

检查天线返回角码的数据分辨力是否不大于 0.022°,以证明角码字长不小于 14 位。

6.5.28 扫描速度及误差

按下列步骤进行测试:

a) 运行雷达天线控制程序;

b) 设置方位角转速为 60(°)/s;

c) 读取并记录天线伺服扫描方位角速度,计算误差;

d) 设置俯仰角转速为 36(°)/s(或测试条件允许的最大转速);

e) 读取并记录天线伺服扫描俯仰角速度,计算误差;

f) 退出雷达天线控制程序。

6.5.29 扫描加速度

按下列步骤进行测试:

a) 运行雷达天线控制程序;

b) 控制天线方位角运动 180°;

c) 读取并计算天线伺服扫描方位角加速度;

d) 控制天线俯仰角运动 90°；

e) 读取并计算天线伺服扫描俯仰角加速度；

f) 退出雷达天线控制程序。

6.5.30 方位角和俯仰角控制误差

按下列步骤进行测试：

a) 安装一个定向激光器在天线上，定向激光的质量小到不能影响天线；

b) 固定天线俯仰角为 0°，然后设置方位角为 0°；

c) 记录激光光束打到墙上的标记点，记为 p_{orig}，见图 13；

d) 围绕这个圈画出平行线并找到圆心，测量激光器与 p_{orig} 之间的距离为 h（米，m）；

e) 天线方位角旋转 360°；

f) 记录激光光束打到墙上的标记点，记为 p_{rot_a}；

g) 将 p_{orig} 与 p_{rot_a} 之间的差定义为 d（米，m），计算角度误差 θ_{AZ}：$\theta_{AZ}=\tan^{-1}(\dfrac{d}{h})$；

h) 上述方式测量 10 次，将这 10 次数据的标准差定义为方位角控制误差；

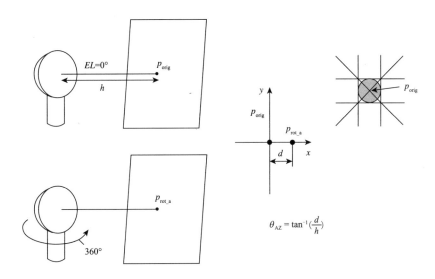

图 13　方位角控制误差测试示意图

i) 固定天线方位角为 0°，然后设置仰角为 0°；

j) 记录激光光束打到墙上的标记点，记为 p_{orig}，见图 14；

k) 围绕这个圈画出平行线并找到圆心，测量激光器与 p_{orig} 之间的距离为 h（米，m）；

l) 天线俯仰角转 90°，再转 −90°；

m) 记录激光光束打到墙上的标记点，记为 p_{rot_e}；

n) 将 p_{orig} 与 p_{rot_e} 之间的差定义为 d'（米，m），计算角度误差 θ_{EZ}：$\theta_{EZ}=\tan^{-1}(\dfrac{d'}{h})$；

o) 上述方式测量 10 次，将这 10 次数据的标准差定义为俯仰角控制误差。

6.5.31 发射机脉冲功率

按下列步骤进行：

a) 按照发射机脉冲功率测试框图（见图 15）顺序连接测试设备；

b) 设置发射机的工作频率，给发射机加电；

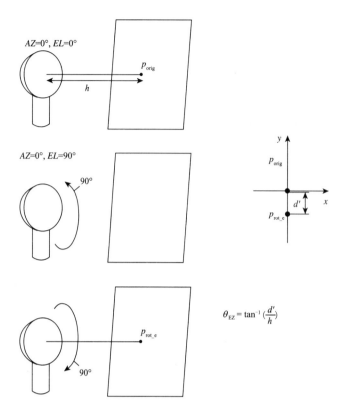

图 14 俯仰角控制误差测试示意图

c) 开启发射机工作;

d) 使用功率计测量并记录发射机脉冲峰值功率;

e) 关闭发射机;

f) 设置重复频率,读取功率值并记录。

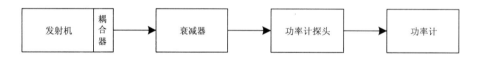

图 15 发射机脉冲功率测试框图

6.5.32 发射机脉冲宽度

按下列步骤进行:

a) 按照发射机脉冲宽度测试框图(见图 16)顺序连接测试设备;

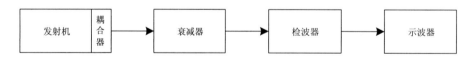

图 16 发射机脉冲宽度测试框图

b) 设置发射机的工作频率,给发射机加电;

c) 开启发射机工作;

d) 使用示波器测量并记录发射机脉冲包络幅度 70%处宽度和脉冲周期;

e) 关闭发射机;

f) 设置重复频率,读取脉宽值并记录。

6.5.33 发射机频谱特性

按下列步骤进行:

a) 按照发射机频谱特性测试示意图(见图17)顺序连接测试设备;

b) 设置发射机的工作频率,给发射机加电;

c) 设置重复频率,读取频谱值并记录。

图 17 发射机频谱特性测试示意图

6.5.34 输出极限改善因子

6.5.34.1 测试方法

按下列步骤进行:

a) 按照发射机输出极限改善因子测试示意图(见图18)顺序连接测试设备;

b) 运行测试软件,设置重复频率;

c) 开启发射机工作;

d) 读取发射机窄脉冲信号和噪声功率谱密度比值 R;

e) 根据公式计算极限改善因子 I 并记录;

f) 关闭发射机;

g) 退出测试软件。

图 18 发射机输出极限改善因子测试示意图

6.5.34.2 数据处理

计算发射机输出极限改善因子 I(分贝,dB),计算方法见式(8):

$$I = R + 10\lg B - 10\lg F \quad\quad\quad\quad\quad\quad\quad (8)$$

式中:

R——发射机输出信号与噪声功率谱密度比值;

B——频谱仪设置的分析带宽,单位为赫兹(Hz);

F——发射信号的脉冲重复频率,单位为赫兹(Hz)。

用频谱仪检测信号功率谱密度分布,读取信号和噪声的功率比值 R,根据发射机信号的重复频率 F、频谱仪设置的分析带宽 B,计算出极限改善因子 I。

6.5.35 占空比

按下列步骤进行:

a) 按照占空比测试框图(见图 19)顺序连接测试设备;
b) 设置发射机的工作频率,给上行发射机加电;
c) 开启发射机工作;
d) 使用示波器测量并记录发射机脉冲包络幅度 70%处宽度和脉冲周期;
e) 关闭发射机;
f) 设置重复频率,读取脉宽值并记录;
g) 脉宽值与对应的重复频率相乘得到占空比。

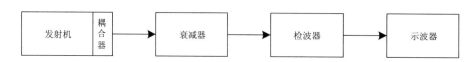

图 19　占空比测试框图

6.5.36　接收机噪声系数

6.5.36.1　测试方法

按下列步骤进行:
a) 按照接收机噪声系数测试示意图(见图 20)顺序连接测试设备;
b) 设置噪声系数分析仪,关闭噪声源输出;
c) 运行雷达控制软件,记录冷态噪声功率 A_1;
d) 设置噪声系数分析仪,打开噪声源输出;
e) 记录热态噪声功率 A_2;
f) 关闭噪声源输出,退出雷达控制软件。

图 20　接收机噪声系数测试示意图

6.5.36.2　数据处理

计算接收机噪声系数 η_{NF}(分贝,dB),计算方法见式(9):

$$\eta_{NF} = R_{ENR} - 10\lg(\frac{A_2}{A_1} - 1) \quad\cdots\cdots(9)$$

式中:
R_{ENR} ——噪声源的超噪比,单位为分贝(dB);
A_1 ——冷态噪声功率,单位为毫瓦(mW);
A_2 ——热态噪声功率,单位为毫瓦(mW)。

6.5.37　接收机线性动态范围

6.5.37.1　测试方法

按下列步骤进行:
a) 按照接收机线性动态范围测试示意图(见图 21)顺序连接测试设备;
b) 运行雷达控制软件,设置为宽脉冲模式;

c) 设置信号源输出功率－120 dBm,记录接收机输出功率值;

d) 以 1 dBm 步进增加到 10 dBm,重复记录接收机输出功率值;

e) 关闭信号源,退出雷达控制软件。

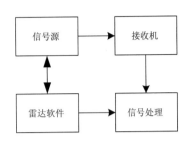

图 21　接收机线性动态范围测试示意图

6.5.37.2　数据处理

根据输入信号和接收机输出功率数据,采用最小二乘法进行拟合。由实测曲线与拟合直线对应点的输出数据差值不大于 1.0 dB 来确定接收机低端下拐点和高端上拐点,下拐点和上拐点所对应的输入信号功率值差值的绝对值为接收机线性动态范围。

6.5.38　接收机频率源本振相位噪声

按下列步骤进行测试:

a) 按照频率源射频输出相位噪声测试示意图(见图 22)顺序连接测试设备;

b) 打开频率源射频输出;

c) 使用信号分析仪测量并记录射频输出信号 1 kHz 处的相位噪声值;

d) 关闭频率源射频输出。

图 22　频率源射频输出相位噪声测试示意图

6.5.39　脉冲压缩比

6.5.39.1　测试方法

脉冲压缩比是脉冲压缩开启或关闭时信噪比 G(分贝,dB)之差。当脉冲压缩关闭时,测量的信号和噪声为 S_{off},N_{off},其比值为 $R_{SN,off}$,测量信号和噪声水平。同样,当脉冲压缩开启时,测量的信号和噪声为 S_{on},N_{on},其比值为 $R_{SN,on}$。这样,脉冲压缩比表示如下:

$$G = 10\lg(R_{SN,on}/R_{SN,off}) \qquad\qquad (10)$$

如表 2 所示,当脉冲压缩关闭时,信号处理器不使用基准信号和窗函数,脉冲压缩开启时才使用。在这个测量中包含了窗函数损耗,噪声要使用非输入状态的测量值。

表 2 脉冲压缩比测量设置

测量项	设置				备注
	脉冲压缩	发射功率	基准信号	窗函数	
S_{off}	OFF	ON	OFF	OFF	
N_{off}	OFF	OFF	OFF	OFF	
S_{on}	ON	ON	ON	ON	
N_{on}	ON	OFF	ON	ON	

6.5.39.2 测试框图

见图 23。

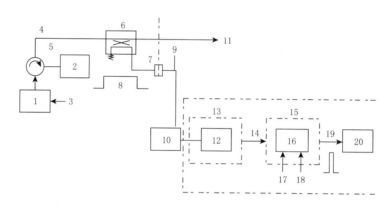

说明：

1——发射机；
2——等效负载；
3——脉冲调制开关；
4——波导；
5——波导切换开关；
6——定向耦合器；
7——发射机输出监测点；
8——发射脉冲；
9——测量电缆；
10——大功率衰减器；

11——到天线基座；
12——LNA；
13——接收机；
14——中频输出；
15——信号处理器；
16——脉冲压缩；
17——基准信号；
18——窗函数；
19——接收到的信号；
20——A 显。

图 23 脉冲压缩比测量框图

6.5.39.3 测试步骤

按下列步骤进行：

a) 将发射机输出监测点的功率降至接收机动态范围内，通过大功率衰减器，连接到接收机的 LNA 上。整个过程输入信号的脉冲宽度、脉冲重复频率和调制方法相同。

b) 关闭脉冲压缩，测量的信号和噪声为 S_{off}，N_{off}，如图 24 所示，其比值为 $R_{SN,off}$。

c) 开启脉冲压缩，测量的信号和噪声为 S_{on}，N_{on}，如图 24 所示，其比值为 $R_{SN,on}$。

d) 计算脉冲压缩比。

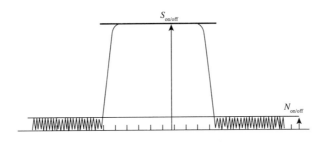

图 24　脉冲压缩比测量图

6.5.40 脉冲压缩后脉冲宽度

6.5.40.1 测试方法

对于脉冲压缩体制雷达,发射波形会通过升余弦进行波形修正以减少频谱扩散,接收波形也会通过窗函数来压缩距离副瓣,此时高斯函数可以很好地描述脉压后的波形,图 25 为接收信号采样示例。

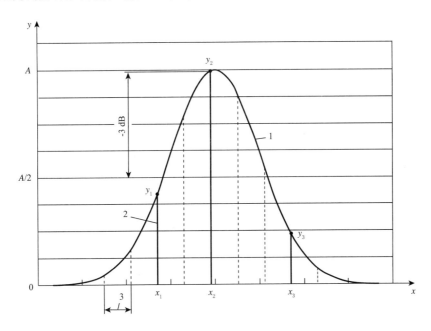

说明:
1——脉冲压缩后脉冲波形;
2——采样脉冲;
3——采样间隔。

图 25　接收信号采样波形

采样间隔小于脉冲宽度,此时将三个采样电平 (x_1,y_1),(x_2,y_2),(x_3,y_3) 带入高斯函数中可计算得到脉冲压缩后脉冲宽度。

6.5.40.2 测试框图

见图 26。

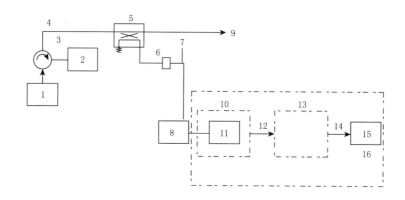

说明：

1——发射机；
2——等效负载；
3——波导切换开关；
4——波导；
5——定向耦合器；
6——发射机输出监测点；
7——测量电缆；
8——大功率衰减器；

9——天线基座；
10——接收机；
11——LNA；
12——中频输出；
13——信号处理器；
14——接收信号；
15——A 显；
16——测量脉冲宽度。

图 26 脉冲压缩后脉冲宽度测量框图

6.5.40.3 测试步骤

如图 26 所示，将大功率衰减器通过测量电缆连接至发射机输出监测点，并将其输出连接至接收机的 LNA 上，大功率衰减器的选择要保证将发射功率衰减至接收机动态范围内，发射机设置为长脉冲连续发射模式，计算公式如下：

接收信号波形可用高斯谱来描述，接收到的脉冲信号见式（11）：

$$y(x) = A \cdot e^{-\frac{(x-\mu)^2}{2\sigma^2}} \qquad \cdots\cdots\cdots\cdots(11)$$

式中：

x ——时间轴；

A ——最大振幅；

μ ——平均值；

σ^2 ——为方差。

为了提高脉冲宽度估计精度，y_2 应接近峰值，y_1、y_3 应低于且逼近 y_2 下降 3 dB 后的值。

取自然对数：

$$\ln[y(x)] = \ln(A) - \frac{(x-\mu)^2}{2\sigma^2} \qquad \cdots\cdots\cdots\cdots(12)$$

A，μ，σ^2 可由公式（13）、公式（14）、公式（15）计算得出：

$$\mu = \frac{\ln(\frac{y_3}{y_2})(x_1^2 - x_2^2) - \ln(\frac{y_2}{y_1})(x_2^2 - x_3^2)}{2[\ln(\frac{y_3}{y_2})(x_1 - x_2) - \ln(\frac{y_2}{y_1})(x_2 - x_3)]} \qquad \cdots\cdots\cdots\cdots(13)$$

$$\sigma^2 = \frac{(x_1^2 - x_2^2) - 2\mu(x_1 - x_2)}{2\ln(\frac{y_2}{y_1})} \qquad \cdots\cdots\cdots\cdots(14)$$

$$A = y_1 e^{(\frac{(x_1 - \mu)^2}{2\sigma^2})}$$

················(15)

则脉冲压缩后脉冲宽度 τ_{pc} 为：

$$\tau_{pc} = 2(x_3 - \mu)\sqrt{\frac{3}{10\lg(A) - 10\lg(y_3)}}$$

················(16)

6.5.41 距离库长度

查看雷达基数据文件。

6.5.42 距离库数

查看雷达基数据文件。

6.5.43 数据输出率

查看雷达 I/Q 数据文件，检查数据的距离分辨力。

6.5.44 处理模式

实际操作检查软件配置。

6.5.45 基数据格式

审阅基数据格式文档和基数据文件。

6.5.46 数据处理和质量控制

演示信号处理功能，并检查算法文档。

6.6 方舱与载车

方舱与载车的试验由厂家根据相关规定和标准进行试验，并提供报告。

6.7 环境适应性

6.7.1 一般要求

目视检查防护措施。

6.7.2 温度试验

室内、室外主要部件的温度环境适应能力试验方法按 GB/T 2423.1 第 5 章至第 6 章和 GB/T 2423.2 第 5 章至第 6 章的规定进行。

6.7.3 交变湿热试验

室内、室外主要部件以及室内部件的湿度环境适应能力试验方法按 GB/T 2423.4 第 6 章至第 10 章的规定进行。

6.7.4 抗风和冰雪载荷

使用专业仿真软件计算雷达的冰雪和风环境适应能力，并提供同样设计方案的雷达实际抗风能力的案例。

6.8 电磁兼容性

测量屏蔽体接地电阻并目视检查。

6.9 电源适应性

通过调整供电电压和频率检查。

6.10 互换性

在现场检验时,抽取不少于3个的组件或部件,进行互换测试。

6.11 安全性

现场演示检查和测量。

6.12 电气安全

现场演示检查和测量。

6.13 机械安全

现场演示检查。

6.14 噪声

距设备1 m处使用声压计测量。

7 检验规则

7.1 检验分类

检验分为:
a) 定型检验;
b) 出厂检验;
c) 现场检验。

7.2 检验设备

所使用的试验与检验设备应在检定有效期内。

7.3 检验项目

见附录B中表B.1。

7.4 定型检验

7.4.1 检验条件

定型检验在下列情况下进行:
a) 新产品定型;
b) 主要设计、工艺、组件和部件有重大变更。

7.4.2 判定规则

所有定型检验项目全部符合表 B.1 要求时,判定定型检验合格。

在检验过程中发现不符合要求时,应暂停检验。被检方应迅速查明原因,采取有效可靠措施纠正后,可继续进行检验,并应对相关检验合格项再次检验。同一项目若经二次检验仍不合格,则本次检验不合格。

7.5 出厂检验

所有出厂检验项目全部符合表 B.1 要求时,判定出厂检验合格。

在检验过程中发现不符合要求时,应暂停检验。被检方应迅速查明原因,采取有效可靠措施纠正后,可继续进行检验,并应对相关检验合格项再次检验。同一项目若经二次检验仍不合格,则本次检验不合格。

7.6 现场检验

所有现场检验项目全部符合表 B.1 要求时,判定现场检验合格。

在检验过程中发现不符合要求时,应暂停检验。被检方应迅速查明原因,采取有效可靠措施纠正后,可继续进行检验,并应对相关检验合格项再次检验。同一项目若经二次检验仍不合格,则本次检验不合格。

8 标志、标签和随行文件

8.1 产品标识

产品应包含下列标识:
a) 生产厂商;
b) 设备名称和型号;
c) 出厂序列号;
d) 出厂日期。

8.2 包装标识

产品包装应包含下列标识:
a) 包装箱编号;
b) 设备名称;
c) 生产厂商;
d) 外形尺寸;
e) 毛重;
f) "小心轻放""向上""怕湿""堆码"等符合 GB/T 191—2008 第 2 章规定的标识。

8.3 随行文件

应包括但不限于以下内容:
a) 产品合格证;
b) 产品说明书;
c) 产品电原理图;

d)　装箱单；

e)　随机备附件清单。

9　包装、运输和贮存

9.1　包装

应符合以下要求：

a)　应符合陆地、空中或海上运输要求；

b)　能满足一般震动、冲击和气压变化而无损坏的要求；

c)　尺寸、重量和材料应符合 GB/T 13384—2008 第 3 章的要求；

d)　每个包装箱内都有装箱单；

e)　符合 GB/T 191—2008 第 2 章至第 4 章规定的标识。

9.2　运输

应符合以下要求：

a)　运输过程中应做好剧烈震动、挤压、雨淋及化学物品侵蚀等防护措施；

b)　搬运应轻拿轻放，码放整齐，严禁滚动和抛掷。

9.3　贮存

包装好的产品应贮存在环境温度－40 ℃到 55 ℃，相对湿度小于 90％的室内，且周围无腐蚀性挥发物。

附　录　A

（资料性附录）

雷达自动上传基础参数

表A.1　雷达自动上传基础参数表

序号	类别	上传参数	单位	备注
1	雷达静态参数	雷达站号		
2		站点名称		
3		站点纬度		
4		站点经度		
5		天线高度	m	馈源高度
6		地面高度	m	
7		雷达类型		
8		软件版本号		雷达数据采集和监控软件
9		雷达工作频率	MHz	
10		天线增益	dB	
11		波束宽度	°	
12		发射馈线损耗	dB	
13		接收馈线损耗	dB	
14		其他损耗	dB	
15	雷达运行模式参数	日期		
16		时间		
17		体扫模式		
18		控制权标识		本控、遥控
19		系统状态		正常、可用、需维护、故障、关机
20		上传状态数据格式版本号		
21	雷达运行环境参数	机房内温度	℃	
22		发射机温度	℃	
23		天线罩内温度	℃	
24		机房内湿度	%RH	
25		发射机湿度	%RH	
26		天线罩内湿度	%RH	
27	雷达在线定时标定参数	发射机输出信号标定期望值	dBz	
28		发射机输出信号标定测量值	dBz	
29		相位噪声	°	
30		滤波前功率	dBz	
31		滤波后功率	dBz	

表 A.1　雷达自动上传基础参数表(续)

序号	类别	上传参数	单位	备注
32	雷达在线实时标定参数	发射机峰值功率	kW	
33		发射机平均功率	W	
34		天线峰值功率	kW	
35		天线平均功率	W	
36		发射机功率调零值		
37		天线功率调零值		
38		发射机和天线功率差	dB	
39		窄脉冲噪声电平	dB	0.5 μs
40		宽脉冲噪声电平	dB	1 μs
41		水平通道噪声温度/系数	K/dB	
42		窄系统标定常数		0.5 μs
43		宽系统标定常数		1 μs
44		反射率期望值	dBz	
45		反射率测量值	dBz	
46		速度期望值	m/s	
47		速度测量值	m/s	
48		谱宽期望值	m/s	
49		谱宽测量值	m/s	
50		脉冲宽度	μs	

附　录　B

（规范性附录）

检验项目、技术要求和试验方法

表 B.1　检验项目、技术要求和试验方法

序号	检验项目名称	技术要求条文号	试验方法条文号	鉴定检验	出厂检验	现场检验
5.1	组成部分					
1	组成	5.1	6.3	●	—	●
5.2	功能要求					
2	一般要求	5.2.1	6.4.1	●	●	●
3	扫描方式	5.2.2.1	6.4.2	●	●	●
4	观测模式	5.2.2.2	6.4.3	●	●	●
5	机内自检设备和监控	5.2.2.3	6.4.4	●	●	●
6	雷达及附属设备控制和维护	5.2.2.4	6.4.5	●	●	●
7	关键参数在线分析	5.2.2.5	6.4.6	●	●	●
8	实时显示	5.2.2.6	6.4.7	●	●	●
9	消隐功能	5.2.2.7	6.4.8	●	●	●
10	授时功能	5.2.2.8	6.4.9	●	●	●
11	强度标定	5.2.3.1a)	6.4.10	●	●	●
12	距离定位	5.2.3.1b)	6.4.11	●	●	●
13	发射机功率	5.2.3.1c)	6.4.12	●	●	●
14	速度	5.2.3.1d)	6.4.13	●	●	●
15	相位噪声	5.2.3.1e)	6.4.14	●	●	●
16	噪声电平	5.2.3.1f)	6.4.15	●	●	●
17	噪声系数	5.2.3.1g)	6.4.16	●	●	●
18	发射机功率、输出脉冲宽度、输出频谱	5.2.3.2a)	6.4.17	●	●	●
19	发射和接收支路损耗	5.2.3.2b)	6.4.18	●	—	●
20	接收机最小可测功率、动态范围	5.2.3.2c)	6.4.19	●	●	●
21	天线座水平度	5.2.3.2d)	6.4.20	●	—	●
22	天线伺服扫描速度误差、加速度、运动响应	5.2.3.2e)	6.4.21	●	—	●
23	天线指向和接收链路增益	5.2.3.2f)	6.4.22	●	—	●
24	基数据方位角、俯仰角角码	5.2.3.2g)	6.4.23	●	—	●
25	地物杂波抑制能力	5.2.3.2h)	6.4.24	●	—	●
26	最小可测回波强度	5.2.3.2i)	6.4.25	●	—	●
27	运行平台	5.2.4.1	6.4.26	●	●	●

表 B.1 检验项目、技术要求和试验方法(续)

序号	检验项目 名称	技术要求 条文号	试验方法 条文号	鉴定检验	出厂检验	现场检验
28	气象产品格式	5.2.4.2	6.4.27	●	●	●
29	产品交互方式	5.2.4.3	6.4.28	●	●	●
30	算法配置参数	5.2.4.4	6.4.29	●	●	●
31	资料处理能力	5.2.4.5	6.4.30	●	●	●
32	气象产品	5.2.4.6	6.4.31	●	●	●
33	产品显示	5.2.4.7	6.4.32	●	●	●
34	数据存储和传输	5.2.5	6.4.33	●	●	●
35	雷达组网	5.2.6	6.4.34	●	●	●
5.3.1	总体技术指标					
36	雷达工作频率	5.3.1.1	6.5.1	●	—	—
37	距离范围	5.3.1.2	6.5.2	●	—	—
38	角度范围	5.3.1.3	6.5.3	●	—	—
39	强度值范围	5.3.1.4	6.5.4	●	—	—
40	速度值范围	5.3.1.5	6.5.5	●	—	—
41	谱宽值范围	5.3.1.6	6.5.6	●	—	—
42	距离定位误差	5.3.1.7a)	6.5.7	●	—	●
43	方位角和俯仰角误差	5.3.1.7b)、c)	6.5.8	●	—	●
44	强度误差	5.3.1.7d)	6.5.9	●	●	●
45	速度误差	5.3.1.7e)	6.5.10	●	●	●
46	谱宽误差	5.3.1.7f)	6.5.11	●	●	●
47	分辨力	5.3.1.8	6.5.12	●	—	—
48	灵敏度	5.3.1.9	6.5.13	●	—	●
49	相位稳定度	5.3.1.10	6.5.14	●	●	●
50	地物杂波抑制	5.3.1.11	6.5.15	●	—	●
51	可靠性	5.3.1.12a)	6.5.16	●	—	—
52	可维护性	5.3.1.12b)	6.5.17	●	—	—
5.3.2	天线和馈线分系统					
53	天线型式	5.3.2a)	6.5.18	●	—	—
54	极化方式	5.3.2b)	6.5.19	●	—	—
55	半功率波束宽度	5.3.2c)	6.5.20	●	●	—
56	旁瓣电平	5.3.2d)	6.5.21	●	●	—
57	功率增益	5.3.2e)	6.5.22	●	●	—
58	天线口径	5.3.2f)	6.5.23	●	—	—

表 B.1 检验项目、技术要求和试验方法(续)

序号	检验项目名称	技术要求条文号	试验方法条文号	鉴定检验	出厂检验	现场检验
5.3.3 转台和伺服分系统						
59	扫描方式	5.3.3a)	6.5.24	●	●	●
60	控制方式	5.3.3b)	6.5.25	●	●	●
61	控制字长	5.3.3c)	6.5.26	●	—	—
62	角码数据字长	5.3.3d)	6.5.27	●	—	—
63	扫描速度及误差	5.3.3e)	6.5.28	●	●	●
64	方位角和俯仰角加速度	5.3.3f)	6.5.29	●	●	●
65	伺服控制精度	5.3.3g)	6.5.30	●	●	●
5.3.4 发射分系统						
66	脉冲功率	5.3.4a)	6.5.31	●	●	●
67	脉冲宽度	5.3.4b)	6.5.32	●	●	●
68	发射频谱特性	5.3.4d)	6.5.33	●	●	●
69	输出极限改善因子	5.3.4e)	6.5.34	●	●	●
70	占空比	5.3.4f)	6.5.35	●	●	●
5.3.5 接收分系统						
71	噪声系数	5.3.5.1a)	6.5.36	●	●	●
72	线性动态范围	5.3.5.1b)	6.5.37	●	●	●
73	本振相位噪声	5.3.5.2	6.5.38	●	●	—
5.3.6 信号处理						
74	脉冲压缩比	5.3.6a)	6.5.39	●	—	—
75	脉冲宽度(脉压后)	5.3.6b)	6.5.40	●	—	—
76	距离库长度	5.3.6d)	6.5.41	●	—	—
77	距离库数	5.3.6e)	6.5.42	●	—	—
78	数据率	5.3.6f)	6.5.43	●	—	—
79	处理模式	5.3.6g)	6.5.44	●	—	—
80	基数据格式	5.3.6h)	6.5.45	●	—	—
81	数据质量控制	5.3.6i)	6.5.46	●	—	●
5.4 方舱与载车						
82	方舱与载车	5.4	6.6	●	—	—
5.5 环境适应性						
83	一般要求	5.5.1	6.7.1	●	—	●
84	温度试验	5.5.2	6.7.2	●	—	—
85	交变湿热试验	5.5.3	6.7.3	●	—	—

表 B.1 检验项目、技术要求和试验方法(续)

序号	检验项目 名称	技术要求 条文号	试验方法 条文号	鉴定检验	出厂检验	现场检验
86	抗风和冰雪载荷	5.5.4	6.7.4	●	—	—
5.6 电磁兼容性						
87	电磁兼容性	5.6	6.8	●	—	—
5.7 电源适应性						
88	电源适应性	5.7	6.9	●	—	—
5.8 互换性						
89	互换性	5.8	6.10	●	—	—
5.9 安全性						
90	一般要求	5.9.1	6.11	●	—	●
91	电气安全	5.9.2	6.12	●	—	—
92	机械安全	5.9.3	6.13	●	—	—
5.10 噪声						
93	噪声	5.10	6.14	●	—	—
注:●为必检项目;—为不检查项目。						

参 考 文 献

[1] GB/T 12648—1990 天气雷达通用技术条件

[2] QX/T 461—2018 C波段多普勒天气雷达

[3] 中国气象局.中国气象局关于印发常规天气雷达功能规格需求书(X波段)的通知:气办发〔2011〕44号[Z],2011年10月24日发布

[4] 中国气象局观测司.观测司关于印发全固态X波段多普勒天气雷达功能规格需求书(试行)的通知:气测函〔2013〕330号[Z],2013年12月12日发布

[5] 国家发展改革委.国家发展改革委关于气象雷达发展专项规划(2017—2020年)的批复:发改农经〔2017〕832号[Z],2017年5月2日发布

[6] 中国气象局综合观测司.观测司关于印发X波段双线偏振多普勒天气雷达系统功能规格需求书(第一版)的通知:气测函〔2019〕36号[Z],2019年3月25日发布

[7] ISO/DIS 19926-1:2017 Meteorology—Weather radar

ICS 07.060
A 47
备案号：71166—2020

中华人民共和国气象行业标准

QX/T 525—2019

有源 L 波段风廓线雷达(固定和移动)

Active phased array L-band wind profiler radar(fixed and mobile)

2019-12-26 发布   2020-04-01 实施

中 国 气 象 局   发布

前　言

本标准按照 GB/T 1.1—2009 给出的规则起草。

本标准由全国气象仪器与观测方法标准化技术委员会(SAC/TC 507)提出并归口。

本标准起草单位:南京恩瑞特实业有限公司、北京敏视达雷达有限公司、中国气象局气象探测中心、江苏省气象探测中心、中国航天科工集团第二研究院二十三所。

本标准主要起草人:李忱、段士军、吴蕾、刘一峰、周红根、陆雅萍、贾晓星。

有源 L 波段风廓线雷达（固定和移动）

1 范围

本标准规定了采用有源相控阵体制的有源 L 波段风廓线雷达（固定和移动）的设计、生产、产品检验、试验测试和包装运输等基本要求。

本标准适用于采用有源相控阵体制的有源 L 波段风廓线雷达（固定和移动）的设计、生产和检验。

2 规范性引用文件

下列文件对于本文件的应用是必不可少的。凡是注日期的引用文件，仅注日期的版本适用于本文件。凡是不注日期的引用文件，其最新版本（包括所有的修改单）适用于本文件。

GB/T 191—2008　包装储运图示标志

GB 4793.1—2007　测量、控制和实验室用电气设备的安全要求　第 1 部分：通用要求

GB/T 19520.12—2009　电子设备机械结构 482.6 mm(19 in)系列机械结构尺寸　第 3-101 部分：插箱及其插件(IEC 60297-3-101:2004,IDT)

GJB 74A—1998　军用地面雷达通用规范

GJB 151B—2013　军用设备和分系统电磁发射和敏感度要求与测量

QX/T 78—2007　风廓线雷达信号处理规范

QX/T 162—2012　风廓线雷达站防雷技术规范

3 术语、定义和缩略语

3.1 术语和定义

下列术语和定义适用于本文件。

3.1.1

风廓线雷达　wind profiler radar

用来探测大气风场的雷达，包括边界层风廓线雷达、对流层风廓线雷达、平流层风廓线雷达和中层风廓线雷达。

[GB/T 3784—2009,定义 2.1.1.29]

3.1.2

有源相控阵天线　active phased array antenna

每个辐射单元或每个子阵辐射单元配装有单独的发射/接收组件的相控阵天线。

3.1.3

无线电声波探测系统　radio-acoustic sounding system;RASS

利用声波引起大气折射指数起伏对电磁波的散射作用，进行大气温度垂直梯度探测的系统。

3.1.4

TR 组件　T/R Module

完成发射功率放大及回波接收的组件。

注：T 表示发射，R 表示接收。

3.2 缩略语

下列缩略语适用于本文件。

DBS:多普勒波束扫描

FFT:快速傅里叶变换

MTBF:平均故障间隔时间

MTTR:平均维护时间

RASS:无线电声波探测系统

SNR:信噪比

4 分类与组成

4.1 分类

根据探测高度及安装平台,可分为低对流层风廓线雷达、边界层风廓线雷达(固定式)和边界层风廓线雷达(可移动式)三种。固定式雷达的天线安装在机房旁边或者机房房顶。可移动式雷达的天线一般安装在载车或方舱顶部。

4.2 组成

雷达由有源相控阵天线(含天线阵面和 TR 组件两部分)、波束控制器、发射前级、接收机、信号处理器、数据处理及应用终端、无线电声波探测系统(选配)等组成,参见附录 A。其中:

a) 固定式风廓线雷达还应包括电磁屏蔽网;

b) 可移动式风廓线雷达还应包括载车或可移动方舱。

5 技术要求

5.1 一般要求

包括:

a) 雷达的产品外观质量应符合 GJB 74A—1998 中 3.3 的要求;

b) 雷达的人-机-环境设计应符合 GJB 74A—1998 中 3.9 的要求;

c) 插箱、插件结构尺寸应符合 GB/T 19520.12—2009 中第 5—10 章的规定。

5.2 安全要求

包括:

a) 雷达的安全性应符合 GB 4793.1—2007 中第 5—7 章及第 9 章的要求;

b) 雷达站的防雷应符合 QX/T 162—2012 中第 7—12 章的要求。

5.3 性能指标要求

5.3.1 一般要求

包括:

a) 雷达应具有自动、连续、无人值守,自动在线标定校准,远程监控和遥控的能力;

b) 雷达应具备自动校时功能;

c) 雷达采用DBS工作方式,获取一次风场数据的时间一般为6 min,在获取风场之外的时间内可完成在线标定校准等功能。

5.3.2 总体技术要求

5.3.2.1 工作频率

在1270 MHz～1375 MHz范围内选择工作频点。

5.3.2.2 测量范围

指标要求见表1。

表 1 测量范围指标

序号	项目	低对流层风廓线雷达	边界层风廓线雷达（固定式）	边界层风廓线雷达（可移动式）
1	最高探测高度	≥ 6 km	≥3 km	≥2 km
2	最低探测高度	≤150 m	≤100 m	≤100 m
3	水平风速测量范围	0 m/s～60 m/s		
4	垂直风速测量范围	0 m/s～20 m/s		
5	风向测量范围	0°～360°		
6	大气虚温测量范围（选配RASS时）	223 K～323 K		

5.3.2.3 测量性能

指标要求见表2。

表 2 测量性能指标

序号	项目	低对流层风廓线雷达	边界层风廓线雷达（固定式）	边界层风廓线雷达（可移动式）
1	风速测量误差（均方根偏差）	≤1.5 m/s		
2	风向测量误差（均方根偏差）	≤10°		
3	大气虚温测量误差（选配RASS时）	≤1 K		
4	风速分辨力	≤0.2 m/s		
5	风向分辨力	≤0.5°		
6	时间分辨力	三波束工作时：≤ 3 min,在五波束工作时：≤6 min		
7	高度分辨力	低模式为120 m,高模式为240 m（须采用与距离分辨力匹配的子脉冲宽度的脉冲压缩技术）	低模式为60 m,高模式为120 m（须采用与距离分辨力匹配的子脉冲宽度的脉冲压缩技术）	

904

5.3.2.4 最小可检测信号

不大于−145 dBm。

5.3.2.5 动态范围

不小于90 dB(高于灵敏度电平50 dB以上)。

5.3.2.6 相干性

系统相位噪声:不大于0.1°。

5.3.2.7 输出基础数据

以图像、表格、文字等形式输出不少于以下基础数据:
a) 功率谱和谱的零、一、二阶矩;
b) 回波信噪比;
c) 水平风速、风向;
d) 垂直气流速度和方向;
e) 大气折射率结构常数 C_n^2;
f) 大气虚温(选配RASS时)。

5.3.2.8 可靠性/可维修性

包括:
a) MTBF:不小于2500 h。
b) MTTR:不大于30 min。

5.3.2.9 设备使用年限

15 a。

5.3.2.10 监控

监控项目见表3,监控项目需在终端软件中显示数值或状态参数。

表3 监控项目

设备	监控项目
TR组件	TR组件状态
	输出前向功率数值
	天线反射功率数值
	输出驻波故障
发射前级	发射前级过热故障
	发射前级输入故障
	发射前级无输出故障
	发射前级电源故障

表 3　监控项目(续)

设备	监控项目
接收机	接收本振状态
	激励信号状态
	直流电源状态
	A/D 采样时钟状态

5.3.2.11　标定

标定项目及指标要求如下：

a)　接收通道强度线性度标定,误差:不大于 1 dB;

b)　速度标定,误差:不大于 0.2 m/s;

c)　最小可检测信号标定,指标要求见 5.3.2.4;

d)　动态范围标定,指标要求见 5.3.2.5;

e)　系统相干性标定,指标要求见 5.3.2.6。

5.3.2.12　通信

对外通信接口：

a)　通信标准:不低于 100 Base-T;

b)　硬件接口:RJ-45 或光纤接口;

c)　通信协议:TCP/IP 协议。

5.3.2.13　功耗与电源

功耗见表 4。

表 4　功耗与电源

序号	项目	低对流层风廓线雷达	边界层风廓线雷达 (固定式)	边界层风廓线雷达 (可移动式)
1	功耗	≤8 kW	≤5 kW	≤3 kW
2	采用交流电源	380 V/220 V×(1±10%)、50 Hz×(1±5%)		

5.3.2.14　环境适应性

环境适应性要求如下：

a)　温度：

　　1)　室外部分:-40 ℃~50 ℃;

　　2)　室内部分:0 ℃~30 ℃。

b)　湿度:室外部分不大于 100%RH,室内部分不大于 95%RH。

c)　抗风:能经受的最大阵风风速为 50 m/s,能经受的最大平均风速为 30 m/s。在上述情况下,天线和电磁屏蔽网不产生永久性变形或破坏。

d) 其他环境适应性:应具备防盐雾、防霉、防沙尘和防雷击能力。

e) 电磁兼容性:应具有静电屏蔽、电磁屏蔽设计,设备地线中模拟地线(Ga)与数字地线(Gd)和安全地线(Gp)要严格分开,以增强设备的抗干扰能力。电磁兼容性应符合 GJB 151B—2013 中5.23 的规定。

5.3.2.15 系统智能化要求

要求系统应具备:远程控制雷达系统开关机能力,远程系统运行参数监测和控制能力,软件远程升级能力。

5.3.3 分系统技术要求

5.3.3.1 天线阵面

天线阵面安装在天线罩内。天线罩应具有光滑平整的低风阻外形、架设和维修方便、保证安全可靠、具有防锈措施和能全天候工作。移动式天线整罩尺寸应不大于载车尺寸。

天线阵面技术指标见表 5。

表 5 天线阵面技术指标

序号	名称	技术指标		
		低对流层风廓线雷达	边界层风廓线雷达(固定式)	边界层风廓线雷达(可移动式)
1	天线类型	模块化微带有源相控阵天线		
2	工作频率	见 5.3.1		
3	波束指向	五波束,一个铅垂方向和四个方位相互正交、具有相同仰角的倾斜波束		
4	倾斜波束倾角	$15°±5°$		
5	波束宽度	$\leqslant 3°$	$\leqslant 4.5°$	$\leqslant 9°$
6	天线增益	$\geqslant 35$ dB	$\geqslant 30$ dB	$\geqslant 24$ dB
7	最大副瓣(收发之和)	$\leqslant -40$ dBc(扫描面和非扫描面)		
8	远区副瓣(收发之和)	$\leqslant -60$ dBc	$\leqslant -60$ dBc	$\leqslant -50$ dBc
9	驻波系数	$\leqslant 1.3$		
10	发射馈线损耗	$\leqslant 3$ dB		
11	接收馈线损耗	$\leqslant 4$ dB		
12	极化方式	线极化		
13	波瓣形式	笔形波束		
14	波束转换方式	电控		
15	天线罩传输损耗(双程)	$\leqslant 0.2$ dB		
16	双程屏蔽网隔离度	> 40 dB		

5.3.3.2 TR 组件

TR 组件技术指标见表 6。

表 6 TR 组件技术指标

序号	项目	低对流层风廓线雷达	边界层风廓线雷达（固定式）	边界层风廓线雷达（可移动式）
1	工作频率	见 5.3.1		
2	噪声系数	≤1.5 dB(低噪放入口处测试)		
3	接收灵敏度	≤－111 dBm（脉冲宽度为 0.8 μs）	－108 dBm(脉冲宽度为 0.4 μs)	
4	输出峰值功率（总功率）	≥6 kW	≥2 kW	≥2 kW
5	脉冲宽度	窄脉冲:0.8 μs 宽脉冲:1.6 μs×子脉冲数	窄脉冲:0.4 μs 宽脉冲:0.8 μs×子脉冲数	
6	脉冲重复周期	20 μs～100 μs		
7	最大占空比	≥10％		
8	发射频谱宽度	≤35 MHz(在－35 dBc 处)		

5.3.3.3 波束控制器

波束控制器采用数字移相器,位数:不少于 6 bit。

5.3.3.4 发射前级

输出峰值功率:不小于 100 W。

5.3.3.5 接收机

接收机技术指标如下:
a) 中频采样位数:不少于 16 bit;
b) 中频采样频率:不小于 40 MHz;
c) 中频匹配滤波器带宽:与脉冲宽度匹配;
d) I、Q 输出位数:不少于 24 bit;
e) 镜频抑制比:不小于 70 dB;
f) 频综短时稳定度:优于 10^{-11}/ms;
g) 相位噪声:不大于－120 dBc/Hz(@1 kHz);
h) 杂散:不大于－60 dBc;
i) 输出 RASS 信号(选配 RASS 时):正弦波信号,音频范围为 2500 Hz～3200 Hz。

5.3.3.6 信号处理器

风廓线雷达信号处理方法按照 QX/T 78—2007 中第 4 章的要求执行。
信号处理器技术指标见表 7。

表 7 信号处理器技术指标

序号	项目	低对流层风廓线雷达	边界层风廓线雷达（固定式）	边界层风廓线雷达（可移动式）
1	处理模式	常规模式,脉冲压缩模式		
2	时域相干积累数	1～1024		
3	FFT 点数	128,256,512,1024,2048 或更多		
4	最大处理库数	≥100		
5	库长	120 m/240 m	60 m/120 m	
6	输出	功率谱密度分布或 IQ 数据		

5.3.3.7 数据处理及应用终端

数据处理及应用终端由终端处理软件及计算机组成。它接收信号处理器输出信号,生成各种产品。要求包括:

a) 数据格式按照中国气象局制定的风廓线雷达数据格式;

b) 数据处理及应用终端应具有设置台站参数功能,包括站号、站址、经度、纬度、海拔高度等系统参数的设置;

c) 数据处理及应用终端应具有数据文件存储功能,存储内容包括:功率谱数据文件、径向数据文件、实时采样高度上产品数据文件、半小时平均采样高度上产品数据文件、一小时平均采样高度上产品数据文件等;

d) 风速、风向及 C_n^2 计算方法参见附录 B。

5.3.3.8 无线电声波探测系统

无线电声波探测系统的技术指标要求如下:

a) 工作频率:2500 Hz～3200 Hz;

b) 3 dB 声波束宽度:10°±2°;

c) 声天线增益:不小于 10 dB;

d) 声压级:不小于 130 dB(声天线口面上方 1 m 处);

e) 声源喇叭承受功率:不小于 100 W/8 Ω;

f) 声功放输出功率:0 W～1500 W/4 Ω(可调);

g) 音频输入幅度:峰峰值电压(V_{PP})不大于 2 V;

h) 隔音:筒内衬吸音材料。

6 试验方法

试验方法及合格判据见附录 C。

7 检验规则

按照 GJB 74A—1998 中第 4 章的规定。

8 标志和随行文件

8.1 标志

包括：

a) 标志耐久性应符合 GB 4793.1—2007 中 5.3 的规定；

b) 产品标牌应有产品型号、设备名称、公司名称、产品序号、生产日期；

c) 每个包装箱外应标记不褪色的装箱号、毛重，并标记"怕雨""向上"等符合 GB/T 191—2008 中第 2—3 章规定的运输标志。

8.2 随行文件

随行文件应包含：产品合格证、装箱单、保修卡、技术手册、维护手册、用户手册、备(附)件清单等。

9 包装、运输与贮存

9.1 包装

包括：

a) 雷达应在经检验合格、随机文件齐套并对设备做好防护及内包装后，方可进行装箱；

b) 装箱时，应按照装箱明细表和装箱图进行，做到文、图与实物相符；

c) 按照产品包装设计文件和工艺文件的要求，对箱内设备采取分隔、缓冲、支撑、垫平、卡紧、固定和防水等措施，做到内外包装紧凑、防护周密、安全可靠；

d) 装箱检验后，必须封箱牢固，进行编号、标志，并由订购和承制双方代表打封印；

e) 配套设备的包装应进行统一的编号和标志。

9.2 运输

雷达产品运输条件：

a) 可适宜三级以上公路运输、空运、水运或铁路运输；

b) 运输过程中应防止剧烈振动、挤压、雨淋及化学物品侵蚀。

9.3 贮存

雷达长期贮存(贮存 6 个月以上)的库房环境应符合以下要求：

a) 温度：0 ℃～35 ℃；

b) 湿度：20％RH～80％RH；

c) 无强电磁干扰。

附 录 A
（资料性附录）
有源 L 波段风廓线雷达工作原理与组成

A.1 工作原理

雷达由有源相控阵天线（含天线阵面和 TR 组件两部分）、波束控制器、发射前级、接收机、信号处理器、数据处理及应用终端、RASS（选件）等组成。其中不同类型雷达的天线尺寸不同，TR 组件的数量不同。有源 L 波段风廓线雷达的监控和标定功能分散融合设计在各分系统中，不再有一个单独的物理单元。

数据处理及应用终端控制接收机产生射频探测脉冲，该脉冲信号经过发射前级、TR 组件放大后，再经过天线辐射出去。电磁波信号遇到大气湍流后散射返回，天线接收到回波信号，经 TR 组件放大后合成并传输到接收机进行中频采样和数字下变频处理，然后经过信号处理的相参处理和 FFT 计算，获取湍流回波信号功率谱。此功率谱由数据处理终端进行处理，反演出大气三维风场、C_n^2 等气象产品。

工作原理框图见图 A.1。

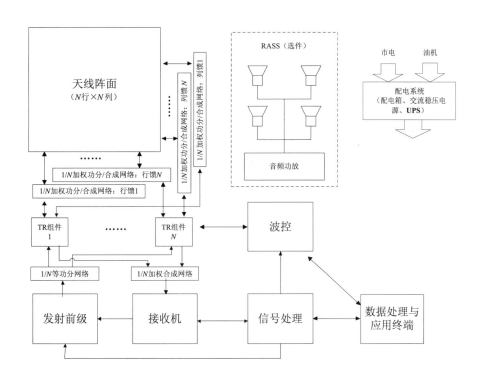

图 A.1 雷达原理框图（图中 N 由天线阵面大小确定）

雷达在测温模式下工作时，主控计算机控制时序控制器产生 RASS 声波，经放大后由声抛物面反射体向天顶法线方向发送，同时通过相控阵天线垂直发射射频脉冲信号。相控阵天线沿垂直方向接收到的射频回波信号包含大气运动和声波扰动的多普勒信号。通过声传播速度和大气虚温的关系式导出各个高度上的大气虚温。

A.2 天线阵面组成和功能

天线阵面由微带相控阵天线、天线罩、功分网络、电磁屏蔽网等组成。微带相控阵天线由按行列排列的两维扫描的辐射单元组成。电磁屏蔽网选用拼块金属网结构形式,网孔几何尺寸小于λ/20(λ为雷达波长),其底部高度与天线阵面高度相等,高度一般应大于5λ,离天线阵面的间距应大于λ。可移动式雷达的电磁屏蔽网的尺寸可根据实际情况调整。

天线阵面法向指向天顶(见图 A.2)。通过相位控制,天线可在天顶方向形成垂直波束(V 波束);在偏离天顶的东、西方向形成东波束(E 波束)和西波束(W 波束);在偏离天顶南、北方向形成南波束(S 波束)和北波束(N 波束)。

图 A.2 天线波束指向示意图

A.3 TR 组件组成和功能

TR 组件主要由环行器、移相器、功率放大、低噪声放大器、电子开关、波束控制器激励板等组成。TR 组件是完成功率放大和回波信号放大的模块,是有源相控阵的核心部件,主要完成收发微波信号的放大与传输、收发转换、波束控制等功能。

A.4 波束控制器组成和功能

波束控制器由波束控制器主机和若干波束控制器激励板组成,波束控制器激励板安装在 TR 组件内部。波束控制器通过对 TR 组件内部移相器的控制,从而实现雷达波束的切换。

A.5 发射前级组成和功能

发射前级主要由前级功放和监测与控制电路组成。发射前级将接收机送来的激励信号放大后作为 TR 组件的输入信号。监测与控制电路用于对发射前级的监视、控制和保护,并将状态信息上传至主控计算机。

A.6 接收机组成和功能

接收机主要由模拟前端模块和数字中频模块组成。

接收机的主要用途是接收并放大大气回波信号,并给系统提供全机时钟,同时给发射前级提供激励信号。

A.7 信号处理器组成和功能

信号处理器由硬件和软件组成。信号处理器主要完成脉冲压缩、时域积累、FFT等处理。

A.8 数据处理及应用终端组成和功能

数据处理及应用终端由终端处理软件及计算机组成。它接收信号处理器输出的信号,进行质量控制、谱估计后,生成各种气象产品。

A.9 无线电声波探测系统组成和功能

RASS系统由电声转换器、声抛物面反射体、声屏蔽筒和声功率放大器构成。在雷达测温模式下工作时,RASS系统向天顶法线方向发送声波。天线沿垂直方向接收到的回波信号是大气运动和RASS声波的多普勒信号。通过声传播速度和大气虚温的关系式导出各个高度上的大气虚温。

附　录　B

（资料性附录）

风速、风向及 C_n^2 计算方法

B.1　风速、风向计算

B.1.1　三波束风廓线雷达三维风计算

计算公式见式（B.1）、式（B.2）、式（B.3）：

$$U_E = \frac{1}{\sin(\theta)}(V_{R,E} - V_{R,Z}\cos\theta) \qquad \cdots\cdots\cdots\cdots\cdots\cdots (B.1)$$

$$U_N = \frac{1}{\sin(\theta)}(V_{R,N} - V_{R,Z}\cos\theta) \qquad \cdots\cdots\cdots\cdots\cdots\cdots (B.2)$$

$$U_Z = V_{R,Z} \qquad \cdots\cdots\cdots\cdots\cdots\cdots (B.3)$$

式中：

U_E　——水平风在东方向的分量，单位为米每秒（m/s）；

θ　　——倾斜波束的天顶角，单位为度（°）；

$V_{R,E}$　——风廓线雷达偏东方向测得的径向速度，单位为米每秒（m/s）；

$V_{R,Z}$　——风廓线雷达在天顶方向测得的径向速度，单位为米每秒（m/s）；

U_N　——水平风北方向的分量，单位为米每秒（m/s）；

$V_{R,N}$　——风廓线雷达偏北方向测得的径向速度，单位为米每秒（m/s）；

U_Z　——大气垂直运动速度，单位为米每秒（m/s）。

风廓线雷达测得的径向速度均以朝向雷达方向为正速度。

B.1.2　五波束风廓线雷达水平风合成方法

先将两个对称方向的倾斜波束的径向速度进行平均，再按三波束风廓线雷达水平风合成的方法计算。

B.2　大气折射率结构常数 C_n^2 计算方法

$$C_n^2 = \frac{KT_0 B N_F}{5.4 \times 10^{-5} \lambda^{5/3} P_t(H/2) G_1 G_2 L_1 L_2} R^2 \cdot SNR \qquad \cdots\cdots\cdots\cdots\cdots\cdots (B.4)$$

式中：

K　　——波尔兹曼常数；

T_0　　——绝对温度，单位为开（K）；

B　　——噪声带宽，单位为赫兹（Hz）；

N_F　　——噪声系数；

λ　　——波长，单位为米（m）；

P_t　　——发射功率，单位为瓦（W）；

H　　——脉冲照射深度，单位为米（m）；

G_1　　——相控阵天线发射增益；

G_2　　——相控阵天线接收增益；

L_1 ——发射损耗；

L_2 ——接收损耗；

R ——天线中心到大气目标的距离，单位为米（m）；

SNR ——信噪比。

附　录　C

（规范性附录）

试验方法

C.1　设备组成

符合4.2的要求。

C.2　外观、结构和工艺

用目视法对雷达的外观、结构、工艺等进行检查，符合5.1的要求。

C.3　系统参数

C.3.1　技术指标要求

技术指标要求见5.3。

C.3.2　测试仪器

包括信号源、频谱分析仪、钳表。

C.3.3　测试方法

C.3.3.1　工作频率

见 C.5.3.1。

C.3.3.2　测量范围

根据数据处理及应用终端获得的实际观测数据和历史记录对测量范围进行评估，符合5.3.2.2的要求。

C.3.3.3　测量性能

根据数据处理及应用终端获得的实际观测数据和历史记录对测量性能进行评估，符合5.3.2.3的要求。

C.3.3.4　最小可检测信号

最小可检测信号测试示意图见图 C.1。用系统正常运转程序，设置 FFT 点数和脉冲累积数，改变信号源输出功率，增加可变衰减器的衰减值，直到数据处理终端上不能分辨，此时信号源输出功率值就是系统最小可检测信号（$P_{r,min}$）。

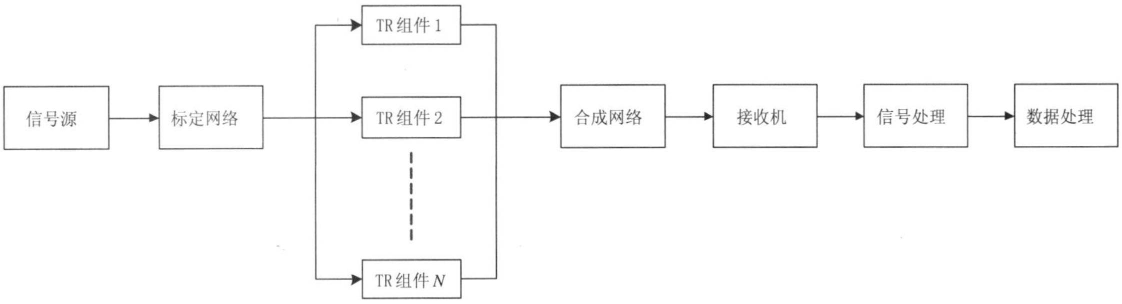

图 C.1　最小可检测信号测试示意图

C.3.3.5　动态范围

采用信号源经标定网络输入到 TR 组件接收通道入口，在测得系统最小可测功率 $P_{r,\min}$(dBm)的基础上，逐渐加大接收系统的输入功率，在数据终端读取输出功率，并依次记录数值，直到终端输出功率出现 1 dB 压缩点，此时接收系统的输入功率记为 $P_{r,\max}$(dBm)；则接收系统的动态范围为：$P_{r,\max}-P_{r,\min}$，如图 C.2 所示，根据测试结果，绘制动态范围曲线(见图 C.3)。

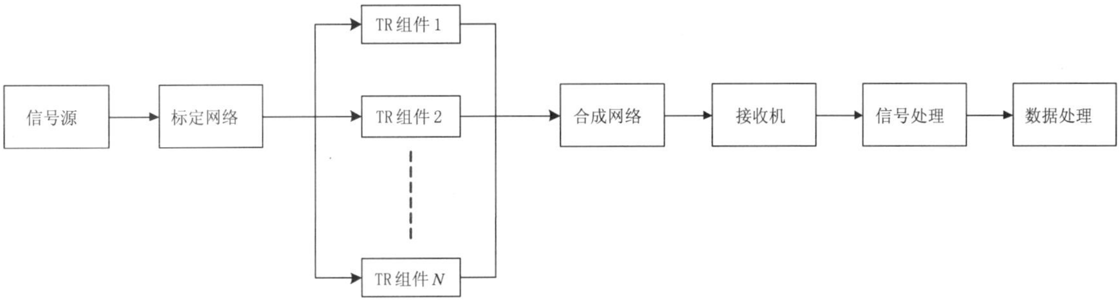

图 C.2　动态范围测试示意图

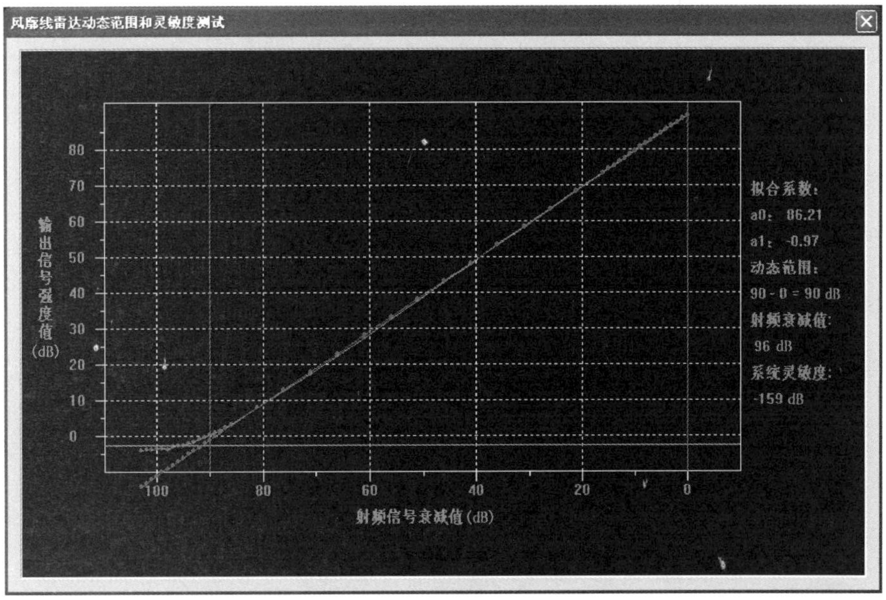

图 C.3　动态范围曲线

C.3.3.6 系统相干性

系统相干性测试示意图见图C.4。发射前级经功分网络推动N个TR组件,发射信号经耦合网络和衰减器后送回至接收机,接收机获得的I、Q两路信号经信号处理送至数据处理软件。数据处理软件计算出I、Q两路信号的相角的标准差就是所求相位噪声。

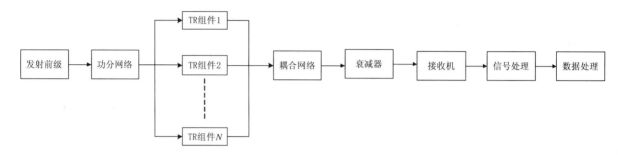

图C.4 系统相干性测试示意图

C.3.3.7 输出产品

根据数据处理及应用终端获得的实际观测数据和历史记录对输出产品进行评估,应符合5.3.2.7的要求。

C.3.3.8 可靠性/可维修性

根据理论分析对可靠性/可维修性进行评估,应符合5.3.2.8的要求。

C.3.3.9 监控

通过数据处理及应用终端对监控项目进行评估,应符合5.3.2.10的要求。

C.3.3.10 自动标定

系统应具备机内自动标定功能。

通过数据处理及应用终端对自动标定功能进行评估,应符合5.3.2.11的要求。

C.3.3.11 通信

检查风廓线雷达的通信端口,应符合5.3.2.12的要求。

C.3.3.12 电源

用钳表测量雷达的功耗,应符合5.3.2.13的要求。

C.3.3.13 环境适应性

应符合GJB 151B—2013的规定。

C.4 天线

C.4.1 技术指标要求

技术指标要求见5.3.3.1。

C.4.2 测试仪器

包括矢量网络分析仪、微波暗室天线测试台。

C.4.3 测试方法

C.4.3.1 天线方向图的测试

C.4.3.1.1 测试内容

包括接收方向图的测试和发射方向图的测试。整机测试时,天线方向图的测试一般只查验承制方的自测数据。

C.4.3.1.2 接收方向图的测试

接收天线方向图测试示意图见图 C.5。雷达工作在只接收状态。波束控制器控制 TR 组件中移相器的状态,使天线波束分别指向"垂直、东、南、西、北"5 个波束位置。

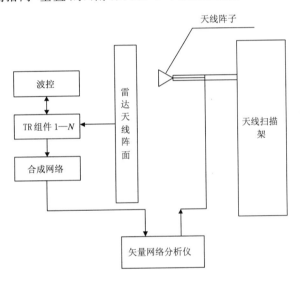

图 C.5　接收天线方向图测试示意图

矢量网络分析仪经过扫描架上的天线阵子发出信号,天线阵面将接收到的信号由 N 个行(或列)馈网络合成后送到 N 个 TR 组件的接收通道,N 个 TR 组件接收到的信号在合成网络中合成后再送给矢量网络分析仪。

天线扫描架根据预设的模式对整个雷达天线阵面进行扫描,矢量网络分析仪记录每个扫描位置获得的幅度和相位数据。最后将 5 个波束位置的数据进行计算,得到 5 组接收天线方向图数据。

测试结果填入表 C.1 中。

表 C.1　接收天线方向图测试结果

项目	单位	要求	接收天线方向图测试结果				
			垂直	东	西	南	北
波束指向	°						
波束宽度	°						

表 C.1　接收天线方向图测试结果（续）

项目	单位	要求	接收天线方向图测试结果				
			垂直	东	西	南	北
天线增益	dB						
最大副瓣	dBc						
远区副瓣	dBc						

C.4.3.1.3　发射方向图的测试

发射天线方向图测试示意图见图 C.6。雷达工作在只发射状态。波控控制器控制 TR 组件中移相器的状态，使天线波束分别指向"垂直、东、南、西、北"5 个波束位置。

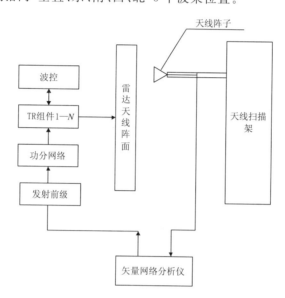

图 C.6　发射天线方向图测试示意图

矢量网络分析仪发出信号送给发射前级，功分网络将发射前级放大后的信号分配给 N 个 TR 组件的发射通道，TR 组件的发射通道将信号再放大后经 N 个行（或列）馈网络送到天线阵面上辐射出去。扫描架上的天线阵子将接收到信号送给矢量网络分析仪。

天线扫描架根据预设的模式对整个雷达天线阵面进行扫描，矢量网络分析仪记录每个扫描位置获得的幅度和相位数据。最后将 5 个波束位置的数据进行计算，得到 5 组发射天线方向图数据。

测试结果填入表 C.2 中。

表 C.2　发射天线方向图测试结果

项目	单位	要求	发射天线方向图测试结果				
			垂直	东	西	南	北
波束指向	°						
波束宽度	°						
天线增益	dB						

表 C.2 发射天线方向图测试结果(续)

项目	单位	要求	发射天线方向图测试结果				
			垂直	东	西	南	北
最大副瓣	dBc						
远区副瓣	dBc						

C.4.3.1.4 测试结果处理

综合表 C.1 和表 C.2 的结果,将天线方向图测试结果填入表 C.3,其中波束指向、波束宽度、天线增益取平均值,最大副瓣和远区副瓣取收发之和。

表 C.3 天线方向图测试结果

项目	单位	要求	天线方向图测试结果				
			垂直	东	西	南	北
波束指向	°						
波束宽度	°						
天线增益	dB						
最大副瓣(收发之和)	dBc						
远区副瓣(收发之和)	dBc						

C.4.3.2 驻波系数测试

驻波测试示意图见图 C.7。矢量网络分析仪进行开路、短路、负载等标校后在天线端口(即 TR 组件行列端口)进行天线驻波测试。雷达有 N 个行馈和 N 个列馈网络,因此该值有 $2N$ 个。由于这 $2N$ 个网络的设计完全相同,故测试时可以查验承制方的自测数据并进行抽测。

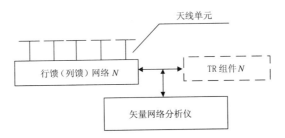

图 C.7 驻波测试示意图

测试结果填入表 C.4 中。

表 C.4 驻波系数测试结果

技术指标	测试值
≤1.3	

C.4.3.3 馈线损耗的测试

馈线损耗测试示意图见图 C.8。发射支路馈线损耗,即为 TR 组件行列端口至天线单元入口处这一段馈线网络的损耗。

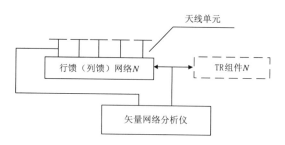

图 C.8 馈线损耗测试示意图

接收支路的馈线损耗由两部分组成,第一部分与发射支路馈线损耗相同;第二部分由 TR 组件内部的行列开关、环形器、限幅器和若干电缆的损耗组成,第二部分一般不超过 1 dB。

雷达有 N 个行馈和 N 个列馈网络,因此该值有 $2N$ 个。由于这 $2N$ 个网络的设计完全相同,故测试时可以查验承制方的自测数据并进行抽测。

测试结果填入表 C.5 中。

表 C.5 馈线损耗测试结果

项目	技术指标 dB	测试值 dB
发射支路馈线损耗	≤3	
接收支路馈线损耗	≤4	

C.4.3.4 屏蔽网隔离度测试

天线屏蔽网隔离度测试示意图见图 C.9。首先将信号源的输出幅度设为 0 dBm,在无屏蔽网的情况下记录频谱分析仪的读数(P_1);然后关闭屏蔽网,记录频谱分析仪的读数(P_2),则屏蔽网的单向隔离度(I)为 P_1 与 P_2 的差,双向隔离度为单向隔离度的 2 倍。

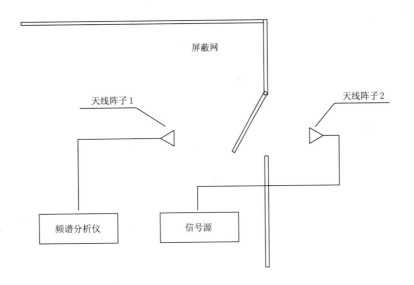

图 C.9　天线屏蔽网隔离度测试示意图

测试结果填入表 C.6 中。

表 C.6　屏蔽网隔离度测试结果

频谱分析仪的读数(P_1) dBm	频谱分析仪的读数(P_2) dBm	双向隔离度($2I$) dB

C.5　TR 组件

C.5.1　技术指标要求

技术指标要求见 5.3.3.2。

C.5.2　测试仪器

大功率衰减器、频谱分析仪、功率计、示波器、检波器、噪声源、噪声系数分析仪。

C.5.3　测试方法

C.5.3.1　工作频率、发射频谱宽度

工作频率、发射频谱宽度测试示意图见图 C.10。将大功率衰减器连接 TR 组件输出端,用频谱分析仪测试工作频率。频谱分析仪选择适当分辨带宽和量程,分别测量高模式(宽脉冲)、低模式(窄脉冲)下的发射脉冲频谱,找出中心频率 f_0,在低于峰值−10 dBc、−20 dBc、−30 dBc、−35 dBc、−40 dBc、−50 dBc处记录频率值,计算出发射信号的频谱宽度。该指标可以抽测。

工作频率、发射频谱宽度(分窄、宽脉冲)测试结果分别填入表 C.7—表 C.9 中。

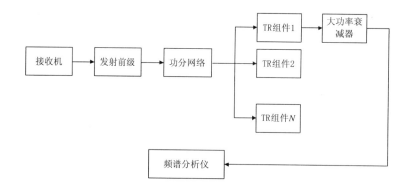

图 C.10 工作频率、发射频谱宽度测试示意图

表 C.7 工作频率测试结果

项目	技术指标 MHz	测试值 MHz
工作频率		

表 C.8 低模式(窄脉冲)测试结果

距离中心频率频谱线衰减量 dBc	频谱宽度 MHz		
	左频偏	右频偏	谱宽
−10			
−20			
−30			
−35			
−40			
−50			

表 C.9 高模式(宽脉冲)测试结果

距离中心频率频谱线衰减量 dBc	频谱宽度 MHz		
	左频偏	右频偏	谱宽
−10			
−20			
−30			
−35			
−40			
−50			

C.5.3.2 噪声系数

噪声系数测试示意图见图 C.11。首先将噪声源与噪声系数分析仪连接,测试噪声源的噪声作为基准,然后将噪声源连接 TR 组件(接收通道)的输入端,输出端接噪声系数分析仪。此时噪声系数分析仪的读数为噪声系数 $F1$。

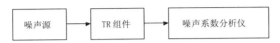

图 C.11 噪声系数测试示意图

噪声系数测试结果填入表 C.10 中。

表 C.10 噪声系数测试结果

序号	噪声系数 dB	备注
TR 组件 1		
TR 组件 2		扣除 TR 组件内部的行列开关、环形器、限幅器和电缆的损耗
……		
TR 组件 N		

C.5.3.3 接收灵敏度

接收机灵敏度测试示意图见图 C.12。首先将信号源连接 TR 组件(接收通道)的输入端,输出端接频谱分析仪。频谱分析仪设置合适的中心频率,设置适当的扫频范围、分辨带宽和视频带宽。测试时,首先关闭信号源,测得噪声电平 P_N(dBm),再打开信号源,调整信号源的输出功率,使频谱分析仪的读数为 P_N+3 dB,此时信号源的输出功率值即为接收灵敏度。该指标可以抽测。

图 C.12 接收机灵敏度测试示意图

接收机灵敏度测试结果填入表 C.11 中。

表 C.11 接收灵敏度测试结果

项目	技术指标	测试值	备注
接收灵敏度			频谱分析仪设置:连续波、分析带宽=1 MHz、显示带宽=30 Hz

C.5.3.4 发射功率

发射功率测试示意图见图 C.13。将大功率衰减器连接 TR 组件输出端口,用功率计分别测量高模式、低模式下发射功率。

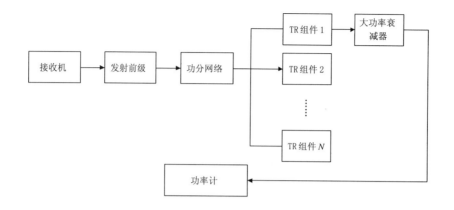

图 C.13　发射功率测试示意图

TR 组件功率测试结果填入表 C.12 中。

表 C.12　TR 组件功率测试结果

序号	脉冲类型	测试值 W	备注
TR 组件 1	窄脉冲		
	宽脉冲		
TR 组件 2	窄脉冲		
	宽脉冲		
……	窄脉冲		
	宽脉冲		
TR 组件 N	窄脉冲		
	宽脉冲		

C.5.3.5　发射脉冲参数

发射脉冲测试示意图见图 C.14。将大功率衰减器连接 TR 组件输出端口,用示波器分别测量高模式、低模式下的发射脉冲参数。

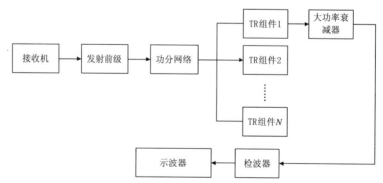

图 C.14　发射脉冲测试示意图

发射脉冲参数测试结果填入表 C.13 中。

表 C.13　发射脉冲参数测试结果

序号	工作模式	脉宽 μs	重复周期 μs	占空比 %
TR 组件 1	低模式			
	高模式			
TR 组件 2	低模式			
	高模式			
……	低模式			
	高模式			
TR 组件 N	低模式			
	高模式			

C.6　波束控制器

由承制方提供书面证明材料,符合 5.3.3.3 的要求。

C.7　发射前级

C.7.1　技术指标要求

技术指标要求见 5.3.3.4。

C.7.2　测试方法

输出功率测试示意图见图 C.15。将大功率衰减器连接发射前级输出端口,用功率计分别测量高模式、低模式下发射功率。

图 C.15　输出功率测试示意图

C.8　接收机

C.8.1　技术指标要求

技术指标要求见 5.3.3.5。

C.8.2　测试仪器

包括信号源、频谱分析仪、示波器、相位噪声分析仪。

C.8.3 测试方法

C.8.3.1 中频采样位数

由承制方提供书面证明材料,应符合5.3.3.5的要求。

C.8.3.2 中频采样频率

中频采样频率测试示意图见图C.16。将接收机的中频采样时钟与频谱分析仪连接并读出结果,应符合5.3.3.5的要求。

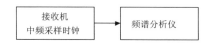

图 C.16 中频采样频率测试示意图

C.8.3.3 数字中频带宽

数字中频带宽测试示意图见图C.17。将信号源连接到接收机射频(或数字中频)输入端,设置合适的中频频率;改变信号源频率,记录数据处理终端输出信号下降3 dB时的两边频率 $f1$ 和 $f2$,则接收机的中频带宽为 $f2-f1$。

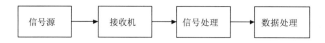

图 C.17 数字中频带宽测试示意图

C.8.3.4 I、Q 输出位数

由承制方提供书面证明材料,应符合5.3.3.5的要求。

C.8.3.5 频综短稳

由承制方提供书面证明材料,应符合5.3.3.5的要求。

C.8.3.6 相位噪声

相位噪声测试示意图见图C.18。将接收机的本振源直接连接相位噪声分析仪并读出结果,应符合5.3.3.5的要求。

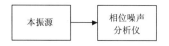

图 C.18 相位噪声测试示意图

C.8.3.7 输出 RASS 信号

相位噪声测试示意图见图C.19。将接收机的RASS输出端口直接连接示波器并读出结果,应符合5.3.3.5的要求。

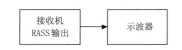

图 C.19 相位噪声测试示意图

C.9 信号处理器

C.9.1 技术指标要求

技术指标要求见 5.3.3.6。

C.9.2 测试方法

C.9.2.1 处理模式、时域相干积累数、傅里叶变换点数

通过数据处理及应用终端软件检查,应符合 5.3.3.6 的要求。

C.9.2.2 最大处理库数、库长

通过数据处理及应用终端软件检查,分别查验低、高两种模式下的库长;将低、高两种模式下的库数加起来减去交叠部分库数就得到总库数。

库长库数检验测试结果填入表 C.14 中。

表 C.14 库长库数检验测试结果

项目	低模式		高模式		总库数
	库长	库数	库长	库数	
设计值					
测试值					

C.9.2.3 输出

通过数据处理及应用终端软件检查,应符合 5.3.3.6 的要求。

C.9.2.4 距离标校

距离标校测试示意图见图 C.20。第一步,将接收机激励信号经衰减器直接送入接收机,在数据处理软件中显示该信号的位置即为零距离;第二步,将接收机激励信号经衰减器、15 μs 延迟线后送入接收机,在数据处理软件中显示该信号的位置即为 2250 m。

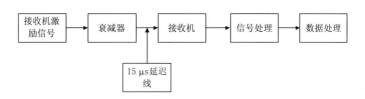

图 C.20 距离标校测试示意图

距离标校测试结果填入表 C.15 中。

表 C.15 距离标校测试结果

项目	设计值	测试值
探测距离标校		

C.10 数据处理及应用终端

C.10.1 技术指标要求

技术指标要求见 5.3.3.7。

C.10.2 测试方法

C.10.2.1 台站参数设置

检查是否提供站号、站址、经度、纬度、海拔高度等系统参数的设置功能。

C.10.2.2 数据文件存储、数据文件格式

检查生成数据文件是否符合风廓线雷达数据格式要求。

数据存储与管理检查结果填入表 C.16 中。

表 C.16 数据存储与管理检查结果

序号	数据存储与管理	是否具备	数据格式是否正确
1	功率谱数据文件		
2	径向数据文件		
3	实时采样高度上产品数据文件		
4	半小时平均采样高度上产品数据文件		
5	一小时平均采样高度上产品数据文件		

C.11 无线电声波探测系统

C.11.1 技术指标要求

技术指标要求见 5.3.3.8。

C.11.2 测试方法

由 RASS 承制方提供测试方法和测试报告,应符合 5.3.3.8 的要求。

参 考 文 献

[1] GB/T 3784—2009 电工术语 雷达

[2] 中国气象局.风廓线雷达功能设计规范(L波段)[Z],2012

[3] 中国气象局.风廓线雷达建设指南[Z],2012

[4] 中国气象局监测网络司.风廓线雷达通用数据格式(V1.2)[Z],2007

[5] ISO/TC 146/SC 5 N. Meteorology—Ground-based remote sensing of wind-Radar wind profiler[Z],2014

ICS 07.060
A 47
备案号：71167—2020

中华人民共和国气象行业标准

QX/T 526—2019

气象观测专用技术装备测试规范　通用要求

Specifications for tests of technical equipment specialized for meteorological observation—General requirements

2019-12-26 发布 　　　　　　　　　　　　 2020-04-01 实施

中 国 气 象 局　 发 布

前　言

本标准按照 GB/T 1.1—2009 给出的规则起草。

本标准由全国气象仪器和观测方法标准化技术委员会(SAC/TC 507)提出并归口。

本标准起草单位:中国气象局气象探测中心。

本标准主要起草人:莫月琴、王小兰、张雪芬、陈瑶、张明、任晓毓、王天天、郭启云、巩娜。

气象观测专用技术装备测试规范 通用要求

1 范围

本标准规定了气象观测专用技术装备测试的基本要求、测试条件、测试方案、测试流程、测试项目及要求、数据的处理与分析、测试结果与评定、测试报告及资料的整理和归档等内容。

本标准适用于气象观测专用技术装备的测试和评定,不适用于气象卫星相关装备及人工影响天气作业的技术装备的测试与评定。

2 规范性引用文件

下列文件对于本文件的应用是必不可少的。凡是注日期的引用文件,仅注日期的版本适用于本文件。凡是不注日期的引用文件,其最新版本(包括所有的修改单)适用于本文件。

GB/T 2423.1—2008 电工电子产品环境试验 第2部分:试验方法 试验A:低温

GB/T 2423.2—2008 电工电子产品环境试验 第2部分:试验方法 试验B:高温

GB/T 2423.3—2016 环境试验 第2部分:试验方法 试验Cab:恒定湿热试验

GB/T 2423.4—2008 电工电子产品环境试验 第2部分:试验方法 试验Db:交变湿热(12 h+12 h循环)

GB/T 2423.17—2008 电工电子产品环境试验 第2部分:试验方法 试验Ka:盐雾

GB/T 2423.21—2008 电工电子产品环境试验 第2部分:试验方法 试验M:低气压

GB/T 2423.24 环境试验 第2部分:试验方法 试验Sa:模拟地面上的太阳辐射及其试验导则

GB/T 2423.25 电工电子产品环境试验 第2部分:试验方法 试验Z/AM:低温低气压综合试验

GB/T 2423.37—2006 电工电子产品环境试验 第2部分:试验方法 试验L:沙尘

GB/T 2423.38—2008 电工电子产品环境试验 第2部分:试验方法 试验R:水试验方法和导则

GB 5080.7—1986 设备可靠性试验 恒定失效假设下的失效率与平均无故障时间的验证试验方案

GB/T 6587—2012 电子测量仪器通用规范

GB/T 9414.3—2012 维修性 第3部分:验证和数据的收集、分析与表示

GB/T 11463—1989 电子测量仪器可靠性试验

GB/T 13983 仪器仪表基本术语

GB/T 17626.2 电磁兼容试验和测量技术 静电放电抗扰度试验要求

GB/T 17626.3 电磁兼容试验和测量技术 射频电磁场辐射抗扰度试验

GB/T 17626.4 电磁兼容试验和测量技术 电快速瞬变脉冲群抗扰度试验

GB/T 17626.5 电磁兼容试验和测量技术 浪涌(冲击)抗扰度试验

GB/T 17626.6 电磁兼容试验和测量技术 射频场感应的传导骚扰抗扰度试验

GB/T 17626.8 电磁兼容试验和测量技术 工频磁场抗扰度试验

GB/T 17626.11 电磁兼容试验和测量技术 电压暂降、短时中断和电压变化的抗扰度试验

GB 31221—2014 气象探测环境保护规范 地面气象观测站

GB/T 37467　气象仪器术语

GJB 899A—2009　可靠性鉴定和验收试验

JJF 1059.1　测量不确定度评定与表示

3　术语和定义

GB/T 13983 和 GB/T 37467 界定的以及下列术语和定义适用于本文件。

3.1

气象观测专用技术装备　meteorological observation special technical equipment

专门用于气象观测领域的装备、仪器、仪表、消耗器材及相应软件系统的统称。

3.2

动态比对试验　dynamic state test

在自然环境条件下,对气象观测专用技术装备进行试验,并评定其观测数据的完整性、准确性,设备运行的稳定性、可靠性,相同型号仪器测量结果的一致性和与气象观测网的可比较性等。

注:动态比对试验观测数据的准确性与实验室测试数据的准确性不同。动态比对试验中有明确比对标准的,准确性是指与该比对标准的一致程度;没有明确比对标准的,准确性是指与比对仪器的变化趋势的一致程度(相关性)。

3.3

观测数据的完整性　integrity of observation data

表征被试产品获取观测数据能力的参数。

注1:在本标准中简称完整性,用某观测时段被试样品数据终端实际观测数据个数与应观测数据个数的百分数表示,完整性(%)=(实际观测数据个数/应观测数据个数)×100%。

注2:也可用缺测率表示,即用被试样品缺测数据个数与应观测数据个数的百分数表示,缺测率(%)=(缺测数据个数/应观测数据个数)×100%。

3.4

观测数据的准确性　accuracy of observation data

反映被试产品获取数据的质量。

注1:在本标准中简称准确性。

注2:用误差区间来表征,通常用$(\overline{x}-ks,\overline{x}+ks)$的形式表示,其中$\overline{x}$为系统误差,$s$为标准偏差,$k$为置信因子。

3.5

设备运行的稳定性　stability of equipment operation

被试产品保持其测量特性随时间或环境应力作用保持不变的能力。

注:在本标准中简称稳定性。

3.6

设备运行的可靠性　reliability of equipment operation

被试产品在规定的条件下和规定的时间内,完成规定功能的能力。

注:在本标准中简称可靠性。

3.7

测量结果的一致性　consistency of measurement result

在相同测量条件下,同型号多台(2台或以上)被试样品同时测量同一被测气象要素时,测量结果之间的一致程度。

注:在本标准中简称一致性。

3.8

可比较性　comparability

被试样品与气象观测网的同类仪器或指定同类仪器,同时测量同一气象要素时,测量结果的一致程度。

注:在本标准中简称可比性。

4 基本要求

4.1 被试样品

4.1.1 样品类型

下列情形的气象观测专用技术装备应进行测试:
——新研制开发的;
——原理、技术、方法、结构、材料及工艺等方面有重大改进的;
——功能或测量性能有明显改变的;
——拟纳入气象业务应用的,包括进口产品;
——其他委托测试评定的。

4.1.2 抽样方法

大型设备提供1台或以上被试样品,其余应提供3台或以上。一次性观测仪器或消耗性器材,则应根据测试需要适当增加被试样品的数量。当需要从一批被试产品中抽取部分产品进行测试时,应由测试方随机抽样确定被试样品。

示例1:大型设备,如天气雷达、测风雷达、风廓线雷达等。
示例2:一次性观测仪器或消耗性器材,如探空仪、气球等。

4.2 测试规定

4.2.1 记录应符合下列要求:
——被试样品的检查、测试、安装、试验、维护、修理和撤收等都应记录在专用记录册或电子文档内,记录内容至少应包括:起止时间,主要内容,环境条件,结果摘要等;
——测试过程中所有的原始数据、记录以及计算、整理、校对等产生的纸质文件,均应有经手人签字或登记,如有误记,不得涂、描、刮等,应将误记内容用横线划去,正确内容写在划改数据的旁边,并应有更改人签字,若有其他问题应另行文字说明;
——测试时,实验室的温度、湿度和气压应进行测量并记录。

4.2.2 测试期间,被试方在测试方认为必要时承担被试样品的技术保障,但不得干预测试工作。

4.3 交接检查

4.3.1 交接检查时,被试方和测试方的人员都应在场,确认被试样品及其配套,包括必要的使用或维护说明。

4.3.2 由被试方交付测试方,填写客户委托单或签订测试服务合同。交付后,被试样品由测试方负责保管。

4.3.3 如果被试样品没有明确编号,可给予重新编号,编号应在被试样品外部明显处做出牢固、可靠的标记。

4.4 试验的终止/中止和恢复

4.4.1 出现下列情况之一应终止试验:
——主要功能检查结果不合格;

——重要测量性能测试结果不合格；

——主要环境试验结果不合格；

——测试中出现严重的故障或缺陷；

——有影响观测和危及人身安全的缺陷；

——未经许可，被试方擅自调试或修改试验中的被试产品。

4.4.2 对于短期内能在试验现场解决的不合格项目或可排除的故障、缺陷，中止试验后可恢复试验，但对不合格项目或受影响的其他项目，应重新进行测试。若试验现场不能解决或出现了4.4.1给出的情况，应终止试验。

4.4.3 对于影响正常观测或被试样品本身维修性、测试性的外观和结构缺陷可判定为不合格，终止试验。

5 测试条件

5.1 实验室环境条件

通常保持实验室自然环境条件，实验室内或周围不应有影响标准器、测试设备及被试样品测量性能和数据采集的干扰源，如电磁辐射、热辐射、振动和噪音等。

5.2 现场环境条件

5.2.1 地面测量仪器的探测环境通常应符合 GB 31221—2014 中 3.2 的规定。如有特殊要求，另行规定。

5.2.2 天气雷达、测风雷达、风廓线雷达、探空信号接收机等，其安装现场周围物体、地物不应对测量结果有明显影响，也不应有影响被试样品正常工作的干扰源，如电磁辐射、振动等。

5.2.3 试验地点应根据被试样品的环境适应性要求进行选择，尽量选择接近被试样品使用环境要求的气象参数的极限值。

5.2.4 试验地点的数量应根据样品的抽样情况确定。大型设备根据实际情况确定；拟在全国观测站网使用的被试样品，应在2个或以上不同气候区域进行试验；用于特殊地区的被试样品，应在相应的区域进行。

5.3 动态比对试验时间

按附录 A 中表 A.1 确定试验时间，且不少于3个月；若动态比对试验的时间超过了可靠性试验的截止时间，应按照动态比对试验的时间结束试验。对于要求全天候长期连续工作的被试样品，至少应跨春（秋）夏冬3个季节；季节性使用的被试样品应在相应的季节进行；断续使用的被试样品可在实际应用条件下进行不少于3个月的试验。若有其他规定，按规定进行。

5.4 标准器和测试设备

5.4.1 静态测试和动态比对试验所用标准器/比对标准器，应具有溯源性，应有有效的检定、校准或检测证书。所用测试设备和附属装置引起的附加误差，不应降低其准确度等级。

5.4.2 动态比对试验所用比对标准器，应首先选用世界气象组织或国务院气象主管机构规定在自然大气条件下的标准测量仪器。

5.4.3 动态比对试验所用比对标准器至少应与被试样品属于同一准确度等级。

6 测试方案

6.1 测试方应根据被试产品的有关标准或规定的技术要求和本标准制定测试方案,测试方案包括技术方案(或测试大纲)和工作方案。

6.2 原则上凡是有关标准或规定的技术要求中有的功能要求、测量性能、环境适应性、可靠性和维修性、安全性和其他规定的项目都应进行测试。如果确实不需要测试的项目,或测试条件不满足的,或需要增加的项目,应在技术方案中说明。

6.3 对于测试方没有测试条件的项目,可委托有测试资质的单位进行,并由其提供相应的测试报告或证书。

6.4 每项测试都应提供测试方法。有测量误差要求的测试项目应说明采用的标准器/比对标准器、测试设备、测试条件、测试点及各测试点测量次数和采样间隔,以及数据计算和处理的方法。

6.5 各种测量性能的测试,应首先进行静态测试,对测量范围、分辨力和允许误差等进行合格判定。静态测试合格的被试样品方可进行动态比对试验。

6.6 技术方案中应给出具体的环境试验项目、应力及作用时间,以及各项试验对被试样品的预处理、初始测试、性能检测、恢复和最终检测的方法和要求等。

6.7 工作方案的内容主要包括:试验时间、地点和维护等事项。试验地点应根据被试产品对环境适应性的要求进行选择,在工作方案中应提出对试验场地的要求和具体试验地点的建议。

6.8 测试方案制定后,应与被试方商讨其可行性。

7 测试流程

7.1 测试通常按照下列步骤进行:
    a) 外观和结构检查;
    b) 功能检测;
    c) 电气性能测试;
    d) 安全性试验;
    e) 测量性能测试;
    f) 环境试验(气候环境和机械环境);
    g) 电磁兼容试验;
    h) 动态比对试验;
    i) 测量性能复测;
    j) 数据处理与分析;
    k) 编写测试报告;
    l) 资料整理归档。

7.2 7.1中 a)—g)和 i)通常在实验室进行,h)通常在使用现场进行。

7.3 根据工作条件和试验项目的不同,可适当调整测试流程。若测试的主要目的是检验被试产品的环境适应性,可将7.1中 f)环境试验或 g)电磁兼容试验放在 e)测量性能测试之前;若环境试验的极限条件可能对被试产品的测量性能有不良影响,f)环境试验或 g)电磁兼容试验可在 i)测量性能复测项目之后;对于一次性观测仪器或消耗性器材,如探空仪、气球等,则不进行 i)测量性能复测项目。

8 测试项目及要求

8.1 外观和结构检查

8.1.1 外观检查通常采用目测的方法,主要检查表面涂层和产品标志等。

8.1.2 结构检查通常采用目测结合手动调整的方法,必要时可使用工具,主要检查结构是否合理,有无机械损伤和转动卡滞等。

8.1.3 必要时,可包括检查被试样品的尺寸和重量。

8.1.4 外观和结构检查后,如有必要,可将被试样品的调整测量基点的部件做加封处理。

8.1.5 有互换性要求的,应进行互换性检查。

8.2 功能检测

8.2.1 采用实际操作的方法进行功能检测,可结合外观和结构检查同时进行,也可专门设置检测项目。功能通常应包含但不限于下列项目:
- ——瞬时观测值的采样、计算和储存方法;
- ——数据处理方法;
- ——数据显示和打印;
- ——数据接口和信号传输;
- ——供电方式和电源适应性;
- ——时钟走时误差;
- ——故障检测和报警;
- ——技术要求规定的其他功能。

8.2.2 被试样品录取数据的采样间隔时间、平均/平滑时间和方法应进行实际验证,并与技术指标相对应的数据进行比较。

8.2.3 被试样品的数据处理软件,包括气象要素极值挑选,导出量和业务应用参数的计算等,应对其计算公式的正确性进行检查,必要时可给出计算误差。

8.2.4 被试样品的数据接口、信号传输功能应进行可靠性检查,必要时可通过实际的数据传输试验,给出传输速率和错误率等具体参数。

8.2.5 以北京时间为准,在实际工作中测量时钟走时误差。

8.2.6 故障检测和报警功能应进行实际检测,可人为设置故障和报警条件进行观察和判断,必要时,可给出故障检测率和报警错误率或正确率。

8.2.7 对于测试结果不符合技术要求的项目应允许调整,重新设置,若仍不合格,应终止试验。

8.3 电气性能测试

8.3.1 电气性能通常包括但不限于下列项目:
- ——被试样品整体和分系统的功耗;
- ——蓄电池的续航时间;
- ——有线传输的阻抗、带宽、速率和时间间隔;
- ——无线传输的发射频率、功率、频谱、脉冲宽度和天线方向性图;
- ——无线传输的接收机、有线传输的终端设备的灵敏度、带宽和实际接收效果;
- ——规定的其他电气性能参数。

8.3.2 通常用测量电源输入电压和电流的方法计算功耗。若被试样品的功耗较大或为电感、电容负载应采用电度表,测量应持续 2 h 以上,用电度表记录的耗电度数(kW·h)除以时间计算功耗。

8.3.3 蓄电池的续航时间测量:

——在实际使用中测量,在放电回路中并联电压表和串联电流表,记录放电时间,同时可计算出实际容量(A·h);

——测量蓄电池的实际容量(A·h),再用该实际容量和设备功耗计算续航时间。根据电池的放电曲线进行实际容量测试,测试过程中要避免电池过度放电。

示例:在蓄电池输出端连接阻抗较小的发热型电阻,增大放电电流 I(安培,A),在放电回路中串联电流表,记录放电时间 t(小时,h),则蓄电池容量 P(安培小时,A·h)的计算为 $P = I \times t$。

8.3.4 无线传输参数的试验参见 GB/T 12649—2017。

8.4 安全性试验

8.4.1 安全性主要包括:接触电流、介电强度和保护接地。

8.4.2 接触电流按照 GB/T 6587—2012 中 5.8.1 进行试验和评定;介电强度按照 GB/T 6587—2012 中 5.8.2 进行试验和评定;保护接地按照 GB/T 6587—2012 中 5.8.3 进行试验和评定。

8.5 测量性能测试

8.5.1 样本大小

8.5.1.1 样本大小包括测试点和各测试点的测量次数。测试点应在被试样品整个测量范围内选择。对于输出特性呈线性或接近线性的,测试点通常均匀分布。若输出特性是非线性的,应在被试样品输出特性曲线的曲率较大的部分适当增加测试点,在曲率较小部分适当减少测试点。

8.5.1.2 对于所测气象要素范围内经常用的测量段可适当增加测试点,不常用的测量段,可适当减少测试点。

8.5.1.3 被试样品测量范围上限、下限和对其测量特性有代表性的测量点必须选取。如 0 ℃、1013.25 hPa 等。

8.5.1.4 若被试方已提供了被试样品输出特性的检定/校准曲线并提供了检定/校准点,测试点应尽量避开或远离被试方提供的检定/校准点。

8.5.1.5 各测试点的测量次数通常应不少于 10 次,所有测试点的测量次数应相同。

8.5.2 测试要求

8.5.2.1 若被试样品的输出特性可能产生迟滞/回程误差,测试应采用循环法,每个测试点都应有升、降不同趋势的数据,升、降趋势的测量次数应相同。测试应按照测试点的大小顺序进行。

8.5.2.2 若被试样品的迟滞/回程误差可以忽略,或用循环法可能产生附加误差,可采用定点测试法,即在每个测试点连续录取该点所需的全部样本。每次录取数据前,都应确保每次的测试数据具有独立性。

8.5.2.3 若被试样品的测量传感器采用的是只允许一次性使用的敏感元件,应采用多个(10 个或以上)被试样品分别测量的方法,每个被试样品在每个测试点上只测量一次。

8.5.2.4 测试点的稳定时间根据被试样品的时间常数确定,稳定时间应超过时间常数的 5 倍。当不同时间常数的几种被试样品同时测量时,应以其中时间常数最大值确定稳定时间。

8.5.3 复测

8.5.3.1 只对测量性能中与稳定性有关的项目进行复测,在动态比对试验结束后进行。

8.5.3.2 被试样品在没有得到重新维护情况下,即保持动态比对试验的原始状态,不应进行维修、校准和调整,进行环境污染腐蚀情况检查。复测时可以进行表面除尘等简单维护。

8.5.3.3 复测所用的标准器、测试设备、测试方法和测试条件与初始测试应保持一致。复测结果不应修正。

8.5.3.4 通常复测与初始测试的测试点和各测试点的测量次数应相同,也可根据需要适当减少测试点和测试点的测量次数。

8.5.3.5 若复测结果不合格,可进行维护,但不应重新校准。维护后,可再进行一次复测,若仍不合格,作被试样品的测量结果不合格处理。

8.6 动态比对试验

8.6.1 动态比对试验通常在自然大气条件下进行,根据不同的试验目的,选择不同的试验项目。通常在下列项目中选择试验:

    a) 数据获取的完整性;
    b) 测量准确性;
    c) 设备运行的稳定性;
    d) 同型号被试样品测量结果的一致性;
    e) 设备的可靠性和维修性;
    f) 与气象观测网在用同要素观测仪器的可比性;
    g) 与使用方指定的特定仪器或观测方法的可比性;
    h) 各种影响因素对被试样品测量结果的影响量。

8.6.2 所有的被试样品都应进行8.6.1中a)项、c)项、d)项和e)项试验;有动态比对标准器的,进行b)项试验;若被试样品拟纳入现有气象观测网使用或可能组成新的气象观测网,应进行f)项试验;是否选取g)项试验,根据用户要求确定;必要时进行h)项试验。a)—h)项试验同时进行。

8.6.3 被试样品与比对标准器应安装在同一观测场内,且安装方式保持基本一致。任何一台仪器,都不应破坏另外任何一台仪器附近的空气自然流场,其安装位置不应对任何气象要素的观测相互影响。

8.6.4 检验同型号被试样品测量结果的一致性,在同一试验地点应同时安装2台或以上被试样品。

8.6.5 主动遥感产品的一致性试验可采用多台交替探测的方法录取数据,避免相互干扰。

8.6.6 探空仪的一致性比对试验采用调开频率,同球施放多台被试探空仪的方式。

8.6.7 在整个试验期间不应对被试样品的软、硬件做任何调整或校准,不应改变被试仪器的修正值或计算测量结果所用的计算机软件。否则稳定性试验应重新进行。

8.6.8 无论是被试样品还是比对标准器,动态比对试验的数据都应取其终端输出值作为测量结果。各比对仪器采集数据的时间间隔、平均/平滑时间应相同。若要录取不同采样间隔,不同平均/平滑时间的数据以分析比较双方的动态特性差异,应预先制定数据处理和评定方案。

8.6.9 对于随时观测或可以通过程序设置改变观测时间的被试样品,每相邻两次观测的间隔时间,应大于比对标准器和被试样品中最大时间常数的5倍。被试样品的时间常数应包括传感器及其信号处理的时间。

8.6.10 若被测量的变化较小,可适当增加录取数据的时间间隔,反之可适当减小时间间隔。各台仪器应同时录取数据。

8.6.11 采用接触式测量传感器的地面气象观测仪器,安装后的第一次比对观测,应待其与自然环境条件充分平衡后进行。

8.6.12 对于地面气象观测仪器,动态比对试验的数据样本应不少于60个;探空仪器的比对施放应不少于30次;连续高密度采集数据的遥感设备的数据样本应不少于1000个。

8.6.13 动态比对的数据采集可以根据需要间断进行,但被试样品在规定的试验周期内应始终架设在试验现场,不应移至室内或在其他试验场地重新架设。

8.6.14 在动态比对试验期间,应连续观测和记录试验现场的气压、气温、湿度及风向、风速的变化并记录降水等主要天气现象。

8.6.15 动态比对试验期间,应按照要求进行维护。

8.7 环境试验

8.7.1 试验项目

环境试验通常包括但不限于下列项目:
a) 气候环境:
  • 低温试验;
  • 高温试验;
  • 恒定湿热试验;
  • 交变湿热试验;
  • 低气压试验;
  • 淋雨试验;
  • 盐雾试验;
  • 沙尘试验;
  • 模拟地面上的太阳辐射试验。
b) 机械环境:
  • 振动试验;
  • 冲击试验;
  • 包装运输试验。

8.7.2 试验要求

8.7.2.1 气候环境的各项试验应区分工作条件试验和贮存条件的试验。

8.7.2.2 被试样品环境试验项目按照技术要求确定,若技术要求没有明确规定,对于野外使用的被试样品或其野外架设部分,低温、高温、恒定湿热和包装运输试验是强制试验项目。必要时,可增加交变湿热试验。

8.7.2.3 无论技术指标有无规定,高空探测仪器的施放部分,应进行低温低气压试验;与海洋相关的仪器,应进行盐雾试验和交变湿热试验;与热带海岛相关的仪器,必要时,可增加模拟地面上的太阳辐射试验;在沙漠使用的仪器,应进行沙尘试验;船舶用仪器应进行倾斜和摇摆试验。

8.7.2.4 试验顺序根据实际情况确定。若要求尽快得到是否合格的结论,应把严酷的试验项目放在前面,若要求得到被试样品对各种环境适应性尽量多的信息,应把严酷的试验项目放在后面。

8.7.2.5 气候环境试验应先进行工作条件试验,再进行贮存条件试验;湿热试验应先进行恒定湿热试验,再进行交变湿热试验。

8.7.2.6 环境试验项目应优先采用相关国家/行业标准进行试验,并结合被试样品使用环境条件和运输、贮存的实际情况确定试验应力和试验方法。

8.7.3 试验方法

应按附录 B 进行环境试验。

8.8 电磁兼容试验

8.8.1 试验项目

电磁兼容试验项目通常包括但不限于下列项目：

a) 静电放电抗扰度试验；

b) 射频电磁场辐射抗扰度试验；

c) 电快速瞬变脉冲群抗扰度试验；

d) 浪涌(冲击)抗扰度试验；

e) 射频场感应传导抗扰度试验；

f) 工频磁场抗扰度试验；

g) 电压跌落、短时中断试验。

8.8.2 试验方法

8.8.2.1 8.8.1中 a)项试验按照 GB/T 17626.2 进行,检验被试样品遭受直接来自操作者和邻近静电放电的抗扰度能力。

8.8.2.2 8.8.1中 b)项试验按照 GB/T 17626.3 进行,检验被试样品对射频电磁场辐射的抗扰度能力。

8.8.2.3 8.8.1中 c)项试验按照 GB/T 17626.4 进行,检验被试样品对重复性电快速瞬变的抗扰度能力。

8.8.2.4 8.8.1中 d)项试验按照 GB/T 17626.5 进行,检验被试样品对由开关和雷电瞬变过电压引起的单极性浪涌(冲击)的抗扰度能力。

8.8.2.5 8.8.1中 e)项试验按照 GB/T 17626.6 进行,检验被试样品对来自 9 kHz~80 MHz 频率范围内射频发射机电磁骚扰的传导抗扰度能力。

8.8.2.6 8.8.1中 f)项试验按照 GB/T 17626.8 进行,检验被试样品对来自周边的工频磁场骚扰的抗扰度能力。

8.8.2.7 8.8.1中 g)项试验按照 GB/T 17626.11 进行,检验被试样品对电压暂降、短时中断和电压变化的抗扰度能力。

8.9 可靠性试验

8.9.1 可靠性试验分为可靠性鉴定试验和可靠性验证试验两种,本标准的可靠性试验为可靠性验证试验。

8.9.2 可靠性试验的环境条件通常采用自然环境条件,在动态比对试验中同时进行。

8.9.3 应按附录 A 进行可靠性试验。

8.10 维修性

8.10.1 试验分类

维修性试验分为定性检查和定量试验两种。一般采用定性检查,若技术要求规定了平均修复时间(MTTR)的具体参数,应进行维修性定量试验。

8.10.2 定性检查

维修性定性检查,主要包括下列内容：

——维修可达性；

——检测诊断(故障判断)的方便性与快速性;

——零部件的标准化和互换性;

——防差错措施与识别标记;

——工具操作空间和工作场所的维修安全性;

——对维修人员素质的要求;

——故障自动报警功能的可靠性;

——维修工具和检测仪表的适用性;

——维修手册规定作业程序的正确性;

——测试点识别标记及其方便性;

——维修的技术难度和维修资源的完备性。

8.10.3 定量试验

按照 GB/T 9414.3—2012 中第 6 章的规定进行。

9 数据的处理与分析

应按附录 C 进行数据的处理与分析。

10 测试结果与评定

10.1 被试样品是否合格的判断依据是所有检查和测试结果是否符合有关标准或规定的技术要求。

10.2 被试样品的测量性能、数据获取的完整性、准确性、测量结果的一致性、设备运行的稳定性、可靠性和设备的可维修性、环境适应性、电磁兼容性、安全性等有一项不合格即判定为被试样品整体测量性能不合格。其他项目,除发现致命缺陷或故障外,可提出改进建议,不作为不合格处理。

10.3 功能不全或数据处理软件错误,在测试过程中可进行完善和修改,若经重新检查、补充试验或验证符合要求,可以评定为合格。

10.4 应结合功能检查和动态比对试验,对被试样品现场安装、观测方法、操作方法、数据传输、计算方法的正确性进行评定,并依此对被试样品在气象业务中的适用性进行评价。

10.5 可比性的试验结果,仅用于判断是否能够纳入气象观测网的使用或能否组成新的气象观测网,不作为被试样品是否合格的依据。但应在测试报告中说明,必要时,可给出资料同化的方法和建议。

10.6 被试样品静态、动态测试数据各项统计结果,在给出各项测量误差的同时,应列出计算误差所用的样本大小和测量结果的扩展不确定度。

11 测试报告

11.1 测试报告内容应全面、具体、客观。

11.2 测试报告的基本信息通常应包括:

——被试样品名称、型号和实物照片等信息;

——被试方单位名称;

——数字样本的取样方式、数量;

——实施时间与地点;

——测试依据;

——测试说明,包括测试项目、选用的标准及设备、测试与评定方法;

　　——测试结果与评定结论；

　　——测试人员。

11.3 下列测试结果、资料和必要的说明应列入报告：

　　——重要技术指标的测试方法；

　　——重要数据的计算方法；

　　——测试中所发生故障的分析和说明；

　　——合格和不合格的测试项目。

11.4 若测试报告内容过多,可将基本信息、测试结果和结论编入主报告,具体测试方法、数据处理过程、分项试验报告或测试记录等可作为报告的附件。

11.5 对于不合格项目,应进行分析并说明不合格原因,必要时可提供具体数据。

11.6 可用图表、曲线的形式表示测量结果的稳定性及其变化情况以及测量结果的影响特性等。

12 资料的整理和归档

12.1 测试过程中的所有技术文件资料,均应归档留存。主要包括:测试方案,测试过程记录,检查测试的原始记录,测量数据,测试报告,专家咨询、论证、评审的意见和专家组名单(如果有)等。应编写档案目录、装订成册。

12.2 电子文档应制成 PDF 文件以防更改,必要时可加密处理并存盘归档。

12.3 归档保存前,应有相关人员的签字。

附　录　A

（规范性附录）

可靠性试验

A.1　试验方案

A.1.1　按照 GB/T 5080.7 和 GJB 899A—2009 的规定，气象观测专用技术装备的寿命特征通常按指数分布处理，可靠性通常采用定时截尾试验方案。

A.1.2　根据被试样品技术指标规定的平均故障间隔时间（MTBF），确定检验下限值 θ_1。

A.1.3　定时截尾试验方案根据生产方风险 α、使用方风险 β、检验下限 θ_1 和鉴别比 d 确定试验时间 T 和试验中允许出现的责任故障 r。各符号的具体含义如下：

　　——检验下限 θ_1：拒收的 MTBF 值，统计试验方案以高概率拒收其真值接近 θ_1 的产品；

　　——检验上限 θ_0：可接收的 MTBF 值，统计试验方案以高概率接收其真值接近 θ_0 的产品；

　　——生产方风险 α：可靠性真值等于其检验上限 θ_0 时产品被拒收的概率；

　　——使用方风险 β：可靠性真值等于其检验下限 θ_1 时产品被接收的概率；

　　——鉴别比 d：指数分布统计试验方案的鉴别比 d 等于检验上限与检验下限的比值（$d = \theta_0/\theta_1$）。

A.1.4　可靠性试验首先应明确被试样品技术指标规定的平均故障间隔时间（MTBF）的检验下限值 θ_1。在试验前由测试方和被试方商定试验所采取的生产方风险 α 和使用方风险 β 以及鉴别比 d，并在测试方案中明确。

A.1.5　按照 GB/T 5080.7—1986 中表 12 和 GJB 899A—2009 中表 A6 和表 A7 的规定，定时截尾试验方案的特征参数通常在表 A.1 中选取。

表 A.1　定时截尾试验方案和相应的特征参数

方案类型	方案号	决策风险/%				鉴别比	试验时间 T		接收故障数 r（≤）
		标称值		实际值			θ_1 的倍数	θ_0 的倍数	
		α	β	α'	β'	$d = \theta_0/\theta_1$			
标准型	12	10	10	9.6	10.6	2.0	18.8	9.4	13
	15	10	10	9.4	9.9	3.0	9.3	3.1	5
	11	20	20	19.7	19.6	1.5	21.5	14.1	17
	14	20	20	19.9	21.0	2.0	7.8	3.9	5
	17	20	20	17.5	19.7	3.0	4.3	1.46	2
短时高风险	19	30	30	29.8	30.1	1.5	8.1	5.3	6
	20	30	30	28.3	28.5	2.0	3.7	1.84	2
	21	30	30	30.7	33.3	3.0	1.1		0
注：表中的方案号、θ_1 的倍数与 GJB 899A—2009 中表 A6 和表 A7 相同。									

A.1.6　若采用其他试验方案，应在 GB 5080.7 和 GB/T 11463—1989 的规定中选取。

A.1.7　试验的总时间由采用的试验方案确定。在做出合格判定时，每台被试样品的试验时间都应不少于各台被试样品应试平均时间的一半。若被试样品发生故障时，不超过应试平均时间的一半应修复并继续试验。

A.2 试验结果

A.2.1 试验总时间

试验总时间 T 为所有被试样品试验时间的总和,用公式(A.1)计算。

$$T = \sum_{j=1}^{M} t_j \qquad\qquad \cdots\cdots\cdots\cdots\cdots\text{(A.1)}$$

式中:

M——被试样品的总数;

t_j——第 j 台被试样品的试验时间。

A.2.2 MTBF 观测值的计算

MTBF 的观测值(点估计值)$\hat{\theta}$ 用公式(A.2)计算。

$$\hat{\theta} = \frac{T}{r} \qquad\qquad \cdots\cdots\cdots\cdots\cdots\text{(A.2)}$$

式中:

T——被试样品的试验总时间,为所有被试样品试验期间各自工作时间的总和;

r——总责任故障数。

A.2.3 MTBF 置信区间的估计

A.2.3.1 置信区间是指在规定的置信度下,包含被试样品可靠性指标真值的边界估计值。推荐采用置信度 $C=(1-2\beta)\times100\%$,即当使用方风险 $\beta=10\%$ 时,置信度 $C=80\%$;当使用方风险 $\beta=20\%$ 时,置信度 $C=60\%$;当使用方风险 $\beta=30\%$ 时,置信度 $C=40\%$。

A.2.3.2 根据责任故障数 r 和置信度 C,由表 A.2 查取置信上限系数 $\theta_U(C', r)$ 和置信下限系数 $\theta_L(C', r)$。其中,$C'=(1+C)/2=1-\beta$,为表 A.2 中与置信度 C 相对应的置信下限系数和置信上限系数中的参数。

A.2.3.3 MTBF 的置信区间下限值 θ_L 用公式(A.3)计算。

$$\theta_L = \theta_L(C', r) \times \hat{\theta} \qquad \cdots\cdots\cdots\cdots\cdots\text{(A.3)}$$

A.2.3.4 MTBF 的置信区间上限值 θ_U 用公式(A.4)计算。

$$\theta_U = \theta_U(C', r) \times \hat{\theta} \qquad \cdots\cdots\cdots\cdots\cdots\text{(A.4)}$$

A.2.3.5 MTBF 的置信区间表示为 (θ_L, θ_U)(置信度为 C)。

A.2.3.6 如果表 A.2 中数据不够,按照 GB/T 5080.7 和 GB/T 11463—1989 中的方法计算。

A.2.3.7 若责任故障数为 0,只给出置信下限值,用公式(A.5)计算。

$$\theta_L = T/(-\ln\beta) \qquad \cdots\cdots\cdots\cdots\cdots\text{(A.5)}$$

式中:

T——被试样品的试验总时间,为所有被试样品试验期间各自工作时间的总和;

β——使用方风险。

这里的置信度应为 $C=1-\beta$。

表 A.2 定时试验接收时 MTBF 验证区间的置信上(下)限系数、置信度

故障数 r	C＝40%		C＝60%		C＝80%	
	$\theta_L(0.7,r)$	$\theta_U(0.7,r)$	$\theta_L(0.8,r)$	$\theta_U(0.8,r)$	$\theta_L(0.9,r)$	$\theta_U(0.9,r)$
1	0.410	2.804	0.334	4.481	0.257	9.941
2	0.553	1.823	0.467	2.426	0.376	3.761
3	0.630	1.568	0.544	1.954	0.449	2.722
4	0.679	1.447	0.595	1.742	0.500	2.293
5	0.714	1.376	0.632	1.618	0.539	2.055
6	0.740	1.328	0.661	1.537	0.570	1.904
7	0.760	1.294	0.684	1.479	0.595	1.797
8	0.777	1.267	0.703	1.435	0.616	1.718
9	0.790	1.247	0.719	1.400	0.634	1.657
10	0.802	1.230	0.733	1.372	0.649	1.607
11	0.812	1.215	0.744	1.349	0.663	1.567
12	0.821	1.203	0.755	1.329	0.675	1.533
13	0.828	1.193	0.764	1.312	0.686	1.504
14	0.835	1.184	0.772	1.297	0.696	1.478
15	0.841	1.176	0.780	1.284	0.705	1.456
16	0.847	1.169	0.787	1.272	0.713	1.437
17	0.852	1.163	0.793	1.262	0.720	1.419

示例：如 $\beta=10\%$，则 $C'=0.9,C=80\%$；如 $\beta=20\%$，则 $C'=0.8,C=60\%$；如 $\beta=30\%$，则 $C'=0.7,C=40\%$。

A.2.4 试验结论

A.2.4.1 按照试验中可接收的故障数(见 A.1)判断可靠性是否合格。

A.2.4.2 可靠性试验无论是否合格，都应给出产品平均故障间隔时间(MTBF)的观测值 $\hat{\theta}$ 和置信区间估计的上限 θ_U 和下限 θ_L，表示为(θ_L,θ_U)。

A.3 故障的认定和记录

A.3.1 被试样品发生下列情况之一应记为故障(责任故障)：
——整体、分机、部件、组件不能完成规定的功能；
——不能显示或记录规定的测量数据；
——显示或记录的测量数据超出了技术指标规定的允许误差限；
——出现危及被试样品或人身安全的情况。

A.3.2 责任故障应按下列原则进行统计：
——由同一原因引起的间歇故障记为一次故障。
——由同一原因引起的多种故障模式时，整个事件记为一次故障。
——由一个元器件的失效引起的另一些元器件失效时，所有元器件的失效合记为一次故障；否则每

个元器件的失效记为一次独立的故障。

——相同部位多次发生相同性质和相同原因的重复故障,若故障已经排除并通过验证,只记为一次责任故障;如若是软件且已经排除并通过验证,不记为责任故障。

A.3.3 在下列情况下发生的故障为非责任故障:

——环境应力超出了被试样品技术指标的规定;

——安装、操作或调整不当;

——所用元器件超过了规定的使用期限;

——标准器或试验设备不符合要求;

——被试样品技术指标规定不参加试验的配套设备故障;

——一个故障发生时引起的相关的从属故障。

A.3.4 被试样品在试验期间的每次故障,包括所有的责任故障和非责任故障都应记录,应包括下列内容:

——故障发生的时间;

——故障现象;

——故障发生原因;

——故障所在部位;

——故障排除方法和更换元器件的名称、型号;

——故障排除所用的时间、工具、仪器、人数及对难易程度的评定;

——故障修复后恢复试验的时间。

附　录　B
（规范性附录）
环境试验的要求和方法

B.1 环境试验的一般步骤

B.1.1 试验步骤

各环境试验项目的实施,通常应包括下列步骤:
a) 预处理;
b) 初始检测;
c) 性能检测;
d) 贮存试验;
e) 恢复;
f) 最终检测。

B.1.2 预处理

预处理是在试验前为消除被试样品因贮存、运输及前一次试验的影响所做的工作。包括气候环境试验前对被试样品的外观和结构检查及其调整、表面除尘、通电等;机械环境试验前对被试样品进行包装和加固处理等。

B.1.3 初始检测

通电检查被试样品的主要电气参数和工作特性,确定其能否正常工作。若考察环境应力对被试样品测量性能的影响,应对被试样品进行静态测试或比对试验。

B.1.4 中间检测

对于气候环境的工作条件试验,当环境应力达到规定值并稳定后,使被试样品处于工作状态,进行功能检查和测试,检测后即可结束试验;贮存条件的气候环境试验和机械环境试验不进行中间检测。

B.1.5 恢复

气候环境试验的恢复,是在停止施加环境应力后,使被试样品与室内自然大气条件达到平衡的过程;机械环境试验的恢复,是将被试样品解除包装、固定并将其置于室内自然大气条件,使之处于工作状态的过程。

恢复,同时也是在某项试验之后,对被试样品进行的处理,目的是使被试样品的性能在最后检测之前保持稳定,以便确定环境应力造成的不可逆影响。

B.1.6 最终检测

最终检测是在恢复后对被试样品进行的外观、电气性能、机械性能、测量性能和功能等进行的检查,以确定环境试验是否对被试样品造成了影响以及影响的性质和大小。

若要考察环境应力对被试样品测量性能的影响,应按照初始检查的方法进行计量检定、静态测试或比对试验。

这里环境试验包括气候环境试验和机械环境试验。

B.2　气候环境试验

B.2.1　低温试验

按照 GB/T 2423.1—2008 中 6.6,根据被试样品的实际应用要求选择试验温度和持续时间;根据 GB/T 2423.1—2008 中第 4 章对散热和非散热的被试样品采取不同的热平衡及检测措施,按照 GB/T 2423.1—2008 中第 5 章和第 6 章进行试验、检测和评定。

B.2.2　高温试验

按照 GB/T 2423.2—2008 中 6.5,根据被试样品的实际应用要求选择试验温度和持续时间;根据 GB/T 2423.2—2008 中第 4 章对散热和非散热的被试样品采取不同的热平衡及检测措施,按照 GB/T 2423.2—2008 中第 5 章和第 6 章进行试验、检测和评定。

B.2.3　恒定湿热试验

按照 GB/T 2423.3—2016 中表 1,根据被试样品的实际应用要求选择温度和湿度组合条件,按照 GB/T 2423.3—2016 中第 5—10 章进行试验、检测和评定。

B.2.4　交变湿热试验

按照 GB/T 2423.4—2008 中第 5 章,根据被试样品的实际应用要求选择温度和湿度组合条件及循环次数,按照 GB/T 2423.4—2008 中第 6—10 章进行试验、检测和评定。

B.2.5　低气压试验

按照 GB/T 2423.21—2008 中表 1,根据被试样品的实际应用要求选择低气压极限值和试验时间。地面气象测量仪器试验时的温度通常取室内正常条件。

高空探测仪器的施放部分,应按照 GB/T 2423.25 进行低温/低气压综合试验。根据 GB/T 2423.25 中表 1 和被试样品的实际应用要求选择温度、气压和持续时间的组合,按照 GB/T 2423.25 中第 5—11 章进行试验、检测和评定。试验的最低温度取被试样品技术指标规定的下限值。试验时,可选择不同温度点进行,在每个温度点上都应先降温后降压。

通常不进行低气压条件的贮存试验,工作条件的试验以被试样品能够正常工作评定为合格。

B.2.6　淋雨试验

按照 GB/T 2423.38—2008 中 5.2 的要求,结合被试样品的使用情况确定降水强度及试验方法。对于在自然条件下测量的被试样品,试验时应处于测量状态;在降水条件下不工作的仪器设备,只进行密封性检查。

还可根据被试样品的使用情况,参照 GB/T 4208—2008 进行试验、检测和评定。

B.2.7　盐雾试验

该试验仅适用于与海洋相关的被试样品。按照 GB/T 2423.17—2008 中 6.6 选择试验时间,按照 GB/T 2423.17—2008 中第 4—8 章进行试验和评定。

B.2.8　沙尘试验

按照 GB/T 2423.37—2006 中表 1,选择试验 Lb(自由降尘)的沙尘类型、粒子尺度和沙尘浓度,按照 GB/T 2423.37—2006 中第 5 章进行试验、检测和评定。

B.2.9 模拟地面上的太阳辐射试验

按照 GB/T 2423.24 进行试验、检测和评定。

B.3 机械环境试验

B.3.1 振动试验

按照 GB/T 6587—2012 中表 6,根据被试样品的使用要求选取振动试验条件。按照 GB/T 6587—2012 中 5.9.3.2—5.9.3.4 进行试验和结果评定。

B.3.2 冲击试验

按照 GB/T 6587—2012 中表 7,根据被试样品的使用要求选取冲击试验条件。按照 GB/T 6587—2012 中 5.9.4.2—5.9.4.4 进行试验和结果评定。

B.3.3 包装运输试验

按照 GB/T 6587—2012 中表 8,根据被试样品的使用要求选取运输试验条件。按照 GB/T 6587—2012 中 5.10.2 和 5.10.3 进行试验和评定。

若被试样品的技术指标和测试方案没有明确要求,运输试验应采用运输环境模拟设备进行试验,通常不采用车辆直接运输的方法。

B.3.4 电源适应性试验

若被试样品由电网电源供电,在电源频率 50(1±5%)Hz、电源电压 220(1±10%)V 条件下应能正常工作,如对电源频率和电源电压有特殊要求,其要求应在产品标准中另行规定。按照 GB/T 6587—2012 中 5.12.2 进行试验和评定。

若被试样品用直流供电,应在室内正常条件或自然环境条件下,采用技术指标规定的上限和下限电压分别工作 1 h,被试样品能正常工作评定为合格。

附　录　C
（规范性附录）
数据的处理与分析

C.1　数据的质量控制

在对原始数据进行处理时,无论数据误差大小,下列情况下录取的数据都应作为异常值予以剔除:
——标准器或测试设备或被试样品非正常工作或操作不当录取的数据;
——被试样品超过校准周期或部件、组件超过规定使用期限时录取的数据;
——经确认受到人为或其他外来干扰时录取的数据;
——测试环境不符合测试条件要求时录取的数据;
——对于异常值,原始记录不可剔除,只作出标记。数据处理时应予以剔除,并记录剔除原因。

C.2　数据处理

对已经过质量控制的数据进行统计处理。

C.2.1　差值的计算

计算被试样品与比对标准器的差值。差值计算应采用相同要素、同一时次的测量数据,用公式(C.1)计算,得出一组数据。

$$x = A - A_0 \quad\quad\quad\quad\quad\cdots\cdots\cdots\cdots\cdots(C.1)$$

式中:
x ——被试样品与比对标准器测量数据的一次差值;
A ——被试样品的测量值;
A_0——比对标准器的测量值。

C.2.2　数据统计

C.2.2.1　正态分布的系统误差和标准偏差的计算

C.2.2.1.1　通常应进行差值的分布检验,确定是否服从正态分布或其他已知的分布,按照分布进行数据统计。

C.2.2.1.2　对于正态分布的一组差值,系统误差 $\bar{x}$ 用公式(C.2)计算,标准偏差 s 用公式(C.3)计算。

$$\bar{x} = \frac{\sum\limits_{i=1}^{n} x_i}{n} \quad\quad\quad\quad\cdots\cdots\cdots\cdots\cdots(C.2)$$

$$s = \sqrt{\frac{\sum\limits_{i=1}^{n} (x_i - \bar{x})^2}{n-1}} \quad\quad\quad\cdots\cdots\cdots\cdots\cdots(C.3)$$

式(C.2)、式(C.3)中:
x_i ——各次测量所得差值;
$\bar{x}$ ——一组差值的平均值;
n ——测量次数, $i=1,2,3,\cdots,n$ 。

C.2.2.1.3　误差区间表示为($\bar{x}-ks$, $\bar{x}+ks$),其中 k 为置信系数,通常 $k=1,2,3$ 。 $k=1$ 时对应的置信

概率(置信度)为 68.3%,$k=2$ 时为 95.4%,$k=3$ 为 99.7%。

C.2.2.2 粗大误差剔除

C.2.2.2.1 若不能判定为 C.1 的情况,可采用统计方法剔除测量结果中的粗大误差。

C.2.2.2.2 对于正态分布,且测量次数大于或等于 10 时,通常用三倍标准偏差法(拉依达准则)剔除粗大误差。粗大误差应一一剔除,反复进行,直到测量结果中不再包含粗大误差为止。

C.3 测量性能测试中的主要参数计算

C.3.1 测量范围

C.3.1.1 被试样品测量范围上限和下限测试点的误差应不超过技术指标要求。

C.3.1.2 测量范围不合格的被试样品,允许被试方进行调整,调整后应重新进行静态测试,若仍不合格应终止试验。

C.3.2 分辨力

C.3.2.1 采取数字显示、打印或存储方式给出气象要素测量结果的被试样品,其分辨力为显示、打印或存储数据最小间隔对应的气象量值,即能有效辨别的最小示值差;采用机械刻度的测量仪器,其分辨力为最小刻度间隔的一半。

C.3.2.2 若被试样品整个测量范围的分辨力不一致,应分段测量和计算。

C.3.3 允许误差

C.3.3.1 允许误差的测量结果通常表示为误差区间($\bar{x}-ks$,$\bar{x}+ks$)。若被试样品技术指标无明确规定,静态测试通常取 $k=2$。

C.3.3.2 被试样品允许误差的测量结果是否合格,以各测试点示值误差的误差区间进行评定。误差区间的数值范围应不超过允许误差的范围。

C.3.3.3 若初始测试发现被试样品的允许误差不合格,是由系统误差造成的,可进行系统误差修正,修正可采用重新校准的方法,也可采用软件修正的方法。但修正后应重新进行初始测试,原数据作废。

C.3.4 灵敏度

灵敏度 K 是传感器在稳态工作时,输出变化量 Δy 与相应的输入变化量 Δx 的比值,用公式(C.4)计算。

$$K = \frac{\Delta y}{\Delta x} \qquad\qquad\cdots\cdots\cdots\cdots\cdots\cdots(C.4)$$

若传感器的特性用线性方程表示,则拟合直线的斜率即为传感器灵敏度;对于输出特性为非线性的传感器,灵敏度可分段给出,每段的灵敏度都可用公式(C.4)计算。

C.3.5 线性度(非线性)

传感器的线性度为传感器校准曲线与最小二乘法直线间的最大偏差所对应的气象量值。设传感器的最小二乘法直线方程为:$y=a+bx$,斜率 b 用公式(C.5)计算:

$$b = \frac{\sum\limits_{j=1,i=1}^{m,n}(x_{j,i}-\bar{x})(y_{j,i}-\bar{y})}{\sum\limits_{j=1,i=1}^{m,n}(x_{j,i}-\bar{x})^2} \qquad\cdots\cdots\cdots\cdots\cdots(C.5)$$

式中：

$x_{j,i}$ ——第 j 个测试点第 i 次读数的被试传感器测量结果；

$y_{j,i}$ ——第 j 个测试点第 i 次读数的气象量的实际值；

$\bar{y}$ ——所有测试点气象量实际值的平均值；

$\bar{x}$ ——被试传感器所有测试点测量结果的平均值；

m ——测试点数（$j=1,2,3,\cdots,m$）；

n ——各测试点的测量次数（$i=1,2,3,\cdots,n$）。

截距 a 用公式（C.6）计算：

$$a = \bar{y} - b\bar{x} \qquad\qquad\qquad\cdots\cdots\cdots\cdots\cdots(C.6)$$

用被试样品各测试点的实际输出值代入线性方程，得到其理论输出值，理论输出值与实际输出值间的差值即为线性度。取所有测试点中最大的差值绝对值作为线性度的测试结果，必要时也可提供各测试点的值。

C.3.6 迟滞/回程误差

被试样品的回程误差应用循环法测试，回程误差 x_h 用公式（C.7）计算：

$$x_h = \bar{x}_z - \bar{x}_f \qquad\qquad\qquad\cdots\cdots\cdots\cdots\cdots(C.7)$$

式中：

$\bar{x}_z$ ——同一测试点正行程差值的平均值；

$\bar{x}_f$ ——同一测试点反行程差值的平均值。

被试样品的回程误差用所有测试点中回程误差最大值表示，必要时也可提供各测试点的值。

C.3.7 相关系数

相关系数用以表示被试样品输出量与输入量之间相关的程度。当考察两个量是否存在某种联系时，相关系数的大小表示它们之间相联系的程度。相关系数不大于1。

两个量之间的相关系数用公式（C.8）计算：

$$y_{x,y} = \frac{\sum_{i=1}^{n}(x_i-\bar{x})(y_i-\bar{y})}{\sqrt{\sum_{i=1}^{n}(x_i-\bar{x})^2(y_i-\bar{y})^2}} \qquad\cdots\cdots\cdots\cdots\cdots(C.8)$$

式中：

x_i ——输入量；

y_i ——输出量；

$\bar{x}$ ——输入量的平均值；

$\bar{y}$ ——输出量的平均值；

n ——测量的次数，$i=1,2,3,\cdots,n$。

C.4 动态比对和业务应用

C.4.1 测量数据的完整性

C.4.1.1 被试样品测量数据的完整性应在统计方法剔除粗大误差之前进行。

C.4.1.2 被试样品测量数据的完整性为实际观测数据个数与应观测数据个数比值的百分数；或用观测数据的缺测率表示，缺测率为缺测数据个数与应观测数据个数比值的百分数。

C.4.1.3 各气象要素的数据完整性应分别统计,应采用动态比对试验的全部数据。必要时,可对特定环境条件的数据单独统计,以便对被试样品不同环境条件的测量性能进行分析。

C.4.1.4 被试样品的测量要素中有任一项数据的缺测率不合格,即判定为被试样品的该项指标不合格。

C.4.2 动态测量误差

C.4.2.1 被试样品与世界气象组织规定的动态测量标准器或由使用方指定的其他动态标准器的比对结果,用于表示被试样品的动态测量误差,用公式(C.1)计算。

C.4.2.2 动态测量误差用动态比对试验被试样品对于标准器的误差区间($\bar{x}-ks$, $\bar{x}+ks$)表示,若测试方案没有明确规定,置信系数取 $k=1$。

C.4.2.3 动态测量误差可根据试验时的不同环境条件分组,也可按照不同测量范围分组,应在试验测试方案中明确。被试样品的动态测量误差用各组系统误差的平均值和合并样本标准偏差计算。

C.4.2.4 若测试方案规定了被试样品动态误差的数值要求,按照测试方案的要求进行评定。若无数值要求,只进行动态误差分析,同时提供误差区间的数据。

C.4.3 设备运行的稳定性

C.4.3.1 静态测试方法

在初测试合格的基础上,通过一定时间的现场比对试验后,不对被试仪器作任何调整和维护,进行测试性能的复测。用两次测量结果进行对比。

如果有稳定性指标,且为百分数,用公式(C.9)计算稳定性;如果没有稳定性指标,则用公式(C.10)计算稳定性。

$$w = \frac{x_1 - x_0}{x_0} \quad \cdots\cdots\cdots\cdots\cdots (C.9)$$

$$w = x_1 - x_0 \quad \cdots\cdots\cdots\cdots\cdots (C.10)$$

式(C.9)、式(C.10)中:

w——稳定性;

x_0——初次测量值或示值误差或系数;

x_1——复测时的测量值或示值误差或系数。

有稳定性指标,按稳定性指标判断。如果没有稳定性指标,公式(C.10)的计算结果应在允许误差限内。

C.4.3.2 现场比对试验方法

C.4.3.2.1 在动态比对试验中,定时(如月、半月、旬等)与标准器比较(用公式(C.10)计算),其平均值不超出允许误差要求,可判断其稳定性合格。

C.4.3.2.2 不论稳定性是否合格,都应在同一直角坐标系内分别绘制各测量要素对应各测试点误差区间的变化曲线,以直观显示各测试点及整个测量范围误差区间的变化情况,并置于测试报告中。

C.4.3.2.3 对于稳定性不合格的被试样品,应根据整个测量范围误差的变化情况,在试验报告中说明不合格的原因或测量特性改变的类型。同时给出被试样品测量特性改变的具体数据。

C.4.4 测量结果的一致性

C.4.4.1 测量结果的一致性用被试样品在自然大气条件下,同时测量同一气象要素时,用相同被试样品比较的系统误差和标准偏差分别表示。

C.4.4.2 多台被试样品测量结果的一致性,应先计算各被试样品同一时次的测量结果的平均值,再计算各台被试样品测量结果对该平均值的系统误差和标准偏差。两台被试样品的一致性,则用两台仪器测量值的差值进行系统误差和标准偏差的计算。

C.4.4.3 当多台被试样品比较一致性时,如果有个别测量结果严重偏离其平均值,不应参与平均值计算。

C.4.4.4 若系统误差的绝对值大于被试样品技术指标规定允许误差半宽的三分之一,或标准偏差的绝对值大于技术指标规定允许误差的半宽,其测量结果的一致性判定为不合格。被试样品有一台不合格,判定为被试样品整体不合格。

C.4.4.5 若被试样品的一致性不合格,应对测量数据和测量环境进行分析,排除环境条件不一致的影响,必要时,可交换被试样品安装的相对位置进行验证,以消除不同测量位置间气象要素本身的系统误差。

C.4.5 可比性

C.4.5.1 可比性用相同时刻被试样品与业务观测网相同要素测量仪器(参考仪器)测量值的差值的系统误差和标准偏差表示。

C.4.5.2 若同一地点被试样品和参考仪器都为多台仪器,在计算差值以前,应先计算被试样品和参考仪器多台仪器测量结果的平均值,用对应的平均值计算差值,然后计算系统误差和标准偏差。

C.4.5.3 若可比性的系统误差绝对值超过被试样品技术指标规定允许误差半宽的二分之一,或标准偏差大于允许误差的半宽,应认为被试样品的动态测量数据与参考值之间没有可比性,否则认为具有可比性。

C.4.5.4 被试样品的观测数据与参考值没有可比性的判断,应根据不同气候区,不同季节的试验结果综合考虑。若不同气候区或不同季节比对结果,对于可比性数据的判决结论不同,应进行影响量的统计,以查明原因。

C.4.5.5 在作出被试样品与参考值没有可比性的最终判断以前,应查明各种影响量的影响,必要时,可核查比对双方的计算数学模型是否存在差异,也可进行补充试验,以作进一步判定。

C.4.5.6 对于最后判断与参考仪器没有可比性的被试样品,应在试验报告中说明。必要时,可通过影响量的统计数据,补充试验或软件审查的结果,给出进行修正和资料同化方法。

C.4.6 影响特性的统计

C.4.6.1 对被试样品影响特性,应根据被试样品动态比对数据的误差分布特征进行统计和分析,统计和分析项目主要有:
——动态比对试验期间被试样品是否有测量基点改变现象;
——对于气象量的不同变化趋势,被试样品动态响应时间是否不同;
——电测传感器自身供电电流产生的热量是否使测量元件本身的温度升高;
——被试样品的测量结果是否受不同气象参数、环境条件或其他自然因素的影响。

C.4.6.2 对于连续进行动态比对测量被试样品,应按照时间顺序进行各种误差的统计,以发现试验期间是否存在测量误差随时间改变的现象。必要时,可以制作误差随时间变化的分布图,以观察误差随时间变化的类型。

C.4.6.3 若发现被试样品的测量误差随时间改变,应进一步进行影响量的统计。选一个或多个可能对被试样品测量结果有影响的非被测量,进行分组统计,根据不同分组的系统误差变化进行分析。

C.4.6.4 对于误差分散性较大的情况,应进行被试样品与参考仪器测量结果的相关性统计分析,必要时,可制作被试样品与参考仪器测量结果对应关系的图形和拟合曲线进行观察。

C.4.6.5 被试样品动态测量误差和可比性的测量结果和结论,应在影响特性的统计分析结果的基础上给出,被试样品影响特性的评定结果也应在测试报告中给出分析评定结果。

C.4.6.6 根据影响量的统计分析结果,说明被试样品各测量要素动态测量特性方面的缺陷,以给出不合格的原因,也可提出改进或进行补充试验的建议。

C.5 测量结果的不确定度

C.5.1 对于每项试验的测量结果都应进行不确定度评定,并给出扩展不确定度的具体数值。必要时,可给出不确定度报告。

> 注:测量不确定度评定分为 A 类评定和 B 类评定,分类及通用方法参见 JJF 1059.1。

C.5.2 对于用误差区间表示的被试样品的测量误差,不确定度的 A 类评定应是系统误差和标准偏差两部分不确定度的合成结果。

C.5.3 系统误差不确定度 A 类评定的数值 u_{AX} 用公式(C.11)计算;标准偏差不确定度 A 类评定的数值 u_{AS} 用公式(C.12)计算。

$$u_{AX} = s/\sqrt{n} \quad\quad\quad \cdots\cdots\cdots\cdots\cdots (C.11)$$

$$u_{AS} = s/\sqrt{2(n-1)} \quad\quad\quad \cdots\cdots\cdots\cdots\cdots (C.12)$$

式中:

n——测量次数;

s——统计不确定度 A 评定数值用的一组差值的标准偏差。

用误差区间表示被试样品测量误差的标准不确定度 A 类分量 u_A 用公式(C.13)计算。

$$u_A = \sqrt{u_{AX}^2 + u_{AS}^2} \quad\quad\quad \cdots\cdots\cdots\cdots\cdots (C.13)$$

C.5.4 误差区间标准不确定度的 B 类分量至少应包括以下来源:

——所用标准器或比对标准器的量值传递误差;

——被试样品的数据分辨力;

——标准器的数据分辨力;

——静态测试模拟气象要素参数的不稳定性;

——静态测试模拟气象要素参数的不均匀性;

——标准器或比对标准器的时间稳定性;

——动态比对试验中未修正影响量。

C.5.5 不确定度的 B 类分量,根据不同的分布特性,按照 JJF 1059.1 的要求和规定计算具体数值并合成总的 B 类标准不确定度 u_B。

C.5.6 以公式(C.14)计算合成标准不确定度 u_c,用公式(C.15)计算扩展不确定度 U。

$$u_c = \sqrt{u_A^2 + u_B^2} \quad\quad\quad \cdots\cdots\cdots\cdots\cdots (C.14)$$

$$U = ku_c \quad\quad\quad \cdots\cdots\cdots\cdots\cdots (C.15)$$

若无特殊要求,通常静态测试取 $k=2$,动态试验 $k=1$。

C.5.7 根据测量结果的不确定度对被试样品的各项测量结果进行符合性评定,若测量结果的误差区间上限加 U 或下限减 U 超出技术指标规定的允许误差的范围,其绝对值不大于允许误差半宽的三分之一,仍可评定为合格,否则认为根据测试结果对允许误差的判定处于"待定区"。

C.5.8 若合格判定处于"待定区"的原因是某不确定度分量太大造成的,应采取措施减小该不确定度分量的影响量值,并重新进行测试。

> 注:"待定区"的定义为:被试样品的示值误差既不符合合格判据又不符合不合格判据时,为处于待定区(定义和说明参见 JJF 1094—2002 中 5.3.1.6c))。

参 考 文 献

［1］ GB/T 4208—2008　外壳防护等级（IP 代码）

［2］ GB/T 12649—2017　气象雷达参数测试方法

［3］ JJF 1094—2002　测量仪器特性评定

ICS 07.060

A 47

备案号：71168—2020

中华人民共和国气象行业标准

QX/T 527—2019

农业气象灾害风险区划技术导则

Technical directives for risk zoning of agrometeorological disasters

2019-12-26 发布

2020-04-01 实施

中 国 气 象 局 发布

960

前　言

本标准按照 GB/T 1.1—2009 给出的规则起草。

本标准由全国农业气象标准化技术委员会(SAC/TC 539)提出并归口。

本标准起草单位:陕西省农业遥感与经济作物气象服务中心。

本标准主要起草人:王景红、柏秦凤、梁轶、高茂盛。

引　言

我国是农业大国,受地理、气候共同影响,农业气象灾害发生频率高、强度大,造成的损失在农业自然灾害损失中占比最大。农业气象灾害风险区划对优化农业产业布局、指导农业防灾减灾具有重要意义。为了规范农业气象灾害风险区划的技术方法,制定本标准。

农业气象灾害风险区划技术导则

1 范围

本标准规定了农业气象灾害风险区划的区划流程、资料收集与处理、风险评价和风险区划。
本标准适用于主要农作物(包括粮食作物、林果、花卉等)的气象灾害风险区划。

2 术语和定义

下列术语和定义适用于本文件。

2.1
农业气象灾害 agrometeorological disasters
不利气象条件给农业造成的灾害。
[QX/T 292—2015,定义3.5]

2.2
农业气象灾害风险 agrometeorological disaster risk
农业气象灾害事件发生的可能性及其导致农业产量损失、品质降低以及最终经济损失的可能性。

2.3
致灾因子 disaster factor
导致农业气象灾害发生的不利天气、气候因子。
注1:天气因子包括日照时数、温度、湿度、风速等;气候因子包括辐射因子、大气环流因子、地理因子。
注2:改写QX/T 405—2017,定义3.2。

2.4
致灾因子危险性 risk of disaster factor
致灾因子的变异等级及其出现的可能性。

2.5
承灾体 hazard-affected body
承受农业气象灾害的农作物主体。
注:改写GB/T 32572—2016,定义2.2。

2.6
承灾体暴露性 hazard-affected body exposure
可能受到气象灾害影响的承灾体规模。

2.7
环境脆弱性 environmental fragility
农业生态系统在气象灾害影响作用下,自身稳定性被破坏的可能性。

2.8
防灾减灾能力 capability of disaster prevention and mitigation
以人为主体的风险承担者面临农业气象灾害时,采取一定手段或措施防御和减轻灾害损失的能力。

2.9

灾害等级指标 disaster level indicator

根据气象灾害发生后农作物的受灾程度,确定的致灾因子临界阈值。

2.10

灾损率 disaster loss rate

因气象灾害造成当年农作物产量减少的百分率。

注:改写 QX/T 392—2017,定义 2.6。

2.11

风险指数 risk index

基于风险评价模型,对农业气象灾害风险进行评定的量化指标。

2.12

风险区划 risk zoning

根据农业气象灾害风险指数大小,对农业气象灾害风险的空间分布进行区域划分。

3 区划流程

农业气象灾害风险区划流程见图 1。

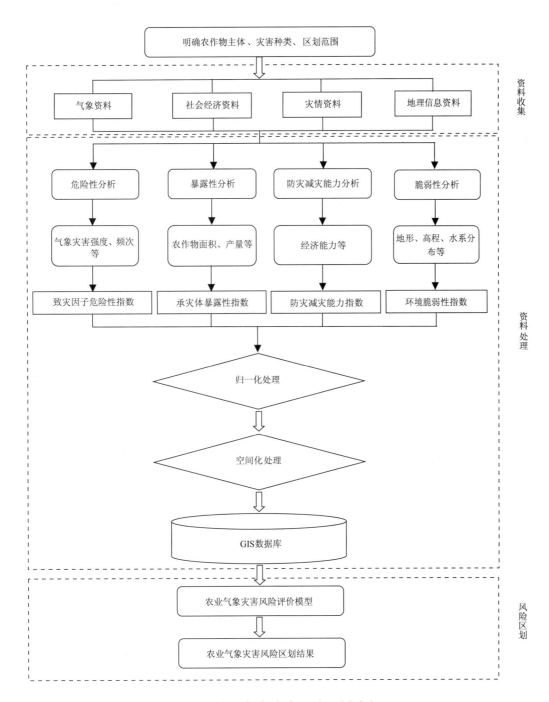

图1　农业气象灾害风险区划流程

4　资料收集与处理

4.1　一般要求

明确风险区划所针对的农作物主体、灾害种类、区划范围,收集并处理相关资料。

4.2 资料收集

4.2.1 气象资料

宜收集 30 年及以上不同时间尺度的农业气象灾害及其致灾因子资料。常见农业气象灾害及其主要致灾因子参见附录 A 的表 A.1。

4.2.2 社会经济资料

宜收集区划范围内各县或各乡镇最新的社会经济资料。常见农业气象灾害风险分析所需社会经济资料参见附录 A 的表 A.2。

4.2.3 灾情资料

宜收集与气象资料对应年份的气象灾害灾情资料,包括农作物受灾面积、成灾面积、绝收面积、直接经济损失等。

4.2.4 地理信息资料

宜收集分辨率不低于 1:250000 的数字高程模型(DEM)栅格数据和行政边界、河流水系等矢量数据。

4.3 资料处理

对基于不同性质和量纲的资料处理所得的各项指数,应进行归一化处理。
归一化处理方法参见附录 B。

5 风险评价

5.1 风险评价指标

5.1.1 致灾因子危险性指数

进行致灾因子等级划分,宜参照 QX/T 392—2017 中农业气象灾害致灾因子等级划分方法,进行 3 级～5 级划分。
致灾因子危险性指数计算方法参见附录 C 的 C.1。

5.1.2 承灾体暴露性指数

宜采用区划范围内各县或各乡镇农作物的产量或面积来表征其承灾体暴露性。
承灾体暴露性指数计算方法参见附录 C 的 C.2。

5.1.3 环境脆弱性指数

宜根据环境对灾害形成的影响作用,考虑地形、高程、水系分布等,基于一定的数学方法和理论依据,计算获得农业气象灾害环境脆弱性指数。
环境脆弱性指数计算方法参见附录 C 的 C.3。

5.1.4 防灾减灾能力指数

宜采用区划范围内各县或各乡镇人均可支配收入、农业投入、农业总产等,基于一定的数学方法和理论依据,计算获得农业气象灾害防灾减灾能力指数。针对特定灾害种类,宜根据实际防灾减灾措施、设备、保障性工程等的数量和规模,灵活选取评价指标。

防灾减灾能力指数计算方法参见附录 C 的 C.4。

5.2 风险评价要求与评价模型

5.2.1 评价一般要求

根据农业气象灾害的成灾特征,风险评价的目的、用途,宜选择加权求和评价模型或加权求积评价模型。不同自然年份(生产季),以单灾种农业气象灾害为主要发生的风险评价宜选用加权求和评价模型,权重确定方法宜采用熵值法,参见 QX/T 405—2017 中附录 C 的 C.1;同一自然年份(生产季),以多灾种农业气象灾害为主要发生的风险评价宜选用加权求积评价模型,权重确定方法宜采用层次分析法,参见 QX/T 405—2017 中附录 C 的 C.2。

5.2.2 风险评价模型

5.2.2.1 加权求和评价模型见式(1):

$$I_{CRI} = I_{VH} \times w_m + I_{VS} \times w_s + I_{VE} \times w_e + (1 - I_{VR}) \times w_r \quad \cdots\cdots\cdots\cdots\cdots(1)$$

式中:

I_{CRI}——特定农作物气象灾害风险评价指数,其值越大,表示风险越大;

I_{VH}——致灾因子危险性指数;

w_m——致灾因子危险性指数的权重;

I_{VS}——承灾体暴露性指数;

w_s——承灾体暴露性指数的权重;

I_{VE}——环境脆弱性指数;

w_e——环境脆弱性指数的权重;

I_{VR}——防灾减灾能力指数;

w_r——防灾减灾能力指数的权重。

5.2.2.2 加权求积评价模型见式(2):

$$I_{CRI} = \frac{I_{VH}^{w_m} \times I_{VS}^{w_s} \times I_{VE}^{w_e}}{(1 + I_{VR})^{w_r}} \quad \cdots\cdots\cdots\cdots\cdots(2)$$

6 风险区划

6.1 风险指数空间化处理

基于地理信息系统(geographic information system,GIS),根据区划涉及的农作物和灾害的实际特征,利用多元回归、模糊综合评判、反距离权重、克里格等插值方法对相关气象灾害的致灾因子危险性指数、承灾体暴露性指数、环境脆弱性指数、防灾减灾能力指数进行空间化处理,形成致灾因子危险性、承灾体暴露性、环境脆弱性、防灾减灾能力评价栅格数据,建立空间分辨率和地理坐标系统统一的农业气象灾害风险评价 GIS 数据库。

6.2 风险等级划分

依据农业气象灾害风险指数大小,宜采用自然断点法,参见 QX/T 405—2017 中附录 D,将农业气象灾害风险划分为 3 级~5 级,制作风险区划图并分区评述。

附　录　A

（资料性附录）

常见农业气象灾害及其风险分析所需资料

表 A.1 为常见农业气象灾害及其主要致灾因子，表 A.2 为农业气象灾害风险分析所需社会经济资料。

表 A.1　常见农业气象灾害及其主要致灾因子

灾害种类		主要致灾因子
单灾种灾害	冷害、冻害、寒害	极端最低气温(℃)、日最低气温(℃)、低于某临界温度的持续时间(d 或 h)、负积温
	热害	极端最高气温(℃)、日最高气温(℃)、高于某临界温度的持续时间(d 或 h)
	干旱	月、季度、年降水量(mm)，特定时段降水量(mm)
	连阴雨	累积降水量(mm)、特定时段持续降水日数(d)
	冰雹	冰雹直径(mm)、冰雹持续时间(h)、冰雹日数(d)
	暴雨、洪涝、涝渍	单日最大降水量(mm)、过程最大降水量(mm)、累积降水量(mm)、特定时段持续降水日数(d)
	风灾	瞬时最大风速(m/s)、平均风速(m/s)
	雪灾	降雪量(mm)、累积降雪量(mm)、积雪厚度(cm)、积雪日数(d)
复合灾害	干热风	空气相对湿度(%)、土壤相对湿度(%)、气温(℃)、风速(m/s)
	低温阴雨、低温寡照	日最低气温(℃)、日照时数(h)、累积降水量(mm)
	高温干旱	日最高气温(℃)、降水量(mm)、持续无降水日数(d)

本表所列为常见农业气象灾害主要致灾因子，实际应用中应根据特定农作物成灾机理选择最为直接和重要的一个或多个主要致灾因子进行风险分析。

表 A.2　农业气象灾害风险分析所需社会经济资料

风险分析项		参考社会经济资料
承灾体暴露性分析		风险分析主体的规模，包括面积、产量、密度等
防灾减灾能力分析	冷害、冻害、寒害	风机等防冻设施数量或布设面积
	热害、干旱、高温干旱	灌溉面积、可灌溉水量等
	冰雹	火箭和高炮数量或布设面积、防雹网面积等
	暴雨、洪涝、涝渍	具备排水设施的面积等
	风灾	防风林栽植面积等
	雪灾	草料库、破雪机械设备数量或布设面积等

防灾减灾能力分析，一般根据不同灾害选取不同的社会经济资料；总体防灾减灾能力可采用人均可支配收入、农业投入、农业总产等数据来表达。

附　录　B
（资料性附录）
归一化处理方法

农业气象灾害风险区划中，对致灾因子危险性指数、承灾体暴露性指数、环境脆弱性指数、防灾减灾能力指数通过式(B.1)进行归一化处理：

$$X_{ij} = \frac{x_{ij} - i_{\min}}{i_{\max} - i_{\min}}$$

·················(B.1)

式中：

X_{ij} ——j 站点第 i 个指数的归一化值；

x_{ij} ——j 站点第 i 个指数值；

$i_{\min}$ ——第 i 个指数值中的最小值；

$i_{\max}$ ——第 i 个指数值中的最大值。

附　录　C
（资料性附录）
农业气象灾害各风险指数计算方法

C.1　致灾因子危险性指数计算方法

以 3 级灾害等级指标体系为例，假设在对某种农作物气象灾害进行致灾因子危险性评价时，各致灾因子达到轻度、中度、重度致灾阈值的频次（或概率）分别是 l_{di}、m_{di}、s_{di}，其轻度、中度、重度致灾的灾损率分别是 l_{ci}、m_{ci}、s_{ci}，则该农作物气象灾害致灾因子危险性指数计算方法见式（C.1）：

$$I_{VH} = \sum_{i=1}^{n} (s_{di} \times s_{ci} + m_{di} \times m_{ci} + l_{di} \times l_{ci}) \quad\cdots\cdots\cdots\cdots\cdots (C.1)$$

式中：

I_{VH}——该农作物气象灾害致灾因子危险性指数，用于表示致灾因子风险大小，其值越大，则风险程度越大，灾害发生时造成损失越大；

i——致灾因子序号，$i=1,2,\cdots,n$；

s_{di}——第 i 个致灾因子重度致灾的频次（或概率）；

s_{ci}——第 i 个致灾因子重度致灾的灾损率；

m_{di}——第 i 个致灾因子中度致灾的频次（或概率）；

m_{ci}——第 i 个致灾因子中度致灾的灾损率；

l_{di}——第 i 个致灾因子轻度致灾的频次（或概率）；

l_{ci}——第 i 个致灾因子轻度致灾的灾损率。

C.2　承灾体暴露性指数计算方法

以区划范围内各县或各乡镇承灾体分布面积与各县或各乡镇总面积之比作为承灾体暴露性指数为例，计算方法见式（C.2）：

$$I_{VS} = \frac{S_v}{S} \quad\cdots\cdots\cdots\cdots\cdots (C.2)$$

式中：

I_{VS}——承灾体暴露性指数；

S_v——各县或各乡镇承灾体分布面积；

S——各县或各乡镇总面积。

C.3　环境脆弱性指数计算方法

以农作物低温冻害为例，用评价区域内海拔高度对低温冻害的影响作为其环境脆弱性指数计算依据。可采用模糊集的线性隶属函数方法，计算方法见式（C.3）：

$$e(x_i) = \begin{cases} 0 & x_i \leqslant h_{min} \\ \dfrac{x_i - h_{min}}{h_{max} - h_{min}} & h_{min} < x_i \leqslant h_{max} \\ 1 & x_i > h_{max} \end{cases} \quad\cdots\cdots\cdots\cdots\cdots (C.3)$$

式中：

$e(x_i)$ —— i 格点海拔高度为 x_i 的农作物冻害的环境脆弱性指数；

x_i —— i 格点的海拔高度；

h_{min} —— 农作物冻害发生的最低海拔高度；

h_{max} —— 农作物冻害发生的最高海拔高度。

C.4 防灾减灾能力指数计算方法

以农作物干旱灾害为例,用区划范围内各县或各乡镇可灌溉面积与各县或各乡镇总面积之比作为防灾减灾能力指数计算依据,计算方法见式(C.4)：

$$I_{VR} = \frac{S_i}{S} \quad\quad\quad\quad\quad\quad\quad\quad\cdots\cdots\cdots\cdots\cdots\cdots\cdots(C.4)$$

式中：

I_{VR} ——防灾减灾能力指数；

S_i ——各县或各乡镇可灌溉面积；

S ——各县或各乡镇总面积。

参 考 文 献

[1] GB/T 32572—2016　自然灾害承灾体分类与代码

[2] QX/T 292—2015　农业气象观测资料传输文件格式

[3] QX/T 383—2017　玉米干旱灾害风险评价方法

[4] QX/T 392—2017　富士系苹果花期冻害等级

[5] QX/T 405—2017　雷电灾害风险区划技术指南

[6] 王春乙,姚蓬娟,张继权,等.长江中下游地区双季早稻冷害、热害综合风险评价[J].中国农业科学,2016,49(13):2469-2483

[7] 蒋春丽,张丽娟,姜春燕,等.黄淮海地区夏玉米洪涝灾害风险区划[J].自然灾害学报,2015,24(3):235-243

[8] 王春乙,张继权,霍治国,等.农业气象灾害风险评估研究进展与展望[J].气象学报,2015,73(1):1-19

[9] 霍治国,李世奎,王素艳,等.主要农业气象灾害风险评估技术及其应用研究[J].自然资源学报,2003,18(6):692-703

[10] 梁轶,王景红,邸永强,等.陕西苹果果区冰雹灾害分布特征及风险区划[J].灾害学,2015,30(1):135-140

[11] 柏秦凤,王景红,郭新,等.基于县域单元的陕西苹果越冬冻害风险分布[J].气象,2013,39(11):1507-1513

[12] 王馥棠.中国气象科学研究院农业气象研究50年进展[J].应用气象学报,2006,17(6):778-785

[13] 王景红,梁轶,柏秦凤,等.陕西主要果树气候适宜性与气象灾害风险区划图集[M].西安:陕西科学技术出版社,2012

[14] 王春乙,张继权,张京红,等.综合农业气象灾害风险评估与区划研究[M].北京:气象出版社,2016

[15] 章国材.气象灾害风险评估与区划方法[M].北京:气象出版社,2012

[16] 赵艳霞,郭建平.重大农业气象灾害立体监测与动态评估技术研究[M].北京:气象出版社,2016

[17] 霍治国,王石立,等.农业和生物气象灾害[M].北京:气象出版社,2009

[18] 《中国气象百科全书》总编委会.中国气象百科全书:气象服务卷[M].北京:气象出版社,2016

[19] 全国科学技术名词审定委员会.生态学名词[M].北京:科学出版社,2007

ICS 07. 060
A 47
备案号：71169—2020

中华人民共和国气象行业标准

QX/T 528—2019

气候可行性论证规范 架空输电线路抗冰设计气象参数计算

Specifications for climatic feasibility demonstration—Meteorological parameter
statistics for anti-icing design of overhead transmission line

2019-12-26 发布

2020-04-01 实施

中 国 气 象 局 发 布

前　言

本标准按照 GB/T 1.1—2009 给出的规则起草。

本标准由全国气候与气候变化标准化技术委员会(SAC/TC 540)提出并归口。

本标准起草单位:陕西省气候中心、中国气象局公共气象服务中心、武汉区域气候中心、西安市公共气象服务中心、广东省气象防灾技术服务中心。

本标准主要起草人:孙娴、宋丽莉、雷杨娜、周月华、徐军昶、王丙兰、黄浩辉、何晓媛。

气候可行性论证规范 架空输电线路抗冰设计气象参数计算

1 范围

本标准规定了气候可行性论证中架空输电线路抗冰设计气象参数的计算方法。

本标准适用于架空输电线路抗冰设计气象参数计算的气候可行性论证工作。

2 规范性引用文件

下列文件对于本文件的应用是必不可少的。凡是注日期的引用文件，仅注日期的版本适用于本文件。凡是不注日期的引用文件，其最新版本（包括所有的修改单）适用于本文件。

GB/T 35235—2017 地面气象观测规范 电线积冰

DL/T 5462—2012 架空输电线路覆冰观测技术规范

3 术语和定义

下列术语和定义适用于本文件。

3.1
架空输电线路 overhead transmission line

用绝缘子和杆塔将导线架设于地面上的电力线路。

注：在本标准中简称输电线路。

3.2
雨淞 glaze

过冷却液态降水碰到地面物体后直接冻结而成的坚硬冰层，呈透明或毛玻璃状，外表光滑或略有隆突。

注：参照 GB/T 35224—2017 的附录 A 的 A.14。

3.3
雾淞 rime

空气中水汽直接凝华，或过冷却雾滴直接冻结在物体上的乳白色冰晶物，常呈毛茸茸的针状或表面起伏不平的粒状，多附在细长的物体或物体的迎风面上，有时结构较松脆，受震易塌落。

注：参照 GB/T 35224—2017 的附录 A 的 A.15。

3.4
导线覆冰 conductor icing

雨淞、雾淞、雨雾淞混合冻结物和湿雪凝附在导线上的天气现象。

[Q/GDW 11004—2013,定义 3.1]

注：在本标准中简称覆冰。

3.5
标准冰厚 standard ice thickness

将不同密度、不同形状的覆冰厚度统一换算为密度 0.9 g/cm³ 的均匀裹覆在导线周围的覆冰厚度。

[Q/GDW 11004—2013,定义 3.2]

3.6

重现期冰厚 return period ice thickness

将标准冰厚按线路设计规定的重现期计算得到的冰厚。

3.7

覆冰期 icing season

从当年 7 月第一次覆冰过程开始,至下一年 6 月最后一次覆冰过程结束的时间。

3.8

参证气象站 reference meteorological station

气象分析计算所参照或引用的具有长年代气象观测数据的国家气象观测站。

注 1:长年代一般不少于 30 年。

注 2:国家气象观测站包括 GB 31221—2014 中定义的国家基准气候站、国家基本气象站和国家一般气象站。

[QX/T 469—2018,定义 3.2]

4 符号

下列符号适用于本文件。

A:覆冰横截面积(包括导线),单位为平方毫米(mm^2);

a:覆冰长径(包括导线),单位为毫米(mm);

B:电力线标准冰厚,单位为毫米(mm);

B_n:标准冰厚,单位为毫米(mm);

c:覆冰短径(包括导线),单位为毫米(mm);

G:覆冰重量,单位为克(g);

I:覆冰周长,单位为毫米(mm);

K_d:微地形订正系数;

K_h:高度订正系数;

K_s:覆冰形状系数;

K_φ:线径订正系数;

L:覆冰体长度,单位为米(m);

R:覆冰半径(包括导线),单位为毫米(mm);

r:导线半径,单位为毫米(mm);

z:设计导线离地高度,单位为米(m);

z_0:实测或调查覆冰附着物高度,单位为米(m);

ρ:覆冰密度,单位为克每立方厘米(g/cm^3);

α:幂指数;

φ:设计导线直径,单位为毫米(mm);

φ_0:实测或调查覆冰的导线直径,单位为毫米(mm)。

5 抗冰设计资料收集

5.1 气象资料

5.1.1 输电线路沿线气象站基本资料:设站观测年限、历史沿革;地理信息(经度、纬度、海拔高度);覆冰期的常规气象观测及天气现象资料(气压、气温、降水、相对湿度、风、积雪、雾、雨凇、雾凇)。有电线积冰记录的气象站,收集所有电线积冰记录和相应逐时气压、气温、降水、相对湿度、风速、风向等气象要素值以及覆冰过程的起止日期等。

5.1.2 输电线路沿线气象灾害天气资料:调查、收集对输电线路设计有影响的暴雪、大风、雨夹雪、冻雨、冰雹、雾、雨凇、雾凇等各类气象灾害记录和报告等。

5.2 覆冰资料

5.2.1 输电线路沿线已建输电线及通信线的覆冰情况,冰害事故记录和报告等。

5.2.2 输电线路沿线覆冰站点资料:覆冰站点地理地形特征,覆冰发生时间和持续日数等;沿线最大冰重的区域分布。

5.2.3 电网冰区分布图。

5.3 地形地貌资料

输电线路论证区域地理坐标、高程以及本地区典型的地形、地貌特征,如高山分水岭、垭口、湖泊、水库、河流、森林范围和风道等。

6 临时覆冰观测

6.1 观测原则

输电线路论证项目存在下述情况之一时,应在沿线进行短期覆冰观测,为输电线路冰区分析设计提供依据:

  a) 覆冰可能严重但无法通过已有资料调查得到覆冰情况;
  b) 线路经过覆冰区域,且有多条线路通过,覆冰资料难以满足设计需要;
  c) 特高压(1000 kV 交流线路或±1100 kV、±800 kV 直流线路)、750 kV 和重要的 500 kV 线路经过覆冰区域。

6.2 观测内容

6.2.1 连续覆冰过程及相关气象要素的观测,均应按照 GB/T 35235—2017 或 DL/T 5462—2012 执行。

6.2.2 观测过程中宜通过摄像系统对覆冰过程进行全程记录或拍照记录。

6.3 观测周期

观测时间应不少于 1 个覆冰期。若观测的覆冰资料代表性差时应延长观测时间。

7 输电线路抗冰设计气象参数计算

7.1 标准冰厚计算

7.1.1 初步计算

根据气象观测输电线路积冰数据,可采用下列三种计算方法计算标准冰厚:
  a) 有实测覆冰重量(G)时采用公式(1);
$$B_n = (G/0.9\pi L + r^2)^{0.5} - r \quad\quad\quad (1)$$
  b) 有实测覆冰长径(a)和短径(c)时采用公式(2);

$$B_n = (\rho/3.6(ac - 4r^2) + r^2)^{0.5} - r \qquad \cdots\cdots\cdots\cdots\cdots(2)$$

c) 有调查或实测覆冰半径（R）时采用公式(3)；

$$B_n = (\rho/0.9(K_s R^2 - r^2))^{0.5} - r \qquad \cdots\cdots\cdots\cdots\cdots(3)$$

公式(2)、公式(3)中的覆冰密度（ρ），有实测覆冰资料地区，根据观测的各类覆冰资料，选用公式(4)—(6)计算确定。根据实测长径（a）和短径（c）计算覆冰密度采用公式(4)；根据覆冰周长（I）计算覆冰密度采用公式(5)；根据覆冰横截面积（A）计算覆冰密度采用公式(6)。无实测资料的地区，覆冰密度可参考表1选用。

$$\rho = \frac{4G}{\pi L(ac - 4r^2)} \qquad \cdots\cdots\cdots\cdots\cdots(4)$$

$$\rho = \frac{4\pi G}{L(I^2 - 4\pi^2 r^2)} \qquad \cdots\cdots\cdots\cdots\cdots(5)$$

$$\rho = \frac{G}{L(A - \pi r^2)} \qquad \cdots\cdots\cdots\cdots\cdots(6)$$

表 1 各类覆冰的密度 ρ 范围

覆冰种类	雨凇	雾凇	雨雾凇混合冻结	湿雪
ρ g/cm³	0.70~0.90	0.10~0.30	0.20~0.60	0.20~0.40
高海拔地区 ρ 应靠下限选用；低海拔地区 ρ 应靠上限选用。				

公式(3)中的 K_s 由当地实测覆冰资料计算分析确定，无实测资料地区可参考表2选用。

表 2 覆冰形状系数 K_s 范围

覆冰种类	覆冰附着物名称	K_s
雨凇、雾凇 雨雾凇混合冻结	电力线、通信线	0.80~0.90
	树枝、杆件	0.30~0.70
湿雪	电力线、通信线、树枝、杆件	0.80~0.95
小覆冰 K_s 靠下限选用；大覆冰 K_s 靠上限选用。		

7.1.2 高度和线径订正

需要将标准冰厚进行高度和线径订正，统一订正为离地 10 m、直径为 26.8 mm 导线的覆冰冰厚。订正公式见式(7)。

$$B = K_h K_\varphi B_n \qquad \cdots\cdots\cdots\cdots\cdots(7)$$

其中，标准冰厚相关的系数 K_h、K_φ 的订正公式参见附录 A。

7.2 重现期冰厚计算

7.2.1 重现期冰厚初步计算

分下列不同情况对重现期冰厚进行初步计算：

a) 输电线路沿线覆冰观测资料年代足够长（30 年以上），可采用概率统计法根据概率分布模型计算不同重现期冰厚。概率分布模型宜采用极值 I 型（Gumbel）分布。

b) 输电线路沿线覆冰观测资料年代长度较短而周边气象站覆冰观测资料年代较长（30 年以上），

应通过建立输电线路沿线与气象站导线覆冰厚度的回归模型(经验统计模型),对覆冰资料进行长年代延长推算后,利用极值Ⅰ型(Gumbel)分布进行不同重现期冰厚计算。

c) 输电线路沿线覆冰观测资料及周边气象站覆冰观测资料年代长度均较短,应先通过建立气象站导线覆冰厚度与气象因子的回归模型,对气象站覆冰资料进行长年代延长,其次建立输电线路沿线覆冰观测资料与气象站延长后覆冰资料的回归模型,对覆冰资料进行长年代延长推算后,利用极值Ⅰ型(Gumbel)分布进行不同重现期冰厚计算。

d) 输电线路沿线覆冰观测资料年代较短而周边气象站无覆冰观测资料,应通过建立导线覆冰厚度与气象站气象因子的回归模型(经验统计模型),对覆冰资料进行长年代延长推算后,利用极值Ⅰ型(Gumbel)分布进行不同重现期冰厚计算。计算步骤如下:

  1) 根据覆冰观测资料,选择该区域与导线覆冰密切相关的诸如气温、相对湿度、风速、水汽压和降水等气象观测资料,以及可能的地理因子(海拔高度、坡度、坡向等),相关气象资料宜选取电线覆冰日当日和前1日、前2日的逐日或逐时的观测资料;

  2) 利用多元逐步回归方法,进行电线覆冰资料和高影响气象因子、地理因子进行回归分析,建立标准冰厚与高影响气象因子和地理因子的回归方程。回归方程应通过显著性检验,以确保方程可以收敛;

  3) 根据气象因子回归方程,利用各年覆冰期高影响气象因子资料,计算该站历史覆冰序列资料;

  4) 对延长的长年代的覆冰资料采用概率统计法根据概率分布模型计算不同重现期冰厚。

e) 输电线路沿线覆冰观测资料及周边气象站均无覆冰观测资料,可根据沿线参证气象站降雪量、湿雪量、雨凇日数、雾凇日数、积雪深度等相关气象要素以及沿线覆冰调查资料,推算重现期覆冰厚度。

7.2.2 微地形影响订正

重现期冰厚运用到输电线路沿线其他覆冰地点时,还需将7.2.1计算得到的不同重现期冰厚进行海拔高度等微地形等订正,计算不同海拔高度和微地形下的重现期冰厚。进行海拔高度订正时,以7.2.1计算得到的不同重现期冰厚作为标准值,根据海拔高度数据和覆冰数据,建立海拔高度间的指数或线性关系,计算不同海拔高度的重现期冰厚;特殊地形的微地形订正时,换算系数 K_d 由实测资料分析确定,无实测资料地区的换算系数可参照附录B。

8 冰区等级划分

8.1 根据计算订正的不同重现期冰厚,按照表3进行冰区等级划分。

表 3 冰区等级划分

冰区分类	轻冰区		中冰区		重冰区			
重现期冰厚范围 mm	(0,5]	(5,10]	(10,15]	(15,20]	(20,30]	(30,40]	(40,50]	大于50

8.2 冰区的分级级差:设计冰厚小于20 mm级差为5 mm,设计冰厚大于或等于20 mm级差为10 mm。覆冰存在地区的相似性和差异性特点,在概化的同一量级冰区内,覆冰量级基本相近,尽量避免划区过于零碎。

8.3 为了便于线路工程的概化设计,把同一气候区内海拔相近、地理环境类似(地貌、坡向、植被等情况)、线路走向一致、覆冰特性参数基本相等、设计冰厚基本相同的地段划分为一个冰区。

8.4 沿线覆冰区等级划分按照冰区等级绘制。冰区分布图绘制参照 Q/GDW 11004—2013 的规则执行。

附　录　A
（资料性附录）
标准冰厚高度和线径订正

A.1　高度订正

订正公式见式（A.1）：

$$k_h = (z/z_0)^a \qquad\qquad\qquad\cdots\cdots\cdots\cdots\cdots\cdots（A.1）$$

a 为幂指数，表示了冰厚随高度变化的关系，综合反映了风速、含水量、捕获系数等随高度的变化。a 应由不同高度实测覆冰资料和高度拟合确定，具体方法可参考《基于覆冰分析计算的输电线路路径优化》。计算时，应考虑 a 随风速的变化。无资料地区可取值 0.22。

A.2　线径订正

线径订正系数应根据实测资料分析拟合确定，具体方法可参考《导线覆冰厚度的直径订正系数》、《导线标准冰厚的直径订正系数实验研究》，无实测资料地区可参照式（A.2）订正。线径订正适用范围是设计导线直径小于或等于 40 mm。

$$k_\varphi = 1 - 0.14\ln(\varphi/\varphi_0) \qquad\qquad\cdots\cdots\cdots\cdots\cdots\cdots（A.2）$$

附 录 B

（资料性附录）

重现期冰厚微地形订正

重现期冰厚的微地形订正参照表 B.1。在实际应用中，如遇到比较特殊的地形，需根据实际情况进行再次修正。

表 B.1 地形换算系数 K_d 范围

地形类别	K_d
冬季背风区、逆温频繁区、河谷地区	<1.0
一般地形	1.0
风口	2.0~3.0
迎风坡	1.2~2.0
山岭	1.0~2.0

参 考 文 献

[1]　GB/T 31221—2014　气象探测环境保护规范　地面气象观测站

[2]　GB/T 35224—2017　地面气象观测规范　天气现象

[3]　QX/T 469—2018　气候可行性论证规范　总则

[4]　Q/GDW 11004—2013　冰区分级标准和冰区分布图绘制规则

[5]　巢亚锋,蒋兴良,毕茂强,等.导线覆冰厚度的直径订正系数[J].高压电技术,2011,37(6):1391-1397

[6]　Masoud Farzaneh.电网的大气覆冰[M].黄新波等译.北京:中国电力出版社,2010

[7]　潘晓春,王爱平.基于覆冰分析计算的输电线路路径优化[J].电力建设,2007,28(9):30-32,38

[8]　王守礼,李家垣.特殊地形小气候对送电线路的影响[M].北京:中国电力出版社,1999

[9]　王守礼,李家垣.电力气候[M].北京:气象出版社,1994

[10]　王守礼,李家垣.云南高海拔地区电线覆冰问题研究[M].昆明:云南科技出版社,1994

[11]　杨加伦,朱宽军.导线标准冰厚的直径订正系数实验研究[J].输配电技术,2015,36(3):33-37

[12]　中国气象局预报与网络司.输电线路抗冰设计气候可行性论证技术指南:第1版[Z],2011

[13]　中国气象局.气象探测环境和设施保护办法:中国气象局第7号令[Z],2004年10月1日起施行

ICS 07.060
A 47
备案号：71170—2020

中华人民共和国气象行业标准

QX/T 529—2019

气候可行性论证规范 极值概率统计分析

Specifications for climatic feasibility demonstration—Probability and statistic analysis of extremum

2019-12-26 发布

2020-04-01 实施

中 国 气 象 局 发布

前　言

本标准按照 GB/T 1.1—2009 给出的规则起草。

本标准由全国气候与气候变化标准化技术委员会(SAC/TC 540)提出并归口。

本标准起草单位:中国气象局沈阳大气环境研究所、沈阳区域气候中心、广东省气象防灾技术服务中心。

本标准主要起草人:汪宏宇、龚强、黄浩辉。

气候可行性论证规范 极值概率统计分析

1 范围

本标准规定了气候可行性论证中涉及气象要素极值的资料收集与处理、分布类型选取、分布参数估计、拟合优度综合分析、重现期计算等概率统计分析方法及要求。

本标准适用于工程项目规划、设计、建设等的气候可行性论证。

2 规范性引用文件

下列文件对于本文件的应用是必不可少的。凡是注日期的引用文件,仅注日期的版本适用于本文件。凡是不注日期的引用文件,其最新版本(包括所有的修改单)适用于本文件。

QX/T 457—2018 气候可行性论证规范 气象资料加工处理

QX/T 469—2018 气候可行性论证规范 总则

3 术语和定义

下列术语和定义适用于本文件。

3.1

极值 extremum

在一定时间段内某要素的极大值或极小值。

注:改写 GB/T 34293—2017,定义 2.4。

3.2

概率分布 probability distribution

用以表述随机变量取值的概率规律。

注:根据随机变量所属类型的不同,概率分布取不同的表现(函数)形式。

3.3

总体分布 population distribution

随机变量总体的概率分布。

注:研究对象(随机变量)的全体为总体。

3.4

参数估计 parameter estimation

利用实测有限样本及概率分布函数,估计概率分布函数中待定参数的值的过程。

3.5

重现期 recurrence interval

统计量的特定值重复出现的统计时间间隔。

注1:也称平均再现间隔,单位一般为年(a)。即可能出现两次大于或等于某特定强度值的极端事件之间的平均间隔时间。该强度事件常被称为"××年一遇"事件。

注2:改写 GB/T 34293—2017,定义 2.9。

4 资料收集与处理

4.1 资料收集

根据气候可行性论证项目的要求,宜按年极值法收集气象要素极值序列,如最大风速、极大风速、最高温度、最低温度、不同历时最大降水量、最大雪深、最大冻土深度、热带气旋中心最低气压等。极值序列应采用当地观测最长历史记录,时间序列应不少于30年。资料收集应满足QX/T 469—2018第6章的要求。

4.2 极值序列的均一性处理

气象站的观测场址、观测仪器型号、观测方式等在各历史阶段有变动时,在做极值统计分析之前应进行必要的一致性检验、订正和插补等处理。包括10分钟和2分钟最大风速换算、观测高度标准化修正、极大风速和最大风速换算以及观测场环境变化影响的修正等。资料应按照QX/T 469—2018第9章和QX/T 457—2018第5章的要求和方法处理。

5 极值分布类型选取

5.1 应首先按照论证项目相关的工程标准和规范,选取其中推荐的极值分布类型。

5.2 如无相关标准和规范,一般采用耿贝尔(Gumbel)分布作为初选;对随机性强的要素(如极端风速、极端降水等)宜采用皮尔逊Ⅲ型(Pearson Ⅲ)分布作为初选;对于极值序列有间断的(如区域台风极端风速等),宜采用泊松-耿贝尔(Poisson-Gumbel)复合分布作为初选。

5.3 标准和规范推荐的和初选的极值分布,都应按照第7章的要求进行拟合优度综合分析。

5.4 当5.1和5.2中极值分布不适合于所分析气象要素极值序列或有更适合的其他极值分布时,可选用威布尔(Weibull)分布、广义极值(GEV)分布等其他极值分布,但应在进行拟合优度综合分析基础上对比结果并说明。

6 极值分布参数估计

6.1 经验概率分布绘点

经验概率分布的曲线绘点一般可采用威布尔(Weibull)概率均值法确定,参见附录A的A.2。

6.2 参数估计

6.2.1 耿贝尔(Gumbel)分布

耿贝尔分布函数中的常用参数估计方法有矩法、耿贝尔法、极大似然法、最小二乘法等。宜采用耿贝尔法或最小二乘法进行参数估计,参见附录B的B.1。

注:耿贝尔分布(又称极值Ⅰ型概率分布)是一个较完全的极值理论分布,是在样本容量很大时的极限分布。

6.2.2 皮尔逊Ⅲ型(Pearson Ⅲ)分布

皮尔逊Ⅲ型分布函数中的常用参数估计方法有矩法、线性矩法、极大似然法、数值积分单权函数法、数值积分双权函数法、适线法、极大值调整适线法等。宜采用线性矩法、数值积分单(或双)权函数法或适线法进行参数估计,参见附录B的B.2。

注：有相当多的自然现象符合皮尔逊Ⅲ型分布,在降水和水文领域中应用较多。

6.2.3 威布尔(Weibull)分布

威布尔分布函数中的常用参数估计方法有矩法、极大似然法、最小二乘法等。宜采用最小二乘法或矩法进行参数估计,参见附录B的B.3。

注：威布尔分布(韦伯分布)是一个极值理论分布,常被应用于风速的概率分布和风能资源的研究中。

6.2.4 广义极值(GEV)分布

将耿贝尔分布、弗雷歇分布、威布尔分布整合到一个分布函数中,称之为广义极值分布。其分布函数中的常用参数估计方法有线性矩法、极大似然法等,参见附录B的B.4。

6.2.5 泊松-耿贝尔(Poisson-Gumbel)复合分布

某随机事件属于离散型分布,在该类事件影响下的某要素极值可以构成连续型分布。若该随机事件符合泊松分布,且该类事件影响下的某要素极值符合耿贝尔分布,则可应用泊松-耿贝尔复合分布对其进行分析。其分布函数中的参数估计方法可采用耿贝尔法等,参见附录B的B.5。

6.2.6 其他分布

当需采用6.2.1—6.2.5分布及其参数估计方法之外的方法时,应在进行拟合优度综合分析基础上与上述分布及其参数估计方法进行对比。

7 拟合优度综合分析

7.1 分布函数符合性检验

可采用柯尔莫哥洛夫-斯米诺夫(Kolmogorov-Smirnov)检验法确定极值序列是否服从某型极值分布,参见附录C的C.1。

7.2 拟合优度分析

对于超过两种通过符合性检验的备选分布函数,可用剩余方差、拟合相对偏差等方法进行拟合优度分析,参见附录C的C.2和C.3。

也可比较极值序列(按从小到大顺序排列)最后15%样本(大值样本)的剩余方差,其值小者为优;若剩余方差一致,则可再比较15%大值样本的拟合相对偏差,其值小者为优,参见附录B的B.2.2.6和B.2.2.7。

7.3 综合判定

应绘制极值分布拟合曲线和实测数据经验概率分布对比图,若相关工程规范规定的极值分布函数拟合效果不佳,可采用多种极值分布函数进行拟合试验,选取最佳函数结果,并结合工程项目安全性和经济性需求,综合分析确认适合该气象要素极值序列的极值分布类型和相应参数。

7.4 其他方法

当需采用7.1和7.2之外的检验分析方法时,应对比分析检验结果并说明。

8 极值重现期

8.1 累积概率

把随机变量 X 不超过某个定值 x_P 发生的概率叫作累积概率(左侧概率),见式(1):

$$P(X \leqslant x_P) = F(x_P) \qquad \cdots\cdots\cdots\cdots\cdots(1)$$

式中:

$P(X \leqslant x_P)$ —— X 不超过某个定值 x_P 发生的概率。

$F(x_P)$ —— 累积概率(左侧概率)。

8.2 重现期计算

极值的重现期 $T(x_P)$ 的计算见式(2):

$$T(x_P) = \frac{1}{1 - P(X \leqslant x_P)} = \frac{1}{1 - F(x_P)} \qquad \cdots\cdots\cdots\cdots\cdots(2)$$

附　录　A
（资料性附录）
极值序列及其经验概率分布

A.1　极值序列

A.1.1　序列

设序列 $\{x_i\}$，x_i 为序列中第 i 个样本的值。

$\overline{x} = E(x)$ 是序列 $\{x_i\}$ 的数学期望，即均值。

$\sigma = \sigma(x)$ 是序列 $\{x_i\}$ 的标准差。

在实际计算中可用有限样本容量的均值和标准差作为 $E(x)$ 和 $\sigma(x)$ 的估计值。对待分析极值序列进行排序后得：$x_1 \leqslant x_2 \leqslant \cdots \leqslant x_n$，$n$ 为该序列样本总数，作为序列 $\{x_i\}$ 的一个有限容量且有序的样本序列。

A.1.2　样本序列均值的估计值

样本序列均值 $\overline{x}$ 的估计值 $\hat{\overline{x}}$ 见式（A.1）：

$$\hat{\overline{x}} = \frac{1}{n}\sum_{i=1}^{n}x_i \qquad\qquad\cdots\cdots\cdots\cdots\cdots\cdots\text{（A.1）}$$

A.1.3　样本序列标准差的估计值

样本序列标准差 σ 的估计值 $\hat{\sigma}$ 见式（A.2）：

$$\hat{\sigma} = \sqrt{\frac{1}{n-1}\sum_{i=1}^{n}(x_i - \hat{\overline{x}})^2} \qquad\qquad\cdots\cdots\cdots\cdots\cdots\cdots\text{（A.2）}$$

A.1.4　样本序列偏度系数的估计值

样本序列偏度系数 r_1 的估计值 $\hat{r_1}$ 见式（A.3）：

$$\hat{r_1} = \frac{\dfrac{1}{n}\sum_{i=1}^{n}(x_i - \hat{\overline{x}})^3}{\hat{\sigma}^3} \qquad\qquad\cdots\cdots\cdots\cdots\cdots\cdots\text{（A.3）}$$

A.2　极值序列的经验概率分布

$F_W(x_i)$ 是极值有序序列在 x_i 处的经验概率值，决定了序列在概率图上的绘点位置，有多种公式可选。选择何种公式对采用适线法进行参数估计时有较大影响。一般情况下，经验概率曲线绘点采用威布尔（Weibull）概率均值法（即常见的经验分布算法），见式（A.4）：

$$F_W(x_i) = \frac{i}{n+1} \qquad (i = 1, 2, \cdots, n) \qquad\cdots\cdots\cdots\cdots\cdots\cdots\text{（A.4）}$$

附　录　B

（资料性附录）

极值分布及其参数估计方法

B.1　耿贝尔(Gumbel)分布及其参数估计方法

B.1.1　耿贝尔分布

耿贝尔分布的概率密度函数 $f(x)$ 和累积分布函数 $F(x)$ 分别见式(B.1)和式(B.2)：

$$f(x) = ae^{-a(x-b)-e^{-a(x-b)}} \quad (-\infty < x < +\infty, a > 0, -\infty < b < +\infty)$$

…………………(B.1)

$$F(x) = e^{-e^{-a(x-b)}}$$

…………………(B.2)

式中：

a ——尺度参数；

b ——位置参数。

可设转换变量 $y = a(x-b)$ 以方便计算。

已知累积概率 $P(x_P)$，按式(B.3)求极端事件的极值：

$$x_P = -\ln(-\ln(P(x_P)))/a + b$$

…………………(B.3)

B.1.2　耿贝尔分布常用参数估计方法

B.1.2.1　矩法

通过积分可得转换变量 y 的数学期望和方差，见式(B.4)：

$$\begin{cases} E(y) = 0.5772 \\ \sigma(y)^2 = \dfrac{\pi^2}{6} \end{cases}$$

…………………(B.4)

由 y 和 x 的关系可得：

$$\begin{cases} a = \dfrac{\sigma(y)}{\sigma(x)} = \dfrac{1.28255}{\sigma(x)} \\ b = E(x) - \dfrac{E(y)\sigma(x)}{\sigma(y)} = E(x) - 0.45004\sigma(x) \end{cases}$$

…………………(B.5)

将附录 A 中 A.1 的序列均值和标准差的估计值（参见式(A.1)和式(A.2)）代入，得到参数 a 和 b 的估计值。

B.1.2.2　耿贝尔法

耿贝尔法也属于矩估计法。

按式(B.6)构造一个新序列 $\{y_{G,i}\}$，其中：

$$y_{G,i} = -\ln(-\ln(F_W(x_i))) \quad (i = 1, 2, \cdots, n)$$

…………………(B.6)

式中：

$F_W(x_i)$ ——经验概率分布函数，见式(A.4)。

可得：

$$\begin{cases} a = \dfrac{\sigma(y_G)}{\sigma(x)} \\ b = E(x) - \dfrac{E(y_G)\sigma(x)}{\sigma(y_G)} \end{cases} \qquad\cdots\cdots\cdots\cdots\cdots(\text{B.}7)$$

式中：

$\sigma(x)$ ——序列$\{x_i\}$的标准差；

$\sigma(y_G)$ ——序列$\{y_{G,i}\}$的标准差；

$E(x)$ ——序列$\{x_i\}$的数学期望；

$E(y_G)$ ——序列$\{y_{G,i}\}$的数学期望。

利用附录 A 中 A.1 的方法可分别得到它们的估计值，参见式(A.1)和式(A.2)，代入式(B.7)中，得到参数 a 和 b 的估计值。

B.1.2.3 极大似然法

在统计学理论上，在知道总体分布类型的情况下，极大似然估计是一种较优的参数估计方法。首先根据概率密度函数得似然函数，见式(B.8)：

$$L = \sum_{i=1}^{n} \ln f(x_i) = na - \sum_{i=1}^{n} a(x_i - b) - \sum_{i=1}^{n} e^{-a(x_i-b)} \qquad\cdots\cdots\cdots\cdots\cdots(\text{B.}8)$$

将 a 和 b 看作变量，将式(B.8)分别对 a 和 b 求导并令其为 0，得极大似然方程组，见式(B.9)：

$$\begin{cases} \dfrac{\partial L}{\partial a} = n - \sum_{i=1}^{n}(x_i - b) + \sum_{i=1}^{n}(x_i - b)e^{-a(x_i-b)} = 0 \\ \dfrac{\partial L}{\partial b} = a(n - \sum_{i=1}^{n} e^{-a(x_i-b)}) = 0 \end{cases} \qquad\cdots\cdots\cdots\cdots\cdots(\text{B.}9)$$

式(B.9)是一非线性方程组，可在适当的初值下用迭代法求解，即可得到参数 a 和 b 的估计值。

B.1.2.4 最小二乘法

对耿贝尔分布函数两边取两次对数，得式(B.10)：

$$-\ln(-\ln(F(x))) = a(x - b) \qquad\cdots\cdots\cdots\cdots\cdots(\text{B.}10)$$

令 $y_G = -\ln(-\ln(F(x)))$，则得式(B.11)：

$$y_G = ax - ab \qquad\cdots\cdots\cdots\cdots\cdots(\text{B.}11)$$

式(B.11)是一直线方程，对 B.1.2.2 中的序列$\{x_i\}$和$\{y_{G,i}\}$用最小二乘法进行拟合，即可求出参数 a 和 b 的估计值。

B.2 皮尔逊Ⅲ型(Pearson Ⅲ)分布及其参数估计方法

B.2.1 皮尔逊Ⅲ型分布

皮尔逊Ⅲ型分布的概率密度函数 $f(x)$ 和累积分布函数 $F(x)$ 分别见式(B.12)和式(B.13)：

$$f(x) = \frac{\beta^{\alpha}}{\Gamma(\alpha)}(x - a_0)^{\alpha-1} e^{-\beta(x-a_0)} \quad (\alpha,\beta > 0; x \geqslant a_0) \qquad\cdots\cdots\cdots\cdots\cdots(\text{B.}12)$$

$$F(x) = \frac{\beta^{\alpha}}{\Gamma(\alpha)} \int_{a_0}^{x} (t - a_0)^{\alpha-1} e^{-\beta(t-a_0)} \, dt \qquad\cdots\cdots\cdots\cdots\cdots(\text{B.}13)$$

式中：

α ——形状参数；

β ——比例参数(尺度参数)；

a_0——位置参数。

皮尔逊Ⅲ型分布其他常用参数有：

a) $\bar{x}$:均值；

b) C_V:离(变)差系数；

c) C_S:偏态系数；

d) σ:标准差。

参数间换算关系见式(B.14)和式(B.15)：

$$\begin{cases} \alpha = \dfrac{4}{C_S^2} \\ \beta = \dfrac{2}{\bar{x} \cdot C_V \cdot C_S} \\ a_0 = \bar{x} \cdot (1 - \dfrac{2C_V}{C_S}) \end{cases} \quad\cdots\cdots\cdots\cdots\cdots\text{(B.14)}$$

$$\begin{cases} \bar{x} = \dfrac{\alpha}{\beta} + a_0 \\ C_S = \dfrac{2}{\sqrt{\alpha}} \\ C_V = \dfrac{\sqrt{\alpha}}{\alpha + a_0 \cdot \beta} \\ \sigma = \bar{x} \cdot C_V \end{cases} \quad\cdots\cdots\cdots\cdots\cdots\text{(B.15)}$$

已知累积概率 $P(x_P)$，求极值 x_P 时，可据分布函数进行变量转换并按伽玛函数积分求得，也可查皮尔逊Ⅲ型分布的离均系数表求得。

B.2.2 皮尔逊Ⅲ型分布常用参数估计方法

B.2.2.1 矩法

把极值序列的最小值作为 a_0 的估计值，则得式(B.16)：

$$\begin{cases} a_0 = \min(x_i) \\ C_V = \dfrac{\sigma}{x} \\ C_S = \dfrac{2C_V}{1 - a_0/\bar{x}} \end{cases} \quad\cdots\cdots\cdots\cdots\cdots\text{(B.16)}$$

把附录A中A.1的 $\bar{x}$ 和 σ 的估计值代入，再据参数间关系式(B.14)，可得参数 α，β，a_0 的估计值。

B.2.2.2 线性矩法

与线性矩对应的前三阶样本矩为 l_1、l_2、l_3，见式(B.17)：

$$\begin{cases} l_1 = b_0 \\ l_2 = 2b_1 - b_0 \\ l_3 = 6b_2 - 6b_1 + b_0 \\ \tau_3 = l_3/l_2 \end{cases} \quad\cdots\cdots\cdots\cdots\cdots\text{(B.17)}$$

其中：

$$\begin{cases} b_0 = \dfrac{1}{n}\displaystyle\sum_{i=1}^{n} x_i \\[2mm] b_1 = \dfrac{1}{n}\displaystyle\sum_{i=2}^{n} \dfrac{i-1}{n-1} x_i \\[2mm] b_2 = \dfrac{1}{n}\displaystyle\sum_{i=3}^{n} \dfrac{(i-1)(i-2)}{(n-1)(n-2)} x_i \end{cases} \quad\cdots\cdots\cdots\cdots\cdots\text{(B.18)}$$

根据 τ_3 的不同取值,可计算得到中间变量 d 的数值。

如 $0 < |\tau_3| < 1/3$,令 $Z = 3\pi\tau_3^2$,则有

$$d = \frac{1 + 0.2906Z}{Z + 0.1882Z^2 + 0.0442Z^3} \quad\cdots\cdots\cdots\cdots\cdots\text{(B.19)}$$

如 $1/3 \leqslant |\tau_3| < 1$,令 $Z = 1 - |\tau_3|$,则有

$$d = \frac{0.36067Z - 0.59567Z^2 + 0.25361Z^3}{1 - 2.78861Z + 2.56096Z^2 - 0.77045Z^3} \quad\cdots\cdots\cdots\cdots\cdots\text{(B.20)}$$

进而据式(B.21)及参数间关系式(B.14),可得参数 α , β , a_0 的估计值。

$$\begin{cases} \hat{\bar{x}} = l_1 \\[2mm] \hat{C}_V = \dfrac{l_2}{l_1}\pi^{\frac{1}{2}} d^{\frac{1}{2}} \dfrac{\Gamma(d)}{\Gamma\left(d + \dfrac{1}{2}\right)} \\[2mm] \hat{C}_S = 2d^{\frac{1}{2}}\,\text{sign}(\tau_3) \end{cases} \quad\cdots\cdots\cdots\cdots\cdots\text{(B.21)}$$

B.2.2.3 极大似然法

据皮尔逊Ⅲ型分布的概率密度函数,可得其极大似然方程组,见式(B.22):

$$\begin{cases} \dfrac{\partial L}{\partial a_0} = -(\alpha - 1)\displaystyle\sum_{i=1}^{n} \dfrac{1}{x_i - a_0} + \beta = 0 \\[2mm] \dfrac{\partial L}{\partial \alpha} = -n\ln\beta - n\Psi(\alpha) + \displaystyle\sum_{i=1}^{n} \ln(x_i - a_0) = 0 \\[2mm] \dfrac{\partial L}{\partial \beta} = -n\ln(\alpha\beta) + \beta^2 \displaystyle\sum_{i=1}^{n} (x_i - a_0) = 0 \end{cases} \quad\cdots\cdots\cdots\cdots\cdots\text{(B.22)}$$

其中 $\Psi(\alpha) = \dfrac{\partial}{\partial\alpha}\ln\Gamma(\alpha)$ 为双 Γ 函数,经整理得式(B.23):

$$\begin{cases} \dfrac{\alpha}{\beta} = \bar{x} - a_0 \\[3mm] \alpha = \dfrac{\dfrac{\bar{x} - a_0}{n}\displaystyle\sum_{i=1}^{n} \dfrac{1}{x_i - a_0}}{\dfrac{\bar{x} - a_0}{n}\displaystyle\sum_{i=1}^{n} \dfrac{1}{x_i - a_0} - 1} \\[3mm] \Psi(\alpha) = \ln\alpha - \ln(\bar{x} - a_0) + \dfrac{1}{n}\displaystyle\sum_{i=1}^{n} \ln(x_i - a_0) \end{cases} \quad\cdots\cdots\cdots\cdots\cdots\text{(B.23)}$$

据式(B.23)中后两式通过迭代可解出 a_0 和 α ,再据第一式可得 β ,三个参数的估计值均得到。

B.2.2.4 数值积分单权函数法

为了提高参数计算精度,提出了数值积分单权函数法,求解 C_S 时进行加权积分。

令权函数 $\varphi(x)$ 为标准正态密度函数,见式(B.24):

$$\varphi(x) = \frac{1}{\sigma\sqrt{2\pi}} e^{-\frac{(x-\bar{x})^2}{2\sigma^2}} \qquad\qquad \cdots\cdots\cdots\cdots\cdots (B.24)$$

经推导可得式(B.25)：

$$C_S = -4\sigma \frac{U(x)}{H(x)} \qquad\qquad \cdots\cdots\cdots\cdots\cdots (B.25)$$

其中：

$$\begin{cases} U(x) = \int_{a_0}^{\infty} f(x)(x-\bar{x})\,\varphi(x)\mathrm{d}x \\[2mm] H(x) = \int_{a_0}^{\infty} f(x)(x-\bar{x})^2\,\varphi(x)\mathrm{d}x \end{cases} \qquad \cdots\cdots\cdots\cdots\cdots (B.26)$$

利用数值积分加权求得：

$$\begin{cases} \bar{x} = \int_{-\infty}^{\infty} x f(x)\mathrm{d}x = \int_0^1 x\mathrm{d}p \approx \frac{1}{W}\sum_{i=1}^{n} w(i)x_i \\[2mm] \sigma = \sqrt{\int_{-\infty}^{\infty}(x-\bar{x})^2 f(x)\mathrm{d}x} \approx \sqrt{\frac{1}{W}\sum_{i=1}^{n} w(i)(x_i-\bar{x})^2} \end{cases} \qquad \cdots\cdots\cdots\cdots\cdots (B.27)$$

$$\begin{cases} U \approx \frac{1}{W}\sum_{i=1}^{n} w(i)(x_i-\bar{x})\varphi(x_i) \\[2mm] H \approx \frac{1}{W}\sum_{i=1}^{n} w(i)(x_i-\bar{x})^2\varphi(x_i) \end{cases} \qquad \cdots\cdots\cdots\cdots\cdots (B.28)$$

式中：

n ——极值序列样本容量；

$w(i)$ ——序号为 i 处的数值积分权重；

W —— n 个权重的总和；

U ——函数 $U(x)$ 的近似计算值；

H ——函数 $H(x)$ 的近似计算值。

选取合适的 $w(i)$ 数列确定权重，即可据式(B.27)和式(B.28)求得 $\bar{x}$，σ，U，H，由 U 和 H 据式(B.25)可求得 C_S，由 $\bar{x}$，σ，C_S 及参数间关系式(B.14)和式(B.15)，可得参数 α，β，a_0 的估计值。

B.2.2.5 数值积分双权函数法

数值积分单权函数法提高了 C_S 的估计精度，但在 C_v 的估计上仍可继续优化，在其基础上又设计出了数值积分双权函数法。

令第一权函数 $\varphi(x)$ 和第二权函数 $\psi(x)$ 为式(B.29)：

$$\begin{cases} \varphi(x) = \frac{k}{\bar{x}\sqrt{2\pi}} e^{-\frac{k^2(x-\bar{x})^2}{2\bar{x}^2}} \\[2mm] \psi(x) = e^{-\frac{h(x-\bar{x})}{\bar{x}}} \end{cases} \qquad \cdots\cdots\cdots\cdots\cdots (B.29)$$

式中：

h，k ——不依赖于分布参数的待定正常数。

则得式(B.30)：

$$
\begin{cases}
U(x) = \int\limits_{a_0}^{\infty} f(x)(x-\bar{x})\,\varphi(x)\mathrm{d}x \\[2ex]
H(x) = \int\limits_{a_0}^{\infty} f(x)(x-\bar{x})^2\,\varphi(x)\mathrm{d}x \\[2ex]
A(x) = \int\limits_{a_0}^{\infty} f(x)\,\psi(x)\mathrm{d}x \\[2ex]
D(x) = \int\limits_{a_0}^{\infty} f(x)(x-\bar{x})\,\psi(x)\mathrm{d}x
\end{cases}
\qquad\cdots\cdots\cdots\cdots\cdots\cdots(\text{B.30})
$$

经推导可得式(B.31)：

$$
\begin{cases}
C_V^2 = \dfrac{\dfrac{1}{h\bar{x}} - \dfrac{1}{k^2}\cdot\dfrac{U(x)}{H(x)}}{-\dfrac{A(x)}{D(x)} + \dfrac{U(x)}{H(x)}} \\[4ex]
C_S = -\dfrac{2\bar{x}(k^2 C_V^2 + 1)}{k^2 C_V}\cdot\dfrac{U(x)}{H(x)}
\end{cases}
\qquad\cdots\cdots\cdots\cdots\cdots\cdots(\text{B.31})
$$

利用数值积分加权求得式(B.32)：

$$
\begin{cases}
\bar{x} \approx \dfrac{1}{W}\sum\limits_{i=1}^{n} w(i)x_i \\[2ex]
U \approx \dfrac{1}{W}\sum\limits_{i=1}^{n} w(i)(x_i-\bar{x})\varphi(x_i) \\[2ex]
H \approx \dfrac{1}{W}\sum\limits_{i=1}^{n} w(i)(x_i-\bar{x})^2\varphi(x_i) \\[2ex]
A \approx \dfrac{1}{W}\sum\limits_{i=1}^{n} w(i)\psi(x_i) \\[2ex]
D \approx \dfrac{1}{W}\sum\limits_{i=1}^{n} w(i)(x_i-\bar{x})\psi(x_i)
\end{cases}
\qquad\cdots\cdots\cdots\cdots\cdots(\text{B.32})
$$

式中：

n ——极值序列样本容量；

$w(i)$ ——序号为 i 处的数值积分权重；

W —— n 个权重的总和；

U ——函数 $U(x)$ 的近似计算值；

H ——函数 $H(x)$ 的近似计算值；

A ——函数 $A(x)$ 的近似计算值；

D ——函数 $D(x)$ 的近似计算值。

选取合适的 $w(i)$ 数列确定权重，即可据式(B.32)求得 $\bar{x}$，U，H，A，D；选用合适的系数 h 和 k，即可求得 C_V 和 C_S，由 $\bar{x}$，C_V，C_S 及参数间关系式(B.14)，可得参数 α，β，a_0 的估计值。

B.2.2.6 适线法

适线法是指在一定的寻优准则下，求解与经验概率分布绘图点拟合最优的概率分布曲线对应的分布参数。常用的适线准则有离差平方和最小准则、离差绝对值和最小准则及相对离差平方和最小准则。

应用适线法估计参数时，参数初值及其范围的划分很重要，一般采用其他参数估计方法获得初值；也应注意其对经验概率分布绘点位置很敏感，即要求适当选取经验概率曲线绘点方法。

B.2.2.7 极大值调整适线法

在采用适线法进行皮尔逊Ⅲ型分布参数估计时,从安全保守性考虑,有时需要向特别突出的极大值倾斜,这就要求对适线法进行调整,在适线准则判断时,增加极大的几个值的权重,以达到拟合线向极大值点靠近的目的,称之为极大值调整适线法。

B.3 威布尔(Weibull)分布及其参数估计方法

B.3.1 威布尔分布

三参数威布尔分布的概率密度函数 $f(x)$ 和累积分布函数 $F(x)$ 分别见式(B.33)和式(B.34):

$$f(x) = \frac{c}{b}(\frac{x-a}{b})^{c-1}e^{-(\frac{x-a}{b})^c} \qquad (x \geqslant a) \quad \cdots\cdots\cdots\cdots(B.33)$$

$$F(x) = 1 - e^{-(\frac{x-a}{b})^c} \quad \cdots\cdots\cdots\cdots(B.34)$$

式中:

a ——位置参数;

b ——比例参数(尺度参数);

c ——形状参数。

当 $a = 0$ 时,即为两参数威布尔分布。

已知累积概率 $P(x_P)$,按式(B.35)求极端事件的极值:

$$x_P = a + b(\ln(P(x_P)))^{\frac{1}{c}} \quad \cdots\cdots\cdots\cdots(B.35)$$

B.3.2 威布尔分布常用参数估计方法

B.3.2.1 矩法

用矩法估计威布尔分布的三个参数要用到前三阶矩,推导可得式(B.36):

$$r_1 = \frac{\Gamma(1+\frac{3}{c}) - 3\Gamma(1+\frac{2}{c})\Gamma(1+\frac{1}{c}) + 2\Gamma^3(1+\frac{1}{c})}{\left[\Gamma(1+\frac{2}{c}) - \Gamma^2(1+\frac{1}{c})\right]^{\frac{3}{2}}} \quad \cdots\cdots\cdots\cdots(B.36)$$

利用样本资料计算附录 A 中 A.1 的偏度系数 r_1 的估计值,参见式(A.3),按式(B.36)可解出 c。
令

$$\begin{cases} d = \Gamma(1+\frac{1}{c}) - \Gamma^2(1+\frac{1}{c}) \\ t = \Gamma(1+\frac{1}{c}) \end{cases} \quad \cdots\cdots\cdots\cdots(B.37)$$

由式(B.38):

$$\begin{cases} b = \frac{\sigma}{\sqrt{d}} \\ a = \bar{x} - bt \end{cases} \quad \cdots\cdots\cdots\cdots(B.38)$$

可得出 a 和 b。这样 a,b,c 三个参数的估计值均已得到。

B.3.2.2 极大似然法

威布尔分布的极大似然方程组见式(B.39):

$$\begin{cases} \dfrac{\partial L}{\partial a} = -(c-1)\sum_{i=1}^{n}(x_i-a)^{-1} + \dfrac{c}{b}\sum_{i=1}^{n}(\dfrac{x_i-a}{b})^{c-1} = 0 \\[2mm] \dfrac{\partial L}{\partial b} = \dfrac{c}{b}\Big[\sum_{i=1}^{n}(\dfrac{x_i-a}{b})^{c} - n\Big] = 0 \\[2mm] \dfrac{\partial L}{\partial c} = \dfrac{n}{c} + \sum_{i=1}^{n}\ln(\dfrac{x_i-a}{b}) - \sum_{i=1}^{n}(\dfrac{x_i-a}{b})^{c}\ln\dfrac{x_i-a}{b} = 0 \end{cases} \quad\cdots\cdots(B.39)$$

式(B.39)是非线性方程组,可采用牛顿迭代法求解,得到 a,b,c 三个参数的估计值。但该方程组对初值的要求很高,实际计算有时难以做到。

B.3.2.3 最小二乘法

由威布尔分布的分布函数得式(B.38):

$$1 - F(x) = e^{-(\frac{x-a}{b})^{c}} \quad\cdots\cdots(B.40)$$

对两边取两次对数,则得式(B.39):

$$\ln(-\ln(1-F(x))) = c\ln(x-a) - c\ln b \quad\cdots\cdots(B.41)$$

令

$$\begin{cases} d = -c\ln b \\ t = \ln(x-a) \\ y_w = \ln(-\ln(1-F(x))) \end{cases} \quad\cdots\cdots(B.42)$$

则得式(B.43):

$$y_w = ct + d \quad\cdots\cdots(B.43)$$

式(B.43)是一直线方程。用 $\{x_i\}$ 序列构建 $\{t_i\}$ 序列,用式(A.4)中经验概率分布 $\{F_w(x_i)\}$ 序列构建 $\{y_{w,i}\}$ 序列,再对 $\{t_i\}$ 和 $\{y_{w,i}\}$ 序列用最小二乘法估计其中的 c 和 d,进而用式(B.42)求出 b。

实际计算时,先选定 a 的初值,由上法可得一组(a,b,c)值,再调整 a 值,得到多组(a,b,c)值,将拟合误差最小的一组值作为威布尔分布 a,b,c 三个参数的估计值。

B.4 广义极值(GEV)分布及其参数估计方法

B.4.1 广义极值分布

广义极值分布的概率密度函数 $f(x)$ 和累积分布函数 $F(x)$ 分别见式(B.44)和式(B.45):

$$\begin{cases} f(x) = \dfrac{1}{b}(1+c\dfrac{x-a}{b})^{-1-\frac{1}{c}} e^{-(1+c\frac{x-a}{b})^{-\frac{1}{c}}} & (c \neq 0, 1+c\dfrac{x-a}{b} > 0) \\[2mm] f(x) = \dfrac{1}{b}e^{-e^{-\frac{x-a}{b}}-\frac{x-a}{b}} & (c=0) \end{cases}$$

$$\cdots\cdots(B.44)$$

$$F(x) = e^{-(1+c\frac{x-a}{b})^{-\frac{1}{c}}} \quad (c \neq 0, 1+c\dfrac{x-a}{b} > 0) \quad\cdots\cdots(B.45)$$

式中:

a ——位置参数;

b ——比例参数(尺度参数);

c ——形状参数。

当 $c>0$ 时,对应Ⅱ型极值分布;当 $c<0$ 时,对应Ⅲ型极值分布即威布尔分布;当 $c=0$ 时,对应Ⅰ型极值分布即耿贝尔分布。

已知累积概率 $P(x_P)$,按式(B.46)求极端事件的极值:

$$x_P = a + \frac{b}{c}((-\ln P(x_P))^{-c} - 1) \quad \cdots\cdots\cdots\cdots\cdots\text{(B.46)}$$

B.4.2 广义极值分布常用参数估计方法

B.4.2.1 线性矩法

与线性矩对应的前三阶样本矩为 l_1，l_2，l_3，见式(B.47)：

$$\begin{cases} l_1 = b_0 \\ l_2 = 2b_1 - b_0 \\ l_3 = 6b_2 - 6b_1 + b_0 \\ \tau_3 = l_3 / l_2 \end{cases} \quad \cdots\cdots\cdots\cdots\cdots\text{(B.47)}$$

其中：

$$\begin{cases} b_0 = \dfrac{1}{n}\sum_{i=1}^{n} x_i \\ b_1 = \dfrac{1}{n}\sum_{i=2}^{n} \dfrac{i-1}{n-1} x_i \\ b_2 = \dfrac{1}{n}\sum_{i=3}^{n} \dfrac{(i-1)(i-2)}{(n-1)(n-2)} x_i \end{cases} \quad \cdots\cdots\cdots\cdots\cdots\text{(B.48)}$$

由于无显式表达式，只能用近似方法求解 c。当 $-0.5 \leqslant \tau_3 \leqslant 0.5$ 时，式(B.48)可将计算误差控制在 9×10^{-4} 以下：

$$c = 7.8590d + 2.9554d^2, \quad \text{其中} \ d = \frac{2}{3 + \tau_3} - \frac{\ln 2}{\ln 3} \quad \cdots\cdots\cdots\cdots\cdots\text{(B.49)}$$

进而可据式(B.50)：

$$\begin{cases} b = \dfrac{l_2 c}{(1 - 2^{-c})\Gamma(1 + c)} \\ a = l_1 - \dfrac{b}{c}(1 - \Gamma(1 + c)) \end{cases} \quad \cdots\cdots\cdots\cdots\cdots\text{(B.50)}$$

得到广义极值分布 a，b，c 三个参数的估计值。

B.4.2.2 极大似然法

据广义极值分布的概率密度函数，可得其极大似然函数，见式(B.51)：

$$L = -\ln(b) - (1 + \frac{1}{c})\sum_{i=1}^{n} \ln(1 + c\frac{x_i - a}{b}) - \sum_{i=1}^{n}(1 + c\frac{x_i - a}{b})^{-\frac{1}{c}}$$

$$\cdots\cdots\cdots\cdots\cdots\text{(B.51)}$$

令 $\dfrac{\partial L}{\partial a} = 0$，$\dfrac{\partial L}{\partial b} = 0$，$\dfrac{\partial L}{\partial c} = 0$ 可得极大似然方程组，其为非线性方程组，用牛顿迭代法可得 a，b，c 三个参数的估计值。

B.5 泊松-耿贝尔(Poisson-Gumbel)复合分布及其参数估计方法

B.5.1 泊松-耿贝尔复合分布

在某随机事件出现频次 m 的概率分布为 P_j 的情况下，其影响下某要素 x_m 的分布函数为 $G(x)$。P_j 为离散型，符合泊松分布，见式(B.52)：

$$P_j = \frac{\lambda^j}{j!}e^{-\lambda} \quad\quad (j = 0, 1, 2, \cdots) \quad \cdots\cdots\cdots\cdots\cdots\text{(B.52)}$$

式中：

λ——事件发生总次数与总年数的比值。

该事件影响下的某要素符合耿贝尔分布，见式(B.53)：

$$G(x) = e^{-e^{-a(x-b)}}$$ ················(B.53)

可得泊松-耿贝尔复合分布的累积分布函数 $F(x)$，见式(B.54)：

$$F(x) = \sum_{0}^{j} P_j (G(x))^j = e^{-\lambda(1-G(x))} = e^{-\lambda(1-e^{-e^{-a(x-b)}})}$$ ················(B.54)

已知累积概率 $P(x_P)$，则得式(B.55)：

$$G(x_P) = 1 + \frac{1}{\lambda}\ln P(x_P)$$ ················(B.55)

再取两次对数可得求要素极值的公式(B.56)：

$$x_P = b + \frac{-\ln(-\ln(1+\frac{1}{\lambda}\ln P(x_P)))}{a}$$ ················(B.56)

泊松-耿贝尔复合分布参数估计可参考耿贝尔分布的参数估计方法。

B.5.2 耿贝尔法参数估计

令

$$y_{B,i} = -\ln(-\ln(1+\frac{1}{\lambda}\ln(F_W(x_i)))) \qquad (i = 1,2,\cdots,n)$$

················(B.57)

式中：

$F_W(x_i)$——经验概率分布函数，见式(A.4)。

可得式(B.58)：

$$\begin{cases} a = \dfrac{\sigma(y_B)}{\sigma(x)} \\ b = E(x) - \dfrac{E(y_B)\sigma(x)}{\sigma(y_B)} \end{cases}$$ ················(B.58)

式中：

$\sigma(x)$ ——序列$\{x_i\}$的标准差；

$\sigma(y_B)$ ——序列$\{y_{B,i}\}$的标准差；

$E(x)$ ——序列$\{x_i\}$的数学期望；

$E(y_B)$ ——序列$\{y_{B,i}\}$的数学期望。

利用附录A中A.1的方法可分别得到它们的估计值，参见式(A.1)和式(A.2)，代入式(B.58)中，得到参数 a 和 b 的估计值。

附 录 C

（资料性附录）

拟合优度检验方法

C.1 柯尔莫哥洛夫-斯米诺夫（Kolmogorov-Smirnov）检验法

柯尔莫哥洛夫统计量见式（C.1）：

$$D_n = \max(|F(x_i) - F_w(x_i)|) \qquad\qquad\qquad\text{(C.1)}$$

式中：

D_n ——柯尔莫哥洛夫统计量，表示在所有各点上，假设理论分布与经验概率分布之差的最大值；

$F(x_i)$ ——概率分布函数在 x_i 处的概率值；

$F_w(x_i)$ ——有序序列在 x_i 处的经验概率值，参见附录 A 中 A.2。

对于不同的显著水平 α 和 n，可查表获得柯尔莫哥洛夫检验中的临界值 $\lambda_{a,n}$。若 $D_n\sqrt{n} < \lambda_{a,n}$，则接受原假设，认为样本符合假设理论分布；否则，拒绝原假设。

C.2 剩余方差

剩余方差见式（C.2）：

$$S^2 = \frac{1}{n-1}\sum_{i=1}^{n}(x_i - \hat{x}_i)^2 \qquad\qquad\qquad\text{(C.2)}$$

式中：

S^2 ——剩余方差；

n ——序列样本总数，见附录 A 中 A.1；

x_i ——序列中第 i 个样本的值，见附录 A 中 A.1；

$\hat{x}_i$ ——拟合估计值。

剩余方差越小拟合越优。

C.3 拟合相对偏差

拟合相对偏差见式（C.3）：

$$R = 100 \times \frac{1}{n}\sum_{i=1}^{n}\frac{|x_i - \hat{x}_i|}{x_i} \qquad\qquad\qquad\text{(C.3)}$$

式中：

R——拟合相对偏差。

拟合相对偏差越小拟合越优。

参 考 文 献

[1] GB/T 34293—2017 极端低温和降温监测指标
[2] GB/T 35227—2017 地面气象观测规范 风向和风速
[3] HAD101/10—1991 核电厂厂址选择的极端气象事件
[4] 陈家鼎,郑忠国.概率与统计[M].北京:北京大学出版社,2007
[5] 马开玉,张耀存,陈星.现代应用统计学[M].北京:气象出版社,2004
[6] 黄嘉佑,李庆祥.气象数据统计分析方法[M].北京:气象出版社,2015

ICS 07.060
A 47
备案号：71171—2020

中华人民共和国气象行业标准

QX/T 530—2019

气候可行性论证规范　文件归档

Specifications for climatic feasibility demonstration—File archiving

2019-12-26 发布　　　　　　　　　　　　　　2020-04-01 实施

中 国 气 象 局　发 布

前　言

本标准按照 GB/T 1.1—2009 给出的规则起草。

本标准由全国气候与气候变化标准化技术委员会(SAC/TC 540)提出并归口。

本标准起草单位:广东省气象局、中国气象局公共气象服务中心。

本标准主要起草人:黄浩辉、植石群、秦鹏、蒋承霖、刘爱君、王志春、陈雯超、王丙兰、全利红。

气候可行性论证规范 文件归档

1 范围

本标准规定了开展气候可行性论证项目所形成的文件材料的内容和归档管理要求。

本标准适用于气候可行性论证项目的文件归档。

2 规范性引用文件

下列文件对于本文件的应用是必不可少的。凡是注日期的引用文件,仅注日期的版本适用于本文件。凡是不注日期的引用文件,其最新版本(包括所有的修改单)适用于本文件。

GB/T 18894—2016 电子文件归档与电子档案管理规范

DA/T 22—2015 归档文件整理规则

3 术语和定义

下列术语和定义适用于本文件。

3.1

气候可行性论证 climatic feasibility demonstration

对与气候条件密切相关的规划和建设项目进行气候适宜性、风险性及可能对局地气候产生影响的分析、评估活动。

[QX/T 242—2014,定义 3.4]

3.2

气候可行性论证机构 climatic feasibility demonstration institution

依法设立并从事气候可行性论证的法人和其他组织。

注:包括事业单位、企业和其他社会团体。

4 归档内容

4.1 管理类

4.1.1 基本信息

应包括记录气候可行性论证项目名称、来源、起止时间、主要工作内容、参加人员等信息的"气候可行性论证项目基本信息记录表"(参见附录 A)。

4.1.2 协议

应包括气候可行性论证机构与用户(组织、单位、个人)协商一致建立的约束性合约,包括但不限于合同、协议、招投标文件及相关备忘录、纪要等。

4.1.3 运行记录

应包括按时间顺序记录气候可行性论证项目运行过程中的主要时间节点及其事件的"气候可行性

论证项目运行记录表"(参见附录 B)以及相关凭证文件。主要时间节点及其事件包括合约建立、观测运行、资料管理、结果提交、审查会议、监督管理和重要变更等。其中重要变更包括项目负责人变更、主要分工人员变更、任务要求变更、重要技术路线变更、完成时间变更及其理由依据。

4.1.4 审查会议

应包括气候可行性论证项目审查会议的会议通知、专家名单及签名表、会议签到表、审查意见或会议纪要等。

4.1.5 其他

应包括气候可行性论证项目监督检查、质量评价和服务投诉等的记录和凭证。

4.2 观测及资料

观测及资料的文件材料应包括：

a) 气候可行性论证项目现场气象观测站站址确定、仪器设备选型标定、验收、备案、观测监控值班、观测资料汇交等活动中形成的文件材料；

b) 气候可行性论证项目中使用的所有观测数据及记录其观测站址、观测仪器设置、来源、起止时间、数据量大小等的"气候可行性论证项目观测信息记录表"(参见附录 C)；

c) 气候可行性论证项目背景资料；

d) 气候可行性论证项目调查提纲、调查表及调查结果；

e) 计算过程的重要中间成果和资料。

4.3 报告

应包括气候可行性论证机构向用户(组织、单位、个人)提供的气候可行性论证项目工作大纲、质量保证大纲以及气候可行性论证报告(含最终报告和中间的若干重要版本)等。

4.4 归档清单

应包括气候可行性论证项目文件归档管理时产生的记录文件"气候可行性论证项目文件归档记录表"(参见附录 D)。

5 归档管理

5.1 原则

5.1.1 气候可行性论证机构负责形成和管理归档文件。

5.1.2 应由专人负责文件归档,归档文件应真实、准确、完整。

5.1.3 归档文件的形成应与气候可行性论证项目的工作程序同步进行。文件归档最迟完成时间应不晚于项目验收后一个月。

5.1.4 对纸质文件的整理、修整、装订、编页、装盒、排架、归档与保管应按照 DA/T 22—2015 执行;对电子文件的鉴定、整理、归档、移交、接收与保管应按照 GB/T 18894—2016、DA/T 22—2015 执行。

5.2 保管期限

归档文件的保管期限应不低于气候可行性论证项目的设计使用年限。

5.3 保密

气候可行性论证机构应根据气候可行性论证项目合同保密要求以及国家、地方、部门制定的相关保密管理制度、规定,对涉密的气候可行性论证归档文件进行保密管理。

5.4 补救与佐证

5.4.1 缺失的归档文件应及时补救、归档,并备注说明。

5.4.2 缺失的归档文件无法补救的,应及时搜集相关佐证材料来进行归档管理,并在归档时备注说明。

附　录　A
（资料性附录）
气候可行性论证项目基本信息记录表

表 A.1 为气候可行性论证项目基本信息记录表。

表 A.1　气候可行性论证项目基本信息记录表

项目名称					
记录人		记录时间		审核人	
项目来源					
起止时间					
主要工作内容					
参加人员					
姓名	职称	学历	专业方向	任务分工	

附 录 B

（资料性附录）

气候可行性论证项目运行记录表

表 B.1 为气候可行性论证项目运行记录表。

表 B.1 气候可行性论证项目运行记录表

项目名称					
发生时间	发生地点	事件内容	记录人	记录时间	审核人

附 录 C

（资料性附录）

气候可行性论证项目观测信息记录表

表 C.1 为气候可行性论证项目观测信息记录表。

表 C.1 气候可行性论证项目观测信息记录表

项目名称								
记录人			记录时间			审核人		
观测站 名称/地点	经度、纬度、 地面高程	观测塔 高度	观测仪器设置情况 （仪器类别、型号、安装高度、数量等）			来源	起止时间	数据量大小

附　录　D

（资料性附录）

气候可行性论证项目文件归档记录表

表 D.1 为气候可行性论证项目文件归档记录表。

表 D.1　气候可行性论证项目文件归档记录表

项目名称							
记录人			记录时间			审核人	
文件属性统计	纸质文件数量			电子文件数量			
文件类别统计	管理类文件数量			观测及资料文件数量			
	报告文件数量			归档清单文件数量			
归档文件清单							
名称	编号	来源	日期		属性	类别	备注

参 考 文 献

[1] QX/T 242—2014 城市总体规划气候可行性论证技术规范
[2] QX/T 319—2016 防雷装置检测文件归档整理规范
[3] QX/T 351—2016 气象信息服务单位运行记录规范
[4] QX/T 352—2016 气象信息服务单位服务文件归档管理规范

ICS 07. 060
A 47
备案号：71172—2020

中华人民共和国气象行业标准

QX/T 531—2019

气象灾害调查技术规范 气象灾情信息
收集

Technical specifications for meteorological disasters investigation—
Meteorological disasters information collection

2019-12-26 发布 2020-04-01 实施

中 国 气 象 局 发布

前　言

本标准按照 GB/T 1.1—2009 给出的规则起草。

本标准由中国气象局提出。

本标准由全国气候与气候变化标准化技术委员会(SAC/TC 540)归口。

本标准起草单位:国家气候中心。

本标准主要起草人:廖要明、高歌、陈峪、王有民。

气象灾害调查技术规范　气象灾情信息收集

1　范围

本标准规定了气象灾情信息收集的灾害类别、灾情信息内容和格式要求。

本标准适用于气象灾情信息的收集、普查以及评估等工作。

2　规范性引用文件

下列文件对于本文件的应用是必不可少的。凡是注日期的引用文件，仅注日期的版本适用于本文件。凡是不注日期的引用文件，其最新版本（包括所有的修改单）适用于本文件。

GB/T 2260—2007　中华人民共和国行政区划代码

3　术语和定义

下列术语和定义适用于本文件。

3.1

气象灾害　meteorological disasters

由台风、暴雨、干旱、龙卷、寒潮等天气气候原因直接或间接引起的，给人民生活和社会经济造成损失的灾害。

注：改写 QX/T 336—2016，定义 3.2。

4　气象灾害类别

4.1　干旱灾害

由持续少雨、高温等天气引起的农作物减产、水资源短缺、人畜饮水困难、城市供水紧张、工农业生产受阻，以及由长期干旱引发的生态环境恶化，甚至社会不稳定等。

4.2　暴雨洪涝灾害

由强降水或融雪造成的暴雨、洪水、山洪等及其引发的渍涝、农田积涝、城市内涝、滑坡、泥石流等灾害。

4.3　台风灾害

台风带来的风、雨灾害及其引发的风暴潮、渍涝、农田积涝、城市内涝、滑坡、泥石流等灾害。

4.4　龙卷灾害

由龙卷引起的树木倒伏、车辆倾覆、建筑物损毁等灾害，以及造成的交通中断、房屋倒塌、人畜生命危险和经济损失等。

4.5　沙尘暴灾害

由沙尘暴的大风、沙尘造成的灾害及其引发的交通事故、环境污染和生态环境恶化等。

4.6 寒潮灾害

由寒潮引起的急剧降温、大风或雨雪天气造成工农业生产、人民生活和人体健康等受到严重影响。

4.7 大风灾害

除台风、龙卷、沙尘暴和寒潮等灾害性天气以外的大风造成的灾害,主要包括雷雨大风和飑线等。

4.8 冰雹灾害

由冰雹引起的农牧业、工矿企业、电信、交通运输以及人民生命财产遭受较大损失。

4.9 雷电灾害

由雷电造成的人员伤亡、火灾、爆炸或电气、电子系统等严重损毁,造成重大经济损失和重大社会影响。

4.10 雪灾

由强降雪或长时间降雪引起的暴风雪、暴雪、雪(冰)崩、积雪、雪淞、吹雪等对农牧业和道路交通等造成严重影响。

4.11 低温灾害

由 0 ℃以上低温引发的,造成作物受害,植株枯萎、腐烂或感病甚至死亡等,主要包括夏季低温、秋季寒露风和热带作物冬季寒害等。

4.12 冰冻灾害

由 0 ℃以下极端低温或冰冻引发的,对作物或人畜造成的灾害,主要包括冰冻、冻雨、冰凌、电线结冰、道路结冰、冰挂、雨淞、雾淞、混合淞、霜冻等造成的灾害。

4.13 高温热浪灾害

由于气温高、湿度大且持续时间较长,造成人体感觉不舒服,引发人畜疾病或伤亡,并可能威胁公众健康和生命安全、增加能源消耗、影响社会生产活动等。

4.14 大雾灾害

大雾引起的水、陆、空交通灾难以及对输电和人民生活等造成的灾害性影响。

4.15 连阴雨灾害

由长时间降水天气造成作物种子霉烂而不能发芽、早稻烂秧、病虫害滋生蔓延等,进而引起农业减产,主要包括春季连阴雨、华西秋雨等。

4.16 森林草原火灾

由高温、干旱、雷电等气象条件诱发的森林草原起火,对森林草原、森林草原生态系统和人类带来一定危害和损失,包括森林火灾和草原火灾。

4.17 其他灾害

除上述 16 种气象灾害以外,其他由气象条件引起的灾害,如干热风、凌汛、风暴潮、大气污染等。

5 气象灾情信息收集内容及格式

5.1 内容

5.1.1 基本信息

应包括记录编号、上报单位所在地行政区划代码、上报单位所在地名称、发生区域、填报人、联系电话共6项,宜包括数据来源。

5.1.2 灾情信息

应包括灾害类别、灾害开始日期2项,宜包括伴随灾害类别、灾害结束日期、气象要素实况、预警发布情况描述、受灾人口、死亡人口、失踪人口、受伤人口、紧急转移安置人口、倒塌房屋数、直接经济损失、农作物受灾面积、农作物成灾面积、农作物绝收面积、农业经济损失和其他灾情共16项。

灾害类别和伴随灾害类别为第4章所列类别。

5.1.3 附加信息

宜包括图片、图片信息说明、视频、视频信息说明、音频、音频信息说明、备注共7项。

5.2 格式

气象灾情信息收集应符合附录A中表A.1的格式要求。其中,行政区划代码应符合GB/T 2260—2007的要求。

附 录 A

（规范性附录）

气象灾情信息收集字段及属性说明

表 A.1 给出了气象灾情信息收集字段及其属性说明。

表 A.1 气象灾情信息收集字段及属性说明

类别序号	类别名称	字段序号	字段名称	数据类型	单位	缺省说明	备注
1	基本信息	1	记录编号	文本型		不可空	
		2	上报单位所在地行政区划代码	文本型		不可空	数字码,如北京市东城区行政区划代码为110101
		3	上报单位所在地名称	文本型		不可空	省、市、县
		4	发生区域	文本型		不可空	县以下具体行政区
		5	填报人	文本型		不可空	填报人姓名
		6	联系电话	文本型		不可空	上报单位联系电话
		7	数据来源	文本型		可空	灾情信息来源
2	灾情信息	8	灾害类别	文本型		不可空	填写一个气象灾害类别
		9	伴随灾害类别	文本型		可空	可以填写多个气象灾害类别
		10	灾害开始日期	日期型		不可空	YYYY-MM-DD
		11	灾害结束日期	日期型		可空	YYYY-MM-DD
		12	气象要素实况	文本型		可空	天气过程概述
		13	预警发布情况描述	文本型		可空	发生灾害前发布的预警情况,包括当地气象部门发布的预警、预警信号、警报,以及发布的手段和受众情况
		14	受灾人口	整型	人	可空	干旱灾害指饮水困难人口
		15	死亡人口	整型	人	可空	
		16	失踪人口	整型	人	可空	
		17	受伤人口	整型	人	可空	
		18	紧急转移安置人口	整型	人	可空	
		19	倒塌房屋数	整型	间	可空	
		20	直接经济损失	单精度型	万元	可空	保留 2 位小数
		21	农作物受灾面积	单精度型	hm²	可空	保留 1 位小数
		22	农作物成灾面积	单精度型	hm²	可空	保留 1 位小数
		23	农作物绝收面积	单精度型	hm²	可空	保留 1 位小数
		24	农业经济损失	单精度型	万元	可空	保留 2 位小数

表 A.1 气象灾情信息收集字段及属性说明(续)

类别序号	类别名称	字段序号	字段名称	数据类型	单位	缺省说明	备注
2	灾情信息	25	其他灾情	文本型		可空	除上述影响以外的其他影响描述,包括社会影响、农业影响、畜牧业影响、水利影响、林业影响、渔业影响、交通影响、电力影响、通信影响等方面的灾情
3	附加信息	26	图片			可空	图片文件
		27	图片信息说明	文本型		可空	
		28	视频			可空	视频文件
		29	视频信息说明	文本型		可空	
		30	音频			可空	音频文件
		31	音频信息说明	文本型		可空	
		32	备注	文本型		可空	填写过程中需要进一步说明的内容,对于冰雹、龙卷、大风和雷电等短时强对流天气,开始和结束时间应具体到时、分

参 考 文 献

[1] QX/T 336—2016 气象灾害防御重点单位气象安全保障规范
[2] 第十二届全国人大常委会. 中华人民共和国气象法[M]. 北京:法律出版社,2016
[3] 中华人民共和国国务院. 气象灾害防御条例[Z],2017

1020

参 考 文 献

[1] QX/T 336—2016 气象灾害防御重点单位气象安全保障规范
[2] 第十二届全国人大常委会. 中华人民共和国气象法[M]. 北京:法律出版社,2016
[3] 中华人民共和国国务院. 气象灾害防御条例[Z],2017

ICS 07.060
A 47
备案号: 71173—2020

中华人民共和国气象行业标准

QX/T 532—2019

Brewer 光谱仪标校规范

Specifications for Brewer spectrophotometer calibration

2019-12-26 发布   2020-04-01 实施

中 国 气 象 局 发 布

前　言

本标准按照 GB/T 1.1—2009 给出的规则起草。

本标准由全国气候与气候变化标准化技术委员会大气成分观测预报预警服务分技术委员会(SAC/TC 540/SC 1)提出并归口。

本标准起草单位:中国气象科学研究院、中国气象局气象探测中心、浙江省气象局、青海省气象局、黑龙江省气象局。

标准主要起草人:郑向东、张晓春、马千里、祁栋林、于大江、陈树。

Brewer 光谱仪标校规范

1 范围

本标准规定了 Brewer 光谱仪工作原理与系统构成、标校特性技术要求、标校条件、标校原理与方法及标校结果表达等。

本标准适用于 Brewer 光谱仪的定期标校或非定期标校。

2 规范性引用文件

下列文件对于本文件的应用是必不可少的。凡是注日期的引用文件，仅注日期的版本适用于本文件。凡是不注日期的引用文件，其最新版本（包括所有的修改单）适用于本文件。

QX/T 172—2012　Brewer 光谱仪观测臭氧柱总量的方法

3 术语和定义

下列术语和定义适用于本文件

3.1

大气臭氧柱总量　total column ozone

地面上单位面积垂直大气柱内所包含臭氧的含量。

[QX/T 172—2012,定义 3.1]

3.2

B 波段紫外辐射　Ultraviolet radiation band B;UVB

波长 280 nm～315 nm 波段内的辐射。

[QX/T 172—2012,定义 3.3]

4 符号和缩略语

4.1 符号

下列符号适用于本文件。

AP:电学系统测试。

B0:关闭汞灯及标准灯。

B2:打开标准灯。

CI:标准灯狭缝♯1 扫描测试。

FI:滤光轮中性滤光片检测。

HP:光栅同步测试(通常与 HPHG 一起仅在 MKⅢ型光谱仪使用)。

RS232:串行通信接口标准。

SKC:连续运行模式。

4.2 缩略语

下列缩略语适用于本文件。

Cal. skd：标定设定（Calibration schedule）

CCW：逆时针方向（Counter-Clock Wise）

CW：顺时针方向（Clock Wise）

DSP：光栅色散测试（DiSPersion test for grating）

DT：光电倍增管死区时间测试（Dead Time test）

DU：陶普森单位（Dobson Unit）

DUV：Diffey 响应曲线权重紫外辐射（Diffey curve weighted UltraViolet）

ETC：地球大气上界常数（Earth Terrestrial Constants）

GMT：格林威治时间（Greenwich Mean Time）

GS：光栅斜率和截距测试（Grating Slope and intercept test）

ICF：仪器常数文件（Instrument Constant Files）

PMT：光电倍增管（Photo Multiplier Tube）

QL：外部灯光谱快速扫描测试（Quick Lamp scan）

RS：光阑运行/停止测试（Run Stop test）

HG：汞灯波长标定（HG lamp wavelength calibration）

HV：（PMT）的高电压测试（High Voltage test）

SI：对太阳（Sun sIting）

SC：太阳光谱扫描观测（Sun sCan）

SL：仪器稳定性标准灯检测（Standard Lamp test）

SR：跟踪器转一圈所应有的步数（Tracker Steps per Revolution）

TU：天顶棱镜在 UV 观测时的最佳位置检测（Test UVB alignment）

UV：紫外辐射（UltraViolet rays）

UVR：紫外辐射光谱响应函数（UltraViolet Response）

WMO：世界气象组织（World Meteorological Organization）

ZE：天顶棱镜的归零位置检测（ZEroing zenith drive）

5 光谱仪工作原理与系统构成

5.1 工作原理

Brewer 光谱仪根据臭氧对 B 波段紫外（UltraViolet Band：UVB）辐射的吸收特性，通过准确跟踪太阳（或月亮），采用衍射光栅分光技术，测量 UVB 五个中心波长位置的太阳光谱辐照度，基于近似差分吸收的原理反演大气臭氧和二氧化硫柱总量；通过衍射分光实现 B 波段紫外辐射光谱测量。

5.2 系统构成

Brewer 光谱仪包括分光仪、控制计算机和标校系统。其中，分光仪应由衍射光栅分光光谱仪、太阳和月亮水平方位跟踪器以及三角支架组成；标校系统应包括 Brewer 标准光谱仪、UV 光谱标校以及标校数据处理软件。

6 标校特性技术要求

标校后的 Brewer 光谱仪其特性技术指标应符合表 1 的要求。

表 1 Brewer 光谱仪的标校特性技术要求

指标	最大允许偏差
大气臭氧柱总量	与标准光谱仪日均值绝对偏差在±2.5 DU 以内或±1%以内
大气二氧化硫柱总量	与标准光谱仪日均值绝对偏差在±1.0 DU 以内
UV 光谱响应函数	与标准光谱仪同步观测 290 nm～325 nm,积分值相对偏差小于 10%

7 标校条件

7.1 基本要求

7.1.1 场地和室内环境

应符合 QX/T 172—2012 中 5.1 的要求。

7.1.2 天气条件

天气晴朗,少云(或太阳周边无云)。

7.2 标校设备、设施、材料

7.2.1 标准光谱仪应经由 WMO-Brewer 标校中心标校并处于标准传递有效期内。

7.2.2 UVB 光谱标校系统应由标准光源(含电源驱动设备)和便携式暗室组成。光源直流电流控制稳定性应优于 0.001 A。便携式暗室应满足通风、散热及标准光源距离 Brewer UV 窗口水平感应面之间距离在 0 cm～55 cm 之间可调等条件。

7.2.3 溶剂,使用分析纯级甲醇或丙酮作为清洁剂。

7.2.4 辅助工具,英制内六角扳手、水平仪、手电和激光笔、软毛刷、清洁纸巾、专业级镜头纸、干燥剂、一次性手套和口罩等。

8 标校原理和方法

8.1 原理

光谱仪标校原理参见附录 A。

8.2 方法

8.2.1 一般原则

8.2.1.1 标校工作包括标校前、标校中和标校后三个阶段。每个阶段均应进行光谱仪特性测试、室外比对观测和比对测试数据分析。

8.2.1.2 光谱仪连续运行累计达 24 个月以上或光谱仪维修、更换新的光学器件(如光栅、UV 滤光片)均应对光谱仪进行标校。

8.2.1.3 标准光谱仪每 2 年应与高一级别的标准光谱仪进行校准。

8.2.1.4 观测数据中应包含太阳天顶角 45°以下的样本。

8.2.2 标校前

8.2.2.1 光谱仪运输前后均应对被运输光谱仪进行检查、安装、架设和测试,步骤和要求参见附录 B。

8.2.2.2 按照 QX/T 172—2012 表 2 指标要求对被运输光谱仪的稳定性检测(SL)进行判断,确定是否根据稳定性的检测结果。若不满足要求则参照附录 A 中 A.3 和 A.4 对被运输光谱仪 ICF 中的臭氧和二氧化硫的地球大气上界常数(ETC)值进行修改。

8.2.2.3 按照附录 E 中表 E.1 的要求对被标校光谱仪的电学、波长标校、稳定性、光电倍增管、光阑狭缝的运行状况进行评估;按照附录 E 中表 E.2 的步骤与要求对被标校光谱仪进行特性测试。

8.2.2.4 被标校光谱仪与标准光谱仪进行同步比对观测至少半天,对比对观测数据进行比较和统计分析,记录和分析内容见附录 F。

8.2.3 标校中

8.2.3.1 对光谱仪进行维护和测试,维护步骤、测试内容及要求见附录 G。

8.2.3.2 按照附录 H 中表 H.1 的步骤 1—11 要求完成至少一个晴天的室外比对观测。

8.2.3.3 按照附录 H 中表 H.1 的步骤 12—18 要求完成测试和 ICF 修改工作 ICF。

8.2.4 标校后

8.2.4.1 按照附录 H 中表 H.1 的步骤 1—11 的要求,新 ICF 运行的光谱仪至少与标准光谱仪开展一个晴天比对观测。

8.2.4.2 比对观测结果,符合标校特性技术要求时则本次标校结束;若不符合则重复 8.2.3.2 至 8.2.4.2 直到标校特性技术指标符合要求。

8.2.4.3 分别保存标准光谱仪和被标校光谱仪的标校数据和文档。

8.2.4.4 按照附录 I 中表 I.1 的要求填写标校总结记录表。

8.2.4.5 关闭标准光谱仪或被标校光谱仪,并按照附录 J 的要求对光谱仪系统进行拆卸、包装和运输。

9 标校结果表达

经标校后的光谱仪应颁发标校证书,证书参见附录 K。

附　录　A

（资料性附录）

光谱仪标校原理和方法

A.1 大气臭氧柱总量的标校

Brewer 臭氧光谱仪是对中心波长位置分别在 310.0 nm、313.5 nm、316.8 nm 和 320.0 nm 的太阳辐照度的光子数进行测量,根据测量结果及已经在实验室测定的臭氧在这 4 个波长的吸收系数,确定大气臭氧柱总量,见式(A.1)。根据式(A.1),通过标准光谱仪多次测量的大气臭氧柱总量 Ω 以及被标光谱仪 ΔN_o 测值,可建立方程组,采用最小二乘法确定待标校光谱仪 ΔN_{oz}(ICF 中第 10 行的确定臭氧的地球大气上界值(ETC),参见附录 C)和 $\Delta\alpha$ 值,实现对待标光谱仪大气臭氧柱总量测值的标校。

$$\Omega = \frac{\Delta N_o - \Delta N_{oz}}{\mu_{oz}\Delta\alpha} - \frac{\Delta\beta m}{\mu_{oz}} \quad\quad\quad\cdots\cdots\cdots\cdots\cdots(A.1)$$

式中:

Ω ——大气臭氧柱总量测量值,该值由标准光谱仪观测,单位为摩尔每平方米(mol/m²),在实际应用中,这一单位常换算为标准大气下的臭氧柱总量厚度单位(DU);

ΔN_o ——被标校光谱仪测量上述 4 个波长光子数对数拟合,无量纲;

ΔN_{oz} ——待标校确定待标光谱仪的参数值(ICF 中第 10 行臭氧的 ETC),无量纲;

μ_{oz} ——臭氧层的大气质量数(以离海平面 23.5 km 高度计算),无量纲;

$\Delta\alpha$ ——与上述 4 个中心波长位置(310.0 nm、313.5 nm、316.8 nm 和 320.0 nm)有关的臭氧吸收系数(ICF 文件中第 7 行的系数),其值通常由厂家给出,若更换被标光谱仪的光学器件(如滤光片、光栅等),导致中心波长位置发生偏移时,应根据式(A.1)重新确定,单位为平方米每摩尔(m²/mol);

$\Delta\beta$ ——与地面气压有关的空气分子瑞利散射系数,单位为摩尔每平方米(mol/m²);

m ——大气质量数,无量纲。

A.2 二氧化硫柱总量的标校

在确定大气臭氧柱总量后,根据 Brewer 光谱仪在中心波长 306.0 nm、316.8 nm 和 320.0 nm 的太阳辐照度光子数测量结果,ΔN_s,及实验室测定的二氧化硫这 3 个波长的吸收系数,可确定大气二氧化硫柱总量,Ψ,见式(A.2)。根据式(A.2),通过标准光谱仪的 Ω、Ψ 以及被标光谱仪的 ΔN_s 测值,建立方程组,通过最小二乘法确定 ΔN_{so}(ICF 中第 11 行确定臭氧的地球大气上界值(ETC))和 $\Delta\alpha_{so}$,实现对待标光谱仪二氧化硫柱总量测值的标校。

$$\Psi = \frac{\Delta N_s - \Delta N_{so}}{\mu_{so}\Delta\alpha_{so}} \times \Delta\alpha_{oz} - \frac{\Omega}{\Delta\alpha_{oz}} \quad\quad\quad\cdots\cdots\cdots\cdots\cdots(A.2)$$

式中:

Ψ ——大气二氧化硫柱总量测量值,该值由标准光谱仪观测,单位为摩尔每平方米(mol/m²);

ΔN_s ——被标校光谱仪上述 3 个波长光子数对数值的拟合,无量纲;

ΔN_{so} ——要标校所确定,待标光谱仪的参数值(ICF 中第 11 行的二氧化硫 ETC),无量纲;

μ_{so} ——二氧化硫的大气质量数(以离海平面 5 km 高度计算),无量纲;

$\Delta\alpha_{so}$ ——与上述 3 个中心波长(306.0 nm、316.8 nm 和 320.0 nm)位置有关的二氧化硫吸收系数

（ICF 文件中第 8 行的系数），其值通常由厂家给出，若更换被标光谱仪的光学器件（如滤光片、光栅等），导致中心波长位置发生偏移时，应根据式（A.1）重新确定，单位为平方米每摩尔（m^2/mol）；

$\Delta\alpha_{oz}$ ——臭氧吸收系数与二氧化硫吸收系数的比值，无量纲。

A.3 ΔN_{oz} 和 ΔN_{so} 的 SL 检测订正

当被标光谱仪稳定运行且没有出现光栅、滤光片等核心光学器件更换时，ΔN_{oz} 和 ΔN_{so} 则可以根据待标光谱仪的稳定性检测（SL）记录由以下公式来分别订正。

$$\Delta N_{ozn} = \Delta N_{ozo} + R6_n - R6_o \qquad\qquad (A.3)$$
$$\Delta N_{son} = \Delta N_{soo} + R5_n - R5_o \qquad\qquad (A.4)$$

式中：

ΔN_{ozn}——待标光谱仪本次标校确定的 ICF 中第 10 行新的臭氧 ETC 值（ΔN_{oz}），无量纲；

ΔN_{son}——待标光谱仪本次标校确定的 ICF 中第 11 行新的二氧化硫 ETC 值（ΔN_{so}），无量纲；

ΔN_{ozo}——待标光谱仪上次标校所确定的 ICF 中第 10 行老的臭氧 ETC 值，无量纲；

ΔN_{soo}——待标光谱仪上次标校所确定的 ICF 中第 10 行老的二氧化硫 ETC 值，无量纲；

$R6_n$ ——待标光谱仪本次 sl 检测确定与大气臭氧柱总量有关新的比率值，无量纲；

$R6_o$ ——待标光谱仪上次 sl 检测确定与大气臭氧柱总量有关老的比率值，无量纲；

$R5_n$ ——待标光谱仪本次 sl 检测确定与大气二氧化硫柱总量有关新的比率值，无量纲；

$R5_o$ ——待标光谱仪上次 sl 检测确定与大气二氧化硫浓度有关老的比率值，无量纲。

A.4 UV 光谱响应函数的确定

在给定精确的直流电流和电压情况下，标准光源辐亮度系数已确定（该系数有可溯源的计量标准），当该光源照射被标校光谱仪时，光谱仪记录相应的光子数信号，Brewer 臭氧光谱仪的 UV 光谱响应函数由式（A.5）确定。

$$R(\lambda) = \frac{E(\lambda)}{S(\lambda)} \qquad\qquad (A.5)$$

式中：

$R(\lambda)$——UV 光谱响应函数，待确定量，单位为光子数每瓦平方米纳米（光子数/（$W \cdot m^2 \cdot nm$））；

$E(\lambda)$——标准光源在波长 λ 位置上的辐照度值，已确定量，单位为瓦每平方米纳米（$W/(m^2 \cdot nm)$）；

$S(\lambda)$——待标光谱仪在波长 λ 位置上所测的光子数，已测定量。

附　录　B
（资料性附录）
光谱仪检查、安装、架设和测试

表 B.1 规定了光谱仪检查、安装、架设和测试工作步骤和要求。

表 B.1　检查、安装、架设和测试步骤

光谱仪序列号：		日期：	站点：	操作者：
序号	工作步骤		状况ª	要求
1	运输光谱仪箱的外部破损情况			若外部损坏则拍照记录,确定原因再打开
2	打开光谱仪运输箱			
3	打开光谱仪外盖			打开前,紫外辐射石英罩应被罩住
4	目测光谱仪状况,手机拍照(以备包装光谱仪用)			
5	撤出所有海绵和防撞泡沫等异物			
6	仔细检查光谱仪机械连接及螺丝松脱状况			用英制内六角工具检查
7	检查电学电缆线插头松脱,电路板组合松脱			对 MKⅡ型光谱仪尤其重要
8	检查汞灯和标准灯的情况			
9	目测光谱仪光栅、反射镜、测微尺状况			不应手直接触及光学器件表面,不应抽烟,不应潮湿环境
10	检查干燥程度			平时光谱仪内部的湿度检测纸应为蓝色
11	扣紧光谱仪黑盒和外盖			应扣紧黑盒,应轻放扣子
12	检查跟踪器、保护绳和圆盘传动机械的松紧			
13	按 QX/T 172—2012 检查光谱仪电源连接			
14	确定光谱仪室外安装位置			
15	安装三脚架、水平跟踪器和光谱仪			
16	按 QX/T 172—2012 调好光谱仪水平			
17	光谱仪连接计算机和电源			
18	打开计算机中修改台站地理信息配置文件			参见附录 D 第 10—13 行修改
19	启动光谱仪,等待 3 min~5 min			
20	通过 Brewcmdw.exe 检查光谱仪的通信状态			仅对新型电路板的光谱仪适用
21	退出 Brewcmdw.exe,计算机运行光谱仪			
22	计算机进入主菜单,检查主菜单信息			重点是时间(GMT)和日期
23	键入 PDSRSI,仅调 CW 和 CCW 对准太阳			若天气不允许对准太阳则进入下一步
24	键入 PDAPHGSL 测试,卸紫外辐射石英罩			
25	AP、HG、SL 测值与上次测值比较			
26	设置 Brewer 光谱仪做同步比对观测模式			仅限晴朗白天观测模式
注:步骤 19—21 仅适用于 MKⅢ光谱仪。				
ª　仅划√和×分别表示完成或未完成,对于"×"要简要说明现象或原因。				

附　录　C

（资料性附录）

光谱仪常数文件的说明

表 C.1 给出了光谱仪常数文件(ICF)格式说明。

表 C.1 光谱仪常数文件(ICF)说明

序号	典型数值	意义	备注说明
1—5	0 ～－0.7	光阑狭缝♯1—♯5 臭氧温度补偿系数	固有设值,仅光学器件更换后应重新测定
6	0	螺旋测微尺每度的转动步数	
7	0.3446	臭氧吸收比率的系数	仅光学器件更换时才重新测定
8	2.35	二氧化硫比率吸收系数	
9	1.1533	臭氧与二氧化硫比值吸收比率系数	
10	1690	计算臭氧柱总量的 ETC 值	重要参数,是标校的重点内容,通过标准灯检测或标准光谱仪比对更改
11	215	计算二氧化硫柱总量的 ETC 值	
12	4.00E-08	PMT 死区时间(单位:s)	若更改后,所有测试应重新做
13	286	波长标校步数	即 SC 观测所确定的步数
14	14	光阑马达的延迟时间	固有设定
15	1688	Umkehr 廓线观测偏移值	通常不改动,SC 测值变化时再做色散实验重新确定
16—21	0	滤光轮♯0—♯5 位置衰减单位	通过 FI 检测测定。
22	2972	驱动天顶棱镜的马达步数范围	固有设定
23	MKⅢ	光谱仪型号	
24	1	和计算机通信的串行接口	根据实际定,但 Brewer 光谱仪只认 RS232 1 或 2 串口
25	0	汞灯在狭缝♯0 温度系数	不变
26—31	—	不用	
32—33	0,2310	测微尺♯1 和♯2 偏差值	测微尺♯1 和♯2 偏差值通常分别为 0 和 2310
34—40	—	不用	
41	0.998	光栅的斜率	仅 MKⅢ型光谱仪存在,很少改动,通过 GS 检测而改变
42	1.901	光栅截距	
43	2469	测微尺零位置时步进电机数	基本上是厂家固有设置
44	250	打开(光圈)马达转动步数	
45	0.8	计算机缓存的延迟时间	依据计算机情况而定
46	—	不用	固有设定
47	256	臭氧观测时,♯1 滤光轮位置	
48	0	臭氧观测时,♯2 滤光轮位置	

表 C.1 光谱仪常数文件(ICF)说明(续)

序号	典型数值	意义	备注说明
49	64	UV 观测时,♯2 滤光轮的位置	固有设定
50	40	天顶棱镜回零时马达可调步数	
51	2223	UV 观测天顶棱镜所转的步数	通过外部 UV 校准灯由 HGTU 测试来确定
52	Jan.,01,2005	ICF 文件产生的日期	

附　录　D

（资料性附录）

光谱仪配置文件(OP_ST)说明

表 D.1 给出了光谱仪配置文件(OP_ST 文件)格式说明。

表 D.1　被标校光谱仪配置文件表

序列号	典型值	变量名	意义说明	备注
1	54	NO$	光谱仪序列号,表示第 54 号光谱仪	
2	D:\BDATA	DD$	Brewer 光谱仪所有数据所在的目录	
3	ICF07914	ICF$	2014 年第 79 天生成的光谱仪文件	标校后修改
4	ZSF25606	ZSF$	天顶方向散射光测臭氧的系数文件	仅随更换光学器件而改动
5	DCF11199	DCF$	光栅色散系数文件	仅随更换光学器件而改动
6	UVR07914	UVR$	UV 光谱响应函数	标校后修改
7	24	DA$	日期	
8	11	MO$	月份	可从计算机自动读取
9	15	YE$	年	
10	Mt. Waligan	LO$	光谱仪所在地名（瓦里关山）	
11	36.287	L1$	纬度（负值为南半球）	光谱仪被运输到新地点后更改
12	−100.898	L2$	经度（负值为东半球）	
13	650	L3$	平均气压	
14	1.8	TI$	GMT 时间	可从计算机自动读取
15	215	NC%	距离正北方向的偏差	SI 后修改
16	0	HC%	距离仰角为零度时的偏差	该值不随 SI 不变,参考 OPOAVG
17	14689	SR%	水平跟踪器转 360°所需要的马达步数	SR 后的记录
18	1	Q1%	天顶棱镜	1 表示天顶棱镜是可运行
19	1	Q2%	水平跟踪器	1 为跟踪器是可运行
20	1	Q3%	光圈	0 为关闭光圈
21	1	Q4%	滤光轮♯1	0 为关闭滤光轮♯1
22	1	Q5%	滤光轮♯2	0 为关闭滤光轮♯2
23	1	Q6%	时钟电路板	0 为关闭时钟电路板
24	1	Q7%	A/D—转换	0 为关闭 A/D—转换
25	1	Q8%	UVB 观测窗口	0 为关闭 UVB 观测窗口
26	0	Q9%	滤光轮♯3	仅在 MKⅣ型光谱仪中有
27	0	Q10%	新型温度转换电路板	仅在新的电路板的光谱仪上有
28	1	Q11%	滤光轮安装第二块偏振片	

表 D.1 被标校光谱仪配置文件表(续)

序列号	典型值	变量名	意义说明	备注
29	0	Q12%	设置1则光谱仪在仿真(NoBrew)工作状态	
30	1	Q13%	狭缝♯1对HG检测为宽状态,设为1	
31	0	Q14%	新型工作电路板设为1	
32	1	Q15%	湿度传感器	1表示有湿度传感器工作
33	SKC/menu	DI$	转入连续运行模式	
34	O_3	MDD$	臭氧工作模式	默认O_3模式,仅MKⅣ有NO_2模式
35	$UMKNO_2$	SK$	NO_2工作模式	

附　录　E

（规范性附录）

标校前被标校光谱仪测试比较及特性测试

表E.1规定了标校前被标校光谱仪测试数据记录要求；表E.2规定了对光谱仪开展特性测试命令顺序。

表 E.1　标校前与标准光谱仪同步观测数据比较记录样表

光谱仪序列号：	日期：	站点：	操作者：	
检测数据结果评估		检查内容		备注
		上次标校值	现在测值	运行区间均值（含1标准差）	
数据统计	APOAVG(电学系统测试平均值)	电压(5 V)＝ PMT电压＝	电压(5 V)＝ PMT电压＝	电压(5 V)＝ PMT电压＝	
	HGOAVG（波长标校平均值）	光强＝	光强＝	光强＝	
	SLOAVG（稳定性检测平均值）	R5＝ R6＝ 光强＝	R5＝ R6＝ 光强＝	R5＝ R6＝ 光强＝	
	DTOAVG（光电倍增管死区时间测试平均值）	$DT_{低位}$＝ $DT_{高位}$＝	$DT_{低位}$＝ $DT_{高位}$＝	$DT_{低位}$＝ $DT_{高位}$＝	
	RSOAVG（光阑运行/停止测试平均值）	R1＝ R2＝ R3＝ R4＝ R5＝ R6＝ R7＝ R8＝	R1＝ R2＝ R3＝ R4＝ R5＝ R6＝ R7＝ R8＝	R1＝ R2＝ R3＝ R4＝ R5＝ R6＝ R7＝ R8＝	

表 E.2 被标校光谱仪标校前的特性测试

光谱仪序列号：	日期：	站点：	操作者：

	测试命令	测试内容	备注
特性 测试[a]	HPHGFI HPHGCIHG HPHGGSHG HGQLHG	检查滤光片衰减系数的变化 检查狭缝半波宽度的变化 检查双光栅的同步 检查 UVB 的稳定性变化[b]	约 3 h 仅 MKⅢ测试 使用 2~3 个灯,约 2 h
[a] 特性测试通常在夜间开展,HP 和 GS 检测仪对 MKⅢ型 Brewer 光谱仪有效。 [b] 按照 QX/T 172—2012 的规定,应使用 50 W 外部灯来检测 UVB 稳定性,若距离上次标校差别超过±5%,则应使用 1000 W 的标准光源进行标校。			

附　录　F

（规范性附录）

标校前同步比对观测结果分析比较

表 F.1 规定了标校前光谱仪同步观测数据分析和结果比较格式。

表 F.1　被标校光谱仪维护和测试记录样表

光谱仪序列号：	日期：	站点：	操作者：		
比较内容		日均值			
		臭氧柱总量	二氧化硫柱总量	DUV	
标准光谱仪					
被标校光谱仪	计算机读取测值				
	SL 订正后值ᵃ				
相对差别(%)			—		
卫星测值参考			—	—	
注："—"表示不填写。					
ᵃ　DUV 值则用表 E.1 最后 QL 产生 UV 响应函数重新计算的值。					

附　录　G

（规范性附录）

被标校光谱仪的维护和测试

表 G.1 规定了被标校光谱仪维护和测试步骤。

表 G.1　被标校光谱仪维护和测试步骤要求记录表

光谱仪序列号：	日期：	站点：	操作者：

序号	维护步骤和测试内容	状况ᵃ	要求
1	室外光谱仪做一次 APHPHGSL		HP 仅对 MKⅢ型光谱仪
2	退出计算机控制光谱仪,关闭室外光谱仪的电源		
3	备份上次 ICF 并利用 OP_ST 文件关闭水平跟踪器		
4	将室外光谱仪搬到室内,并连接计算和电源(不启动光谱仪)		紫外辐射石英罩罩住
5	打开光谱仪外盖,清除光谱仪内可能灰尘或干燥剂硅胶颗粒		
6	目测光谱仪所有机械连接并检查是否有螺丝松脱		用英制内六角改锥
7	检查电缆、线插头松脱,电路板组合松脱(MKⅡ型发生)		
8	检查汞和标准灯,若它们表面发黑则更换,若更换则在更换后启动光谱仪做 HGSLDTRSB2CIHG 检测后关闭光谱仪		约耗时 1 h
9	检查驱动滤光轮特氟龙齿轮老化程度		
10	打开光谱仪黑盒目测光栅及球面反射镜、螺旋测微尺状况		
11	戴口罩和手套,清洁螺旋测微尺		视情况拆卸清洗
12	清洗后用手将测微尺转到其初始位置,感受测微尺松紧度		应比较松的状态
13	更换黑盒圆柱体内干燥剂		
14	用手感觉反射镜后端和光阑狭缝的连接松紧度状况		禁触任何光学表面
15	扣上黑盒,接通光谱仪电源,启动光谱仪		扣黑盒力度应轻
16	测试主电源 5 V 是否满足 4.9 V～5.1 V 范围		若不满足则应调试电压
17	做 B2ZE 检测,并用小水平泡检查天顶棱镜的零点位置		
18	视情况做 PMT 电压调节		用 HV 指令
19	更换干燥剂,注意防撞海绵的放置,盖上外盒		
20	做 HGSLDTRSB2CIHG		约耗时 2 h
21	关闭计算机光谱仪,关闭光谱仪电源		
22	据 SL,DT 和 SC 测值,修改原 ICF 文件 B1,B2,DT 和 SC 的参数,产生新的 ICF		参见附录 B
23	比较步骤 8 和步骤 20 所做 c_i 结果,若两者光强变化未超 2％则采用标校前的 1000 W 标准光源的标校结果		
24	修改 OP_ST 文件,让光谱仪重启使用新 ICF		参见附录 D
25	(不通电)打开室外水平跟踪器,对水平跟踪器进行清洁和维护		

表 G.1　被标校光谱仪维护和测试步骤要求记录表(续)

序号	维护步骤和测试内容	状况[a]	要求
26	启动光谱仪并做 APHGSL 检测		
27	白天晴朗,太阳天顶角合适,让被标校光谱仪与标准光谱仪室外同步观测;白天天气不晴朗,让被标光谱仪进行光栅色散测试(HGD-SP)		参见附录 C
28	运行 cal.skd		
[a]　仅划√和×分别表示完成或未完成。			

附 录 H
（规范性附录）
室外标校比对观测及数据处理

表 H.1 规定了光谱仪室外标校比对观测及数据处理步骤。

表 H.1 室外标校比对观测及数据处理记录表

光谱仪序列号：	日期：	站点：	操作者：		
序号	对被标校光谱仪的操作步骤			状况[a]	要求
1	光谱仪的水平状况检查				
2	检查光谱仪电源连接，应符合 QX/T 172—2012 中 6.1.4 规定				
3	检查太阳天顶角（72°以下）				
4	启动被标校光谱仪				
5	检查时间，日期与标准光谱仪一致				
6	做 pdsrsi 测试，了解光谱仪对太阳情况				
7	在"press HOME to stop"状态下标准光谱仪回到主菜单下				
8	被标校光谱仪和标准光谱仪同步进行 cal.skd 标校观测模式				
9	中午 ds 观测期间两台光谱仪是否准确对准太阳检查				
10	下午期间 ds 观测期间两台光谱仪是否准确对准太阳检查				太阳天顶角在 72°以上
11	cal.skd 观测应接近一个整晴天（太阳天顶角至少 45°~75°）				太阳天顶角在 95°以上
12	退出 cal.skd				
13	进行 UV 光谱响应函数标校，应符合 QX/T 172—2012 中 7.2 的规定				应用 2~3 个 1000 W 的标准光源
14	退出 UV 光谱响应函数标校，回归主菜单下				
15	根据比对观测数据再次确定被标校光谱仪新的 ICF				
16	根据步骤 13，确定被标校光谱仪 UV 光谱响应函数				
17	调整被标校光谱仪 OP_ST 文件用的 ICF 和 UV 光谱响应文件				参见附录 B、附录 D
18	关闭光谱仪电源并重新启动被标校光谱仪，进入 cal.skd 观测模式				新 ICF 仅光谱仪重启时才开始被应用
[a] 划√和×分别表示完成或未完成的状况。					

附 录 I

（规范性附录）

光谱仪标校总结记录

表 I.1 规定了光谱仪标校总结记录格式。

表 I.1 光谱仪标校总结记录表

光谱仪序列号：		日期：	站点：	填写人：	
类别	具体内容	上次标校	本次标校维护前	本次标校后	备注
	AP 5 V 电压				5.0 V±0.1 V
	PMT 电压				900 V～1500 V
	RS 检测[a]				0.997～1.002
	DT（高位）				$(2.0～4.0)×10^{-9}$ s
	R6/R5				
	FI				
	滤光片♯1 值				
	滤光片♯2 值				
	滤光片♯3 值				
	滤光片♯4 值				
	50 W—QL	﹣			误差在±5%
	50 W TU				2112±10 步数
	运行检测 HC				一般为 0
	ETC 臭氧/二氧化硫				
ICF 关键参数	ETC 臭氧/二氧化硫	﹣			SL 订正 ETC
	SC 测值				
臭氧总量测值	标准/被标			﹣	应用上次 ICF 中 ETC
（单位：DU）	标准/被标			﹣	应用随 SL 订正 ETC
	标准/被标	﹣	﹣		应用新 ICF 中 ETC
二氧化硫总量	标准/被标			﹣	应用上次 ICF 中 ETC
（单位：DU）	标准/被标			﹣	应用随 SL 订正 ETC
	标准/被标	﹣	﹣		应用新 ICF 中 ETC
同步 DUV	标准/被标			﹣	上次 UVR
（单位：mW/m^2）	标准/被标			﹣	维护前 UVR
	标准/被标				新 UVB 响应函数
被标光谱仪文	ICF				
件使用记录	UVR 文件				
	软件版本				
[a] 测值在 0.997～1.002 划"√"，否则划"×"；"﹣"不填。					

附　录　J
（规范性附录）
光谱仪的拆卸、包装和运输

J.1　拆卸前的测试

对光谱仪做以下检测：

a)　3 个 50 W UV 灯做 UV 稳定性测试；

b)　完成 UV 稳定性检测之后，光谱仪在夜间应做如下 APHPHGSLDTRSB2CIB0HGCIHGFISL
以进一步了解仪器的稳定特性。

J.2　水平跟踪器的包装

要求如下：

a)　水平跟踪器上面三个突起部分，用海绵包盖；

b)　将水平跟踪器平面部分朝下好放入；

c)　将两根电缆线沿着水平跟踪器的底座圆柱盘呈圆形放在水平跟踪器箱里。

J.3　光谱仪的包装

要求如下：

a)　将光谱仪卸下后尽量保持光谱仪在与地面平行的状态将光谱仪抬到室内；

b)　将光谱仪箱打开，依据附录 B 的表 B.1 中步骤 4 拍摄的照片要求，将光谱仪内部垫海绵防撞。
重点部位是两个灯室底部、光电倍增管底部、前置光学系统底部、UVB—石英窗底座、光谱仪
黑盒子四周及底座。保持各个光学器件在受到冲击时能有相对的缓冲；

c)　将新烘干干燥剂放入光谱仪内，再次检查各个部件海绵填垫情况，干燥剂的放置是否合适；

d)　将光谱仪外盖盖住扣紧。将石英窗口用长条板形的海绵盖上，用透明胶带贴上；

e)　将 UVB—石英窗用保护盖盖住；

f)　将光谱仪的外盖包一层塑料泡沫纸（带圆泡形的）之后将光谱仪放在箱里；

g)　将已包装好的串口（符合 RS232）转换器及其电源等部件放在光谱仪的石英窗口所剩下的空
间里；

h)　盖上光谱仪外箱，运输。

J.4　光谱仪的运输

要求如下：

a)　三脚架和水平跟踪器的箱子可走公共物流运输。

b)　光谱仪由操作者随身携带长途运输。

附　录　K
（资料性附录）
标校证书

标校证书包括以下信息：

a)　标校证书标题；

b)　标校单位名称和地址；

c)　标校地点和日期；

d)　证书的唯一性标识，每页及总页数的标识；

e)　被标校对象所属单位的名称和地址；

f)　被标校对象的描述和明确标识；

g)　标校所依据的技术规范的标识，包括名称和代号等；

h)　本次标校所用测量标准的溯源及有效性说明；

i)　标校环境的描述；

j)　标校结果及其测量不确定度的说明；

k)　标校证书签发人的签名、职务或职称，以及签发日期；

l)　标校结果仅对被标校对象有效的声明；

m)　声明："未经标校单位书面批准，不得部分复制证书"。

参 考 文 献

［1］ JJF 1002—1998　国家计量检定规程编写规则

［2］ JJF 1071—2000　国家计量校准规范编写规则

［3］ 中国气象局监测网络司.全球大气监测观测指南［M］.北京:气象出版社,2003

［4］ China Brewer clibration reports［Z］,1991,1996,1999,2002,2004,2006,2008,2010,2012,2014. http://www.ios.ca/

［5］ Brewer MK Ⅱ Spectrophotometer Operator's and Acceptance Manuals,SCI-TEC Instruments［Z］. Inc. ,Saskatoon,Saskatchewan,Canada,1992

ICS 07. 060

A 47

备案号：71174—2020

中华人民共和国气象行业标准

QX/T 533—2019

太阳光度计标校技术规范

Technical specifications for sun photometer calibration

2019-12-26 发布

2020-04-01 实施

中 国 气 象 局 发 布

前　言

本标准按照 GB/T 1.1—2009 给出的规则起草。

本标准由全国气候与气候变化标准化技术委员会大气成分观测预报预警服务分技术委员会(SAC/TC 540/SC1)提出并归口。

本标准起草单位:中国气象科学研究院、中国气象局气象探测中心。

本标准主要起草人:车慧正、张小曳、张晓春、郑宇、鲁赛、李晓攀。

太阳光度计标校技术规范

1 范围

　　本标准规定了太阳光度计的标校技术指标,观测仪器原理、构成及波长范围,标校条件、标校内容及方法,数据归档和标校周期。

　　本标准适用于 CE318-VBS8、CE-318NS9、CE-318NP9 极化式、CE-318TS9、CE-318TP9 等型号的太阳光度计的定期标校,其他型号太阳光度计的标校可参照。

2 规范性引用文件

　　下列文件对于本文件的应用是必不可少的。凡是注日期的引用文件,仅注日期的版本适用于本文件。凡是不注日期的引用文件,其最新版本(包括所有的修改单)适用于本文件。

　　QX/T 270—2015　CE318 太阳光度计观测规程

3 术语和定义

　　下列术语和定义适用于本文件。

3.1

多波长太阳光度计　multi-wavelength sun photometer

通过测量从可见光到近红外不同波长、不同天顶角、不同时刻太阳和天空的辐射信号强度,反演大气气溶胶光学厚度等特性的仪器。

[QX/T 270—2015,定义 2.3]

3.2

大气质量数　air mass

太阳在任何位置与在天顶时直射光通过大气到达观测点的路径之比。

[QX/T 270—2015,定义 2.4]

3.3

积分球　integrating sphere

乌布里希积分球　Ulbricht sphere

内表面尽可能为一非选择性漫反射层的空心球。

注:改写 GB/T 26178—2010,定义 2.2.3。

4 标校技术指标

　　多波长太阳光度计的标校技术指标如下:

　　a)　待标仪器与标准仪器间各波长气溶胶光学厚度的最大允许误差应小于±0.02。

　　b)　待标仪器与标准仪器间各波长天空散射辐亮度的最大允许误差应小于±5%。

5 观测仪器原理、构成及波长范围

5.1 原理

光度计自动追踪太阳,并进行太阳直接辐射、太阳等高度角天空扫描、太阳主平面扫描以及极化通道天空扫描等测量,通过算法反演获得气溶胶的光学厚度等微物理和光学辐射参数。

5.2 构成

见 QX/T 270—2015 中第 4 章。

5.3 波长范围

见 QX/T 270—2015 中的 5.2。

6 标校条件

6.1 概述

6.1.1 包括太阳直接辐射通道标校和天空散射辐射通道标校两部分。应先进行太阳直接辐射通道标校,再进行天空散射辐射通道标校,且两部分标校的时间间隔不应超过 7 天。

6.1.2 太阳直接辐射标校(室外标校):包括兰利标校法(Langley 法)和标准仪器相对标校法(系数传递法),应在视野开阔的露天观测场进行。

6.1.3 天空散射辐射通道标校(室内标校):应在室内无其他光源影响的暗室内进行。

6.1.4 标校场地应清洁,避免颗粒物污染,且不得存放易燃、易爆和强腐蚀性的物质,周围无强烈的机械振动和电磁干扰。

6.2 太阳直接辐射通道标校条件

6.2.1 标校期间(北京时 09 时至 15 时)天空晴朗、无云且大气条件稳定。

6.2.2 标准仪器 440 nm 中心波长的气溶胶光学厚度应小于 0.20。

6.2.3 观测点附近应开阔,观测视场角内应无障碍物遮挡。

6.2.4 利用 Langley 法进行标校的站点,海拔高度应不小于 2500 m。

6.3 天空散射辐射通道标校条件

6.3.1 暗室内的环境温度应在 23 ℃±1 ℃,相对湿度应在 20%~60%。

6.3.2 暗室内供电电源应具有良好接地线路,且接地电阻小于 4 Ω;宜配备具有稳压滤波功能的不间断电源。

6.4 标校设备、设施和材料

6.4.1 标准仪器:具有与待标仪器同样功能、参数和通道数,且满足第 4 章 a)和 b)的太阳光度计。

6.4.2 辅助标校设备:包括积分球(光谱范围 400 nm～2500 nm、功率不小于 1000 W 且可调,面非均匀性小于 1%)、积分球控制箱及支架等配套设施、计算机及标校软件等。

6.4.3 温度表(仪):测量范围(−40～50)℃,最大允许误差±0.3 ℃。

6.4.4 湿度表(仪):测量范围(10～100)%,最大允许误差±5%。

6.4.5 其他辅助设施:串行或 USB 通信线缆、干洁空气或干洁压缩空气、去离子水、脱脂棉、无尘擦拭纸、毛刷、螺丝刀工具等。

7 标校内容及方法

7.1 标校前准备

7.1.1 外部检查

待标仪器整体外观良好,结构完整,各部件齐全。

7.1.2 内部检查

7.1.2.1 检查光学头采光镜片表面是否干净清洁,无灰尘、泥渍等。必要时可用干洁压缩空气清洁去除镜片表面灰尘,或用去离子水、脱脂棉和无尘擦拭纸小心清洁镜片表面,避免划伤。

7.1.2.2 检查瞄准筒光路通透情况。将瞄准筒朝向光亮处,利用双眼观察其内侧是否清洁,光路应畅通且无柳絮、蜘蛛网、虫卵等杂物,必要时可用毛刷和干洁压缩空气对其内部进行清理。

7.1.3 运行检查

7.1.3.1 正确连接好待标仪器相关部件及电源充电器等部件,仪器应运行正常,电脑接收数据无报错显示。

7.1.3.2 暗室内积分球、积分球控制箱及支架等配套设施、计算机及标校软件等能正常工作。

7.1.4 数据清零处理

仪器标校前,应通过控制箱对原有观测数据进行清除。

7.2 天空散射辐射标校

7.2.1 基本要求

7.2.1.1 待标仪器及6.4.2中所需辅助标校设备应工作正常。

7.2.1.2 开启积分球,积分球光源稳定时间应不少于20分钟。

7.2.2 待标仪器的架设

7.2.2.1 正确连接电脑、控制箱、光学头等待标仪器部件之间的接线。

7.2.2.2 将光学头与瞄准筒连接,并将光学头固定在积分球配套的支架系统上,调整支架使瞄准筒对准积分球出光孔。

7.2.3 待标仪器的标校

7.2.3.1 通过查看仪器控制箱,记录待标仪器标校前的增益值(CE-318TS9 和 CE-318TP9 型号仪只需依次执行7.2.3.3 和 7.2.3.6 步骤)。

7.2.3.2 利用待标仪器控制箱,将待标仪器调至手动天空散射辐射通道观测状态,调节增益值使光度计各波长观测所得信号值均处于10000～30000之间。

7.2.3.3 通过调节仪器控制箱,各波长应进行1次暗电流值观测和不少于20次天空散射辐射测量,并保存定标数据。

7.2.3.4 检查定标数据,若信号值超过30000,应按顺序关闭积分球的一个光源,并清除仪器控制箱内原有的定标数据,待光源稳定后,重复7.2.3.3、7.2.3.4步骤,直至信号值不超过30000,结束标校。

7.2.3.5 将增益值调回至控制箱标校前的数值并保存。

7.2.3.6 将定标数据输出保存为数据文件,文件名中应包含光学头号和标校时间信息。

7.2.4 标校数据处理

7.2.4.1 检查各波长测量信号的稳定性,同一波长测量数据间的相对偏差应小于0.5%。

7.2.4.2 根据积分球各波长辐射亮度,得到室内标校系数,如式(1)所示:

$$C(\lambda) = \frac{L(\lambda)}{V(\lambda) - V(\lambda)_b} \qquad\qquad (1)$$

式中:

λ ——波长,单位为纳米(nm);

$C(\lambda)$ ——待标仪器在λ波长通道的天空散射辐射标校系数,无量纲;

$L(\lambda)$ ——积分球在λ波长的辐射亮度,单位为瓦每球面度平方米(W/(sr·m²));

$V(\lambda)$ ——待标仪器在λ波长通道的信号值,无量纲;

$V(\lambda)_b$ ——待标仪器在λ波长通道的暗电流值,无量纲。

7.3 太阳直接辐射标校

7.3.1 基本要求

7.3.1.1 在满足6.2的条件下,应优先使用Langley法。

7.3.1.2 若标校站点无法满足海拔要求,或无法利用Langley法进行标校,则应使用标准仪器相对标校法进行标校。

7.3.1.3 调整仪器的增益值,使各波长的测量信号值在10000~30000。(CE-318TS9和CE-318TP9型号仪不必执行此步骤)

7.3.1.4 待标仪器在室外环境应运行至少24小时。

7.3.1.5 利用标准仪器相对标校法时,应使待标仪器与标准仪器处于同一观测场内并同步观测,且两者观测时间的偏差应小于10秒。

7.3.1.6 应选取北京时10时至14时、大气质量数在2~6间的观测数据作为标校数据。

7.3.2 标校方法

7.3.2.1 兰利标校法原理

利用式(2)求得待标仪器的测量信号值与大气质量数曲线,推算大气质量数为0时的各波长的信号值,即为待标仪器的在该波长的标校系数;

$$\ln V(\lambda) = \ln(C(\lambda)_0 R^{-2}) - m\tau \qquad\qquad (2)$$

式中:

λ ——波长,单位为纳米(nm);

$V(\lambda)$ ——待标仪器在λ波长通道的信号值,无量纲;

$C(\lambda)_0$ ——待标仪器在λ波长通道的太阳直接辐射标校系数,无量纲;

R ——日地距离订正因子,无量纲;

m ——大气质量数,无量纲;

τ ——大气总光学厚度,无量纲。

7.3.2.2 标准仪器相对标校法原理

根据式(3)计算得到待标仪器各波长的标校系数:

$$C(\lambda)_0 = C(\lambda)_1 \times \frac{V(\lambda)_0}{V(\lambda)_1} \quad\cdots\cdots\cdots\cdots\cdots(3)$$

式中：

λ ——波长，单位为纳米（nm）；

$C(\lambda)_0$——待标仪器在 λ 波长通道的太阳直接辐射标校系数，无量纲；

$C(\lambda)_1$——标准仪器在 λ 波长通道的太阳直接辐射标校系数，无量纲；

$V(\lambda)_0$——待标仪器在 λ 波长通道信号值的平均值，无量纲；

$V(\lambda)_1$——标准仪器在 λ 波长通道信号值的平均值，无量纲。

7.3.3 标校数据处理

7.3.3.1 兰利标校法

数据处理流程和方法如下：

a) 检查每次各波长数据间的相对偏差，紫外波长（340 nm 及 380 nm）应小于 1%，其他波长应小于 0.5%。若无法满足要求则应择日再次进行标校。

b) 对观测值与大气质量数进行最小二乘法线性拟合，剔除由式（2）所得拟合直线距离 3 倍标准差区间以外的离散值（剔除数据不应超过原始数据的 5%）。

c) 至少取得 10 组以上的待标仪器标校系数，求取各波长标校系数的平均值，作为待标仪器的最终标校系数。

7.3.3.2 标准仪器相对标校法

数据处理流程和方法如下：

a) 剔除奇异值（观测信号值为 0 或超过 30000 的值）。

b) 计算待标仪器与标准仪器各个波长测量信号值的比值，紫外波长比值的相对偏差应小于 2%，其他波长比值的相对偏差应小于 1%。若无法满足要求则应择日再进行标校观测。

c) 每个波长至少取得 5 个有效数据比值，分别计算各波长比值的平均值，代入式（3）求得待标仪器的标校系数。

8 数据归档

所有测量数据应以光学头编号命名并存储，至少异地存留 2 份，标准仪器和台站仪器室内标校所测得的积分球观测值及相应的标校系数应用表格归纳整理（标校记录表格模板参见附录 A 中表 A.1、表 A.2），以备后续核查。

9 标校周期

标准仪器和待标仪器每 12 个月应至少进行一次太阳直接辐射通道标校和天空散射辐射通道标校。积分球每 24 个月应至少进行一次标校。

附　录　A
（资料性附录）
太阳光度计标校记录表格模板

表 A.1　太阳光度计室外标校记录

太阳光度计太阳直辐射通道标校									
操作人				日期					
标准仪器编号				待标仪器光学头编号					
波长/nm	1020	1640	870	675	440	500	1020i	936	380	340
增益值										
标准仪器观测值										
标准仪器标校系数										
待标仪器观测值										
待标仪器标校系数										
注:仪器观测值及增益值均为无量纲参数。										

表 A.2　太阳光度计室内标校记录

太阳光度计天空散射辐射通道标校						
操作人			日期			
标准仪器编号			待标仪器光学头编号			
选择 AUREOLE 通道a	1020A1	1640 A2	870 A3	670 A4	440 A5	500 A6
增益值						
积分球观测值						
标校系数						
选择 SKY 通道b	1020 @1	1640 @2	870 @3	670 @4	440 @5	500 @6
增益值						
积分球观测值						
标校系数						
注:积分球观测值及增益值均为无量纲参数。						
a　AUREOLE 通道指日晕附近通道的中心波长,单位:nm。						
b　SKY 通道指日晕附近通道以外的中心波长,单位:nm。						

参 考 文 献

[1] GB/T 26178—2010 光通量的测量方法

[2] JJF 1002—2010 国家计量检定规程编写规则

[3] JJF 1071—2010 国家计量校准规范编写规则

[4] QX/T 270—2015 CE318 太阳光度计观测规程

[5] 中国气象局.大气成分观测业务规范(试行)[M].北京:气象出版社,2012

[6] Holben B. AERONET:A federated instrument network and data archive for aerosol characterization[J]. Remote Sensing of Environment,1998,66(1):1-16